Cloud Native Architectures: Design high-availability and cost-effective applications for the cloud

impress
top gear

クラウドネイティブ・アーキテクチャ
Cloud Native
Architectures

可用性と費用対効果を極める
次世代設計の原則

Tom Laszewski／Kamal Arora／Erik Farr／Piyum Zonooz ＝著
株式会社トップスタジオ ＝訳

インプレス

■サンプルコードの入手先
本書のサンプルコードの一部は、以下の GitHub サイトで公開されています。
https://github.com/PacktPublishing/Cloud-Native-Architectures

■正誤表の Web ページ
正誤表を掲載した場合、以下の URL のページに表示されます。
https://book.impress.co.jp/books/1119101032

※ 本文中に登場する会社名、製品名、サービス名は、各社の登録商標または商標です。
※ 本書の内容のほとんどは原著執筆時点のものです。本書で紹介した製品／サービスなどの名前や内容は変更される可能性があります。
※ 一部の内容は翻訳時点の内容となっており、該当箇所ではその旨を記載しています。
※ 本書の内容に基づく実施・運用において発生したいかなる損害も、著者、訳者、ならびに株式会社インプレスは一切の責任を負いません。
※ 本文中では ®、TM、© マークは明記しておりません。

Copyright ©Packt Publishing 2018. First published in the English language under the title 'Cloud Native Architectures - (9781787280540)'
Japanese translation rights arranged with MEDIA SOLUTIONS through Japan UNI Agency, Inc., Tokyo

はじめに

本書の目的は、実用的なクラウドネイティブのあり方を探ることです。これを実現するために実践できることについて、その目的や方法を交えながら説明します。本書は次世代型のクラウドコンピューティングに向けた出発点に他なりません。

最終的には、クラウドコンピューティングの能力を高め、クラウドプラットフォーム上でアプリケーションの潜在能力を最大限に発揮させるようにすることが目標です。開発者、エンドユーザー、その集合体としての企業（法人）も含め、クラウドコンピューティングにかかわるすべての方が、本書から有益な情報を得られるようになっています。IT 部門は常に、企業のニーズを満たし、期待以上の成果を出すことを目指すべきです。本書は、この目標の達成に効果的な計画を立てるうえで役立つでしょう。

クラウドネイティブに移行するメリットには、以下のようなものがあります。

- **パフォーマンス**：基本的に、パブリッククラウドサービスのネイティブ機能を利用することになるため、ネイティブでない機能を使用した場合に比べて高いパフォーマンスを実現できます。たとえば、自動スケーリングや負荷分散の機能と連携する入出力システムを利用できます。

- **効率性**：クラウドネイティブなアプリケーションがクラウドネイティブな機能や API を使用することで、基盤となるリソースを効率良く活用できるようになります。そのため、パフォーマンスの向上や運用コストの削減につながります。

- **コスト**：一般的に、効率の良いアプリケーションほど実行コストは低くなります。クラウドプロバイダーからの月々の請求額は、実際の消費リソースに基づいているため、少ないリソースで多くのことができればコストの削減につながります。

- **スケーラビリティ**：アプリケーションをネイティブなクラウドインターフェイス上で記述することになるため、クラウドプラットフォームの自動スケーリングや負荷分散の機能を直接利用できるようになります。

AWS のような IaaS を含むクラウドプラットフォームをうまく活用するには、アプリケーションを特定の物理リソースから分離させるように設計しなければなりません。たとえば、Linux などのプラットフォームから入出力に直接アクセスする場合、クラウドの抽象化レイヤー、またはクラウドネイティブな API にアクセスする必要があります。

クラウドは、アプリケーションと、その基盤となる物理（または仮想）リソースの間に抽象化（仮想化）レイヤーを設けることができます。基盤となるリソースが、クラウド向けに設計されたものであってもなくてもです。しかし、これだけでは十分ではありません。真にクラウドネイティブに向かおうとするなら、ネイティブのリソースを直接管理する必要があります。

このようなアーキテクチャを考慮してアプリケーションを設計、開発、展開すれば、基盤となるクラウドリソースの利用効率は 70% も高まります。クラウドコンピューティングでは「効率性は金なり」です。消費したリソース分に対して料金を支払っているため、アプリケーションをクラウドリソースで効率的に稼働させれば、実行速度を上げられるうえに、クラウドサービスの月末請求額を少なく抑えられるのです。

クラウドネイティブは、コードを特定のクラウドの機能に合わせて書き換えるだけでは実現できません。アーキテクチャ設計の手法も変えなければなりません。クラウドに沿ったアーキテクチャには、自動スケーリング可能、分散型、ステートレス、緩い結合といった特徴があります。アプリケーションを本当の意味でクラウドネイティブにしたいなら、コードをリファクタリングする前にまずアーキテクチャを再考する必要があります。

アプリケーションアーキテクチャに対してこのような新しい手法をとると、リソースや資金がかかり、リスクも増えてしまうことは事実です。しかし、アプリケーションを 10 ～ 15 年利用するのであれば、通常、リスクより利益のほうが大きくなります（これは大半の企業にあてはまります）。**長期使用するアプリケーションのアーキテクチャ再設計とリファクタリングにかけた労力は、いずれ何倍もの利益となって返ってくるでしょう。**

アプリケーションをクラウドに移行するときには、この事実がクラウドネイティブなアプリケーションを目指すうえで説得力を持ちます。ほとんどのアプリケーションではクラウドへの移行による利益がコストを上回ります。にもかかわらず、リファクタリングは単純なリホストの 30 倍のコストがかかるという理由で、企業は熱心に取り組みたがりません。

アプリケーションをプラットフォームネイティブにし、Unix/Linux ネイティブ API を作ったときのような学習過程が、ここで必要になります。成功を収めるには失敗を経験しなければなりませんでした。今回も、同じパターンを経るのではないかと考えています。つまりこういうことです。数年以内に、クラウドネイティブはベストプラクティスになるでしょう。ただ、それにはもう少し失敗経験が必要です。成功には失敗が必要というのは世の常です。

では、クラウドネイティブ・アーキテクチャを活用したクラウドネイティブこそが、向かうべき道でしょうか。本書の序文をここまでお読みになっている方なら、すでにそう考えていることで

しょう。本文をお読みになれば、その考えが確固としたものになることと思います。クラウドネイティブ・アーキテクチャを1つか2つ展開するころには、本当の意味で確信できているでしょう。

David Linthicum

Deloitte Consulting LLP、クラウド戦略担当最高責任者

私がこの序文を書いている 2018 年夏の時点で、クラウドコンピューティングはすでにほとんど
の企業でコンピューティング戦略の一部として受け入れられています。企業はアプリケーションを
クラウド上にホストすることで、従来型の物理的な設備やサーバー、ネットワークといった「付加
価値をもたらさないもの」への支出や依存度を抑えられます。90% 近くの企業が何らかの方法でク
ラウドリソースを活用している（RightScale 社の報告より）というのも、当然のことです。

　とはいえ、クラウドを単に、安価で外部調達可能な仮想データセンターとして利用するようでは、
クラウドコンピューティングの価値をほとんど享受できません。クラウドネイティブな手法をシス
テムやアプリケーションのアーキテクチャに適用すれば、最新のパブリッククラウドのコンピュー
ティング、ストレージ、ネットワーク能力を柔軟かつほぼ無制限に利用できるようになります。こ
れは、エンドユーザーにもこれまで以上の大きなメリットをもたらすでしょう。

　クラウドネイティブなアプリケーションとはどんなものでしょうか。クラウドネイティブなアプ
リの一番の特徴は、負荷の増減に合わせて自動でスケーリングできることです。現在ほとんどの企
業は、高負荷状態を見越して最大数のサーバーをデータセンターにプロビジョニングしていますが、
ほぼ毎日、CPU 利用率は 1 桁にとどまっています。クラウドの自動スケーリング機能を活用すれば、
アプリケーションがスケールアップ、スケールダウンできるようになります。ユーザーが介入する
必要はありません。必要なときに処理能力を利用できます。不要になったら返却されるので、その
分の請求はされません。

　クラウドネイティブなアプリケーションは、エラーおよび障害発生時の回復性も備えています。
何らかの理由で、1 台のハードウェア（サーバーやルーターなど）に障害が発生した、またはデータ
ベースに壊滅的なエラーが発生したとします。クラウドネイティブなアプリケーションなら、そう
したエラーを検出し、自身の新しいインスタンスを他のラックや別のリージョンのクラウドデータ
センターに作成するなどして、自己修復できます。

　クラウドコンピューティングを利用する IT 部門やビジネスは活動をスピードアップできるので、
アジャイルや DevOps の考え方に基づく開発手法を迅速にかつ少ない手間で取り入れられるように
なります。こうした手法の導入により、新しいコードを展開する頻度を高められ、1 日に何回も展
開できる可能性もあります。また、自動テストパイプラインを使って、信頼性を高めることもでき
ます。機械学習や高度な分析機能といったクラウドの機能を試すのに、高価な調達に関する決定を
する必要はありません。さらに、IT 部門のスピードアップにより、既存顧客に適切かつ迅速なレス
ポンスをすることもでき、クラウドのグローバルな対応範囲を利用して新規顧客にリーチすること
もできます。コアビジネスモデルをも変革できるかもしれません。

　クラウドには、コンテナーや API ゲートウェイ、イベントマネージャー、サーバーレスなどの新
しい技術が多くあるので、これらを適切に導入すれば、クラウドネイティブ・コンピューティング
のメリットを思いのままに活用できます。しかし、クラウドネイティブへの移行は技術面の変化だ
けではなく、組織面および文化面の変化も伴います。ウォーターフォール開発モデルからアジャイ

ルで効率的な手法への移行、自動化された継続的インテグレーション／継続的デリバリーの実装、試行錯誤に前向きな文化の醸成などが、クラウドネイティブな考え方にシフトするうえで役立ちます。

クラウドネイティブな方法論とアーキテクチャを採用して得られるメリットには、IT機能の向上がありますが、さらに重要なのが、ビジネス変革のチャンスが急増する可能性があるということです。これらのメリットによって、クラウドネイティブ・コンピューティングが欠かせないものとみなされ、また、最新のクラウドの採用を考える大きな原動力になっているのです。

ぜひ、本書『クラウドネイティブ・アーキテクチャ』をお読みください。クラウドを思いどおりに活用したアプリケーションを開発する方法がわかり、インテリジェントで革新的なソリューションの新たな世界が開けるでしょう。

Miha Kralj
Accenture LLP、クラウドネイティブ・アーキテクチャ部門、業務執行取締役

著者紹介

Tom Laszewski は、これまで独立系ソフトウェアベンダー (ISV) やシステムインテグレーター (SI)、スタートアップ、顧客企業における IT システムの最新化、革新的なソフトウェアソリューション開発を率先して支援してきたクラウド技術者です。現在は、主要な AWS 顧客とともにビジネスおよび IT の変革戦略を担うエンタープライズテクノロジストのチームを率いています。これら AWS 顧客の多くが、クラウドネイティブ・アーキテクチャを活用したクラウドの最新化とデジタル変革の構想を推し進めています。趣味は、10 代の息子 Slade と Logan と一緒に世界を旅することです。

Kamal Arora は、15 年以上の IT 業界経験を持つ発明者、作家、テクノロジーリーダーです。現在は Amazon Web Services に勤務し、経験豊富で多様なソリューションアーキテクトからなるチームを率いながら、世界中のコンサルティングパートナーや顧客企業のクラウドへの取り組みを実現させています。また、超大規模かつグローバルなテクノロジーパートナーシップの構築を主導し、チームのビジョンや遂行モデルを定め、複数の新戦略構想を生み出してきた経歴を持ちます。クラウド、人工知能、機械学習の分野における最新のイノベーションと、それらが社会や人々の生活におよぼす影響について熱烈な関心を持っています。

どんなときでも私をサポートしてくれた妻の Poonam Arora と、いつも気遣いながら応援してくれた家族 Kiran、Rajiv、Nisha、Aarini、Rian に大変感謝している。最後に、ここにはいない父にありがとうと伝えたい。

Erik Farr は、18 年以上の IT 業界経験を持つテクノロジーリーダーです。クラウドテクノロジーおよびエンタープライズアーキテクチャ分野の最先端で、世界の巨大企業や超大手システムインテグレーターと働いてきました。現在は Amazon Web Services で、経験豊富なソリューションアーキテクトのチームを率い、世界中のシステムインテグレーターパートナーにおけるエンタープライズ規模のクラウドネイティブ・アーキテクチャ設計を支援しています。AWS で勤務する前は、Capgemini と The Walt Disney Company で勤務した経験を持ち、常に顧客にとって価値の高い成果をもたらすべく尽力してきました。

　私の最高の家族、Stacey、Faith、Sydney には、本書の執筆中たくさん支えてもらった。本当に感謝している。

Piyum Zonooz は Amazon Web Services のグローバルパートナーソリューションアーキテクトとして、あらゆる業界の企業とともに、クラウド導入の推進や、クラウドネイティブに向けた製品アーキテクチャの再設計を支援しています。TCO 分析、インフラストラクチャ設計、DevOps 導入および全面的なビジネス変革に関連するプロジェクトを率いています。AWS で勤務する前は、Accenture Cloud Practice の一環としてリードアーキテクトを務め、大規模なクラウド導入プロジェクトを主導しました。イリノイ大学アーバナ・シャンペーン校でエンジニアリングの理学士号と理修士号を取得しています。

校閲者紹介

Sanjeev Jaiswal はコーチン科学技術大学（CUSAT）のコンピューター系学科の卒業生で、9 年間の IT 業界経験があります。普段は主に Perl、Python、AWS、GNU/Linux を使用しています。現在は、侵入テスト、ソースコードレビュー、セキュリティの設計および実装などのプロジェクトを、AWS や複数のクラウドセキュリティプロジェクトで行っています。並行して、DevSecOps やセキュリティ自動化の学習も進めています。エンジニアリング系の学生や IT 専門家に教えるのが大好きで、この 8 年間、プライベートの時間を使って教鞭をとってきました。

著書に『Instant PageSpeed Optimization』、Packt Publishing での共同著書に『Learning Django Web Development』があります。

どんなときでも私を支えてくれた妻の Shalini Jaiswal、そして、いつも気遣いながら応援してくれた友人 Ranjan、Ritesh、Mickey、Shankar、Santosh に大変感謝している。

本書の内容について

　本書は、スケーラブルなシステムの構築に求められる中核的な設計要素を理解するうえで役立ちます。本書を読むことで、リソースとテクノロジーを効果的に計画管理し、高いセキュリティレベルと耐障害性を実現していく方法がわかります。同時に、実際の例を用いながら中核的なアーキテクチャ原則も学ぶことができます。本書は実際の活用事例やユースケースによる実践的なアプローチを採用しており、クラウドアプリケーションの設計、ビジネスのクラウドへの効率的な移行というニーズに応えるものになっています。

本書の対象読者

　本書の対象読者は、回復性とスケーラビリティ、高可用性を備えた、クラウドネイティブなアプリケーションの設計に意欲的に取り組むソフトウェアアーキテクトです。

本書で扱う内容

　第 1 章の「クラウドネイティブ・アーキテクチャの概要」では、本書の内容を方向づけるとともに、本書の出発点としてクラウドネイティブ・アーキテクチャとそうでないものとを定義して説明します。クラウドネイティブ・アーキテクチャのメリット、デメリット、誤解されている事柄、課題や影響など、さまざまな点をトピックに挙げています。

　第 2 章の「クラウド導入の取り組み」では、クラウドを導入するとはどういうことかを説明します。オンプレミスまたは既存の環境からクラウド環境への移行方法など、さまざまな観点からクラウド導入について触れています。

　第 3 章の「クラウドネイティブ・アプリケーションの設計」では、マイクロサービスやサーバーレスコンピューティングを設計原則とするクラウドネイティブ・アーキテクチャ開発について説明します。

　第 4 章の「テクノロジースタックの選択方法」では、クラウドネイティブ・アーキテクチャの構築に使用される一般的なテクノロジーを、オープンソースのソフトウェアから、ライセンスが必要なソフトウェアまで広く扱います。クラウドのリソースを購入する際に使用するマーケットプレイスについても説明しています。最後に、クラウドで一般的な調達プロセスとライセンスモデルにつ

いて話します。

第5章の「スケーラビリティと可用性」では、スケーラビリティと可用性に優れたクラウドネイティブなシステムを設計する際に用いるべきツールまたは機能、戦略について説明します。これらのツールまたは機能について、それぞれの動作や、クラウドネイティブなアプリケーションを実現する仕組み、導入方法を見ていきます。

第6章の「セキュリティと信頼性」では、クラウドで利用できるセキュリティ関連のモデルや機能、潜在的なリスク、IT システムのセキュリティに関するベストプラクティスを説明します。これらのセキュリティ機能の動作や、セキュリティの高い環境を展開するうえでそれらがどのように役立つかも詳しく見ていきます。

第7章の「コストの最適化」では、クラウド環境における価格モデルを扱います。その後、コストの課題への対処方法や、従来の価格モデルとクラウドの価格モデルの違いを説明します。

第8章の「クラウドネイティブな運用」では、クラウドに展開された環境を安定して稼働させるためのツールや手順、モデルを取り上げます。システムの健全な運用をサポートする組織モデルやガバナンス戦略、展開パターンを大まかに説明しています。

第9章の「Amazon Web Services」では、クラウドネイティブなアプリケーションの展開に関するAmazon Web Services の機能、強み、エコシステムの成熟度、全般的なアプローチに注目します。

第10章の「Microsoft Azure」では、クラウドネイティブなアプリケーションの展開に関するMicrosoft Azure の機能、強み、エコシステムの成熟度、全般的なアプローチに注目します。

第11章の「Google Cloud Platform」では、クラウドネイティブなアプリケーションの展開に関するGoogle Cloud Platform の機能、強み、エコシステムの成熟度、全般的なアプローチに注目します。

第12章の「クラウドのトレンドと今後の展望」では、クラウド分野の将来に着目し、予測されるトレンドや、多様なクラウドプロバイダーから今後もたらされるものについて取り上げます。

本書を最大限に活用していただくために

1. ソフトウェアアーキテクチャに取り組んだ経験があると、本書の内容を理解しやすいでしょう。
2. 可能な限り、関連する例や手順を載せています。

サンプルコードファイルのダウンロード

本書に関連するコードの一部は、GitHub 上の下記 URL から入手できます。

https://github.com/PacktPublishing/Cloud-Native-Architectures

本書における規則

本書全体を通して、多くの表記規則が用いられています。

CodeInTextのような形式のテキストは、本文内に含まれるコード記述を示します。たとえば、次のように使われます。「ハンドラーの値としてlambda_function.lambda_handlerを指定します。」

コードブロックは、以下のように示されています。

```
print( 'Loading function' ) def respond(err, res=None): return { 'statusCode' : '400' if err else '200' , 'body' : err if err else res, 'headers' : { 'Content-Type' : 'application/json' , }, }
```

本文の**太字**は、新出用語やキーワードなどを示します。また、次の2種類のコラムを掲載しています。

警告や重要な注意事項を示しています。

ヒントやコツを示しています。

C O N T E N T S ●はじめに──iii

●本書の内容について──xi

●第1章●
クラウドネイティブ・
アーキテクチャの
概要
1

1.1 クラウドネイティブ・アーキテクチャとは …… 2

1.2 クラウドネイティブ成熟度モデルの定義 …… 3

1.2.1 基軸1 - クラウドネイティブなサービス──4
1.2.2 基軸2 - アプリケーション中心の設計──10
1.2.3 基軸3 - 自動化──15

1.3 クラウドネイティブに向けた取り組み …… 21

1.3.1 クラウドファーストにする決断──21
1.3.2 クラウドの運用環境──23
1.3.3 大規模なアプリケーションの移行──26

1.4 クラウドネイティブ・アーキテクチャのケーススタディ-Netflix社 …… 28

1.4.1 取り組み──28
1.4.2 メリット──30
1.4.3 CNMM──31

1.5 まとめ …… 35

●第2章●
クラウド導入の
取り組み
37

2.1 クラウド導入の原動力 …… 38

2.1.1 すばやい調達とコストの抑制──38
2.1.2 セキュリティの確保と適切なガバナンスの維持──40
2.1.3 事業の拡大──41
2.1.4 人材の獲得と維持──42
2.1.5 クラウドのイノベーションとスケールメリット──42

2.2 クラウドの運用モデル …… 43

2.2.1 利害関係者──44
2.2.2 変更管理とプロジェクト管理──45
2.2.3 リスク、コンプライアンス、および品質保証──47
2.2.4 基盤となるクラウド運用フレームワークとランディングゾーン
──50

2.3 クラウドへの移行とグリーンフィールド開発 …… 55

2.3.1 移行のパターン──55
2.3.2 移行か、グリーンフィールド開発か──58

2.4 まとめ …… 59

●第3章●
クラウドネイティブ・アプリケーションの設計
61

3.1 モノリシックから中間段階を経てマイクロサービスへ ———— **61**

3.1.1　システム設計のパターン———**62**

3.2 コンテナーとサーバーレス　**69**

3.2.1　コンテナーとオーケストレーション———**69**

3.2.2　サーバーレス———**74**

3.3 開発フレームワークとアプローチ ———— **78**

3.4 まとめ ———— **79**

●第4章●
テクノロジースタックの選択方法
81

4.1 クラウドテクノロジーのエコシステム ———— **81**

4.1.1　パブリッククラウドプロバイダー———**82**

4.1.2　独立系ソフトウェアベンダーとテクノロジーパートナー———**83**

4.1.3　コンサルティングパートナー———**85**

4.2 クラウドにおける調達　**87**

4.2.1　クラウドマーケットプレイス———**87**

4.2.2　ライセンスの考慮事項———**90**

4.3 クラウドサービス　**94**

4.3.1　クラウドサービス—ベンダー管理と自己管理———**95**

4.3.2　オペレーティングシステム———**97**

4.4 まとめ ———— **98**

CONTENTS

●第5章●
スケーラビリティと
可用性
99

5.1	ハイパースケールクラウドインフラストラクチャの概要	101
5.2	Always Onアーキテクチャ	108
5.3	Always On - アーキテクチャの主要な要素	109

5.3.1　ネットワーク冗長性──109
5.3.2　冗長なコアサービス──111
5.3.3　監視──114
5.3.4　コードとしてのインフラストラクチャ(IaC)──118
5.3.5　イミュータブルな展開──122

5.4	自己修復的インフラストラクチャ	123
5.5	中心理念	125
5.6	サービス指向アーキテクチャとマイクロサービス	127
5.7	クラウドネイティブ・ツールキット	128

5.7.1　Simian Army──128
5.7.2　Docker──128
5.7.3　Kubernetes──129
5.7.4　Terraform──129
5.7.5　OpenFaaS(サービスとしての関数)──130
5.7.6　Envoy──130
5.7.7　Linkerd──130
5.7.8　Zipkin──130
5.7.9　Ansible──131
5.7.10　Apache Mesos──131
5.7.11　SaltStack──131
5.7.12　Vagrant──131
5.7.13　OpenStack プロジェクト──131

| 5.8 | まとめ | 134 |

●第6章●
セキュリティと
信頼性
135

| 6.1 | クラウドネイティブな環境でのセキュリティ | 137 |

| 6.2 | 各レイヤーへのセキュリティの導入 | 138 |

| 6.3 | クラウドのセキュリティサービス | 140 |

6.3.1 ネットワークファイアウォール——140
6.3.2 ログと監視——142
6.3.3 設定管理——144
6.3.4 IDとアクセス管理——145
6.3.5 暗号化サービス／モジュール——145
6.3.6 Webアプリケーションファイアウォール——146
6.3.7 コンプライアンス——147
6.3.8 自動化されたセキュリティ評価とDLP——147

| 6.4 | クラウドネイティブなセキュリティパターン | 148 |

6.4.1 ID——153
6.4.2 モバイルのセキュリティ——155

| 6.5 | DevSecOps | 156 |

| 6.6 | クラウドネイティブなセキュリティツールキット | 157 |

6.6.1 Okta——158
6.6.2 Centrify——159
6.6.3 Dome9——160

| 6.7 | まとめ | 161 |

xvii

CONTENTS

●第7章●
コストの最適化
163

7.1	クラウド登場前	164
7.2	クラウドにおけるコストの考え方	165
7.3	クラウドにおけるコストの計算方法	167
7.4	設備投資と運用コスト	168
7.5	コストの監視	169
7.6	タグ付けのベストプラクティス	176
7.7	コストの最適化	178

7.7.1　コンピューティングの最適化——179
7.7.2　ストレージの最適化——179

| 7.8 | サーバーレスのコストへの影響 | 180 |
| 7.9 | クラウドネイティブ ツールキット | 181 |

7.9.1　Cloudability——181
7.9.2　AWS Trusted Advisor——181
7.9.3　Azure Cost Management——181

| 7.10 | まとめ | 182 |

●第8章●
クラウドネイティブ
な運用
183

8.1	クラウド登場前	184
8.2	クラウドネイティブな方法	187
8.3	クラウドネイティブ開発チーム	189
8.4	ピザ 2 枚のチーム	190
8.5	クラウドマネージドサービスプロバイダー	192
8.6	IaC による運用	193
8.7	クラウドネイティブ ツールキット	195

8.7.1　Slack——195
8.7.2　Stelligent cfn-nag——195
8.7.3　GitHub——195

| 8.8 | まとめ | 196 |

xviii

●第9章●
Amazon Web
Services
197

9.1 AWSのクラウドネイティブ サービス（CNMMの基軸1） ———— **199**
9.1.1 AWS の概要——**199**
9.1.2 AWSプラットフォームの差別化要因——**201**

9.2 アプリケーション中心の設計（CNMMの基軸2） ———— **211**
9.2.1 サーバーレスマイクロサービス——**211**
9.2.2 サーバーレスマイクロサービスのサンプル——**213**
9.2.3 AWS SAMを使用したサーバーレスマイクロサービスの自動化
——**222**

9.3 AWSでの自動化（CNMMの基軸3） ———— **228**
9.3.1 コードとしてのインフラストラクチャ——**229**
9.3.2 Amazon EC2、AWS Elastic Beanstalk上の
アプリケーションのCI／CD——**231**
9.3.3 サーバーレスアプリケーションのCI／CD——**235**
9.3.4 Amazon ECSのCI／CD（Dockerコンテナー）——**235**
9.3.5 セキュリティサービスのCI／CD—DevSecOps——**237**

9.4 モノリシックからAWSネイティブアーキテクチャへの
移行パターン ———— **238**

9.5 まとめ ———— **240**

●第10章●
Microsoft
Azure
241

10.1 Azure のクラウドネイティブ サービス（CNMMの基軸1） ———— **243**
10.1.1 Azure プラットフォームの差別化要因——**243**

10.2 アプリケーション中心の設計（CNMMの基軸2） ———— **256**
10.2.1 サーバーレスマイクロサービス——**256**
10.2.2 サーバーレスマイクロサービスのサンプル——**256**

10.3 Azureでの自動化（CNMMの基軸3） ———— **264**
10.3.1 コードとしてのインフラストラクチャ——**265**
10.3.2 サーバーレスアプリケーションのCI／CD——**270**

10.4 モノリシックからAzureネイティブアーキテクチャへの移行パターン
———— **272**

10.5 まとめ ———— **274**

xix

C O N T E N T S

●第11章●	**11.1**	**GCPのクラウドネイティブ・サービス(CNMMの基軸1)** ········· **276**
Google Cloud Platform 275		11.1.1 GCPの概要——**276**
		11.1.2 GCPの差別化要因——**277**
	11.2	**アプリケーション中心の設計(CNMMの基軸2)** ·················· **282**
		11.2.1 サーバーレスマイクロサービス——**282**
		11.2.2 サーバーレスマイクロサービスのサンプル——**283**
	11.3	**Google Cloud Platformでの自動化(CNMMの基軸3)** ········· **290**
		11.3.1 コードとしてのインフラストラクチャ——**290**
		11.3.2 サーバーレスマイクロサービスのCI／CD——**292**
		11.3.3 コンテナーベースのアプリケーションのCI／CD——**293**
	11.4	**モノリシックからGoogle Cloudネイティブアーキテクチャへの移行 パターン** **295**
	11.5	**まとめ** **297**

●第12章●	**12.1**	**クラウドネイティブ・アーキテクチャの進化—7つのトレンド** ········ **300**
クラウドのトレンドと 今後の展望 299		12.1.1 オープンソースのフレームワークとプラットフォーム——**300**
		12.1.2 インフラストラクチャサービスから高レベルの抽象化へ ——**301**
		12.1.3 DevOpsからNoOpsへ—AI重視でよりスマートに——**302**
		12.1.4 開発はローカルからクラウドへ——**303**
		12.1.5 音声、チャットボット、AR／VRによる対話モデルの クラウドサービス——**304**
		12.1.6 「モノ」に拡大するクラウドネイティブ・アーキテクチャ ——**306**
		12.1.7 新時代の「石油」の役割を果たすデータ——**306**
	12.2	**クラウドにおける企業の未来** **308**
	12.3	**新しいITの役割** **310**
	12.4	**まとめ** **311**

●索引——314

CHAPTER 1 :
Introducing Cloud
Native Architecture

第1章 クラウドネイティブ・アーキテクチャの概要

　クラウドの登場により、コンピューターシステムの設計／実装／継続的メンテナンスにおいて新しいパラダイムが出現しました。この新しいパラダイムには多くの名前が付けられていますが、最もよく使われているのは**クラウドネイティブ・アーキテクチャ**です。本書では、次のことについて説明します——「クラウドネイティブ・アーキテクチャとは何か」、「クラウドネイティブ・アーキテクチャの何が新しくて何が今までと違っているのか」、そして「さまざまなグローバル企業においてどのように実装されているのか」。その名前が示すように、クラウドネイティブ・アーキテクチャはクラウドを基盤とするアーキテクチャです。クラウドベンダーのサービスを使用してこれらのアーキテクチャの設計を行い、堅牢でセキュアなまったく新しい方法でビジネス上の問題を解決します。

　本章では、クラウドネイティブ・アーキテクチャについて定義し、クラウドネイティブ・アーキテクチャのメリット／デメリット、そして一般的に誤って理解されている事柄について詳しく説明します。クラウドネイティブであるとはどういうことかを説明し、クラウドネイティブ・アーキテクチャが対象とする幅広い領域に加えて、クラウドネイティブ・アーキテクチャで必要な構成要素について理解します。そして、このモデルにおける成熟度を高めるために企業が実行すべきステップについて理解します。

1.1 クラウドネイティブ・アーキテクチャとは

「クラウドネイティブ」の定義について 100 人に尋ねれば、100 個の異なる答えが返ってくるでしょう。なぜこれほど多様な答えがあるのでしょう。第 1 の理由は、クラウドコンピューティング自体、日々進化し続けているテクノロジーであるということです。たとえば、数年前の定義は、現状のクラウドを完全には表していないでしょう。2つ目の理由に挙げられるのは、**クラウドネイティブ・アーキテクチャ**はこれまでにない方法でビジネス上の問題を解決するまったく新しいパラダイムであるということです。このような問題解決方法は、クラウドコンピューティングのスケールでないと実現できません。最後の理由は、アーキテクト、開発者、管理者、意思決定者など、どのような役割の人物に質問するかによって定義が異なるということです。では、クラウドネイティブの定義とは何でしょうか。

まず、一般的に受け入れられているクラウドコンピューティングの定義を見てみましょう。AWSでは次のように定義しています。

> 「クラウドコンピューティングとは、クラウドサービスプラットフォームからインターネットを介して、計算能力、データベースストレージ、アプリケーション、その他の IT リソースを、オンデマンドでかつ従量課金制で提供することを指します」

したがって、最も基本的な意味での**クラウドネイティブ**とは、クラウドコンピューティングサービスを活用してソリューションを設計することです。ただし、これはクラウドネイティブとなるための要件の一部でしかありません。単に基盤となるクラウドインフラを利用するだけではクラウドネイティブとはいえません。非常に成熟度の高いサービスを利用したとしてもです。

クラウドネイティブ・アーキテクチャを構築するプロセスにおいては、自動化もアプリケーション設計も重要な役割を果たします。API 駆動型の設計が行われたクラウドを使用することで、非常に高度で大規模な自動化を実現できます。つまり、インスタンスや特定のシステムを作成するだけでなく、企業内のシステム全体を完全に人手を介さずに展開できます。特定のアプリケーションを設計するアプローチであっても、クラウドネイティブ・アーキテクチャの作成には重要な要素となります。最高のクラウドサービスを使用して設計され、高度な自動化機能を備えたシステムであっても、アプリケーションのロジックが動作可能な規模について考慮されていなければ、期待する結果を達成することはできません。

1.2 クラウドネイティブ成熟度モデルの定義

　クラウドネイティブ・アーキテクチャの定義には、唯一の正解はありません。さまざまなアーキテクチャがクラウドネイティブのカテゴリに分類されます。「クラウドネイティブ・サービス」、「アプリケーション中心の設計」、「自動化」という3つの設計原則（基軸）に従うことで、ほとんどのシステムにおいてクラウドネイティブ成熟度を評価できます。また、新しいテクノロジー、手法、設計パターンが開発されるにつれて、これらの原則も拡張し続けるので、クラウドネイティブ・アーキテクチャの成熟度も高まり続けます。クラウドネイティブ・アーキテクチャは進化しながら徐々に形成されるものであり、成熟度モデルを適用できる、と私たちは考えています。本書では、上記の設計原則に従い、**クラウドネイティブ成熟度モデル (Cloud Native Maturity Model：CNMM)** を使用してクラウドネイティブ・アーキテクチャの説明を行います。これにより、特定のアーキテクチャのパターンが進化のどの位置にあるかを判断できます。

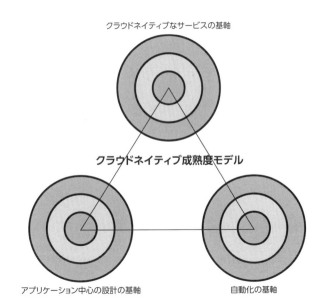

1.2.1　基軸1 - クラウドネイティブなサービス

　システムがCNMMのどの位置にあるかを把握するには、クラウドネイティブ・アーキテクチャの構成要素を理解することが重要です。クラウドネイティブであるためには、定義上クラウドサービスを導入している必要があります。各クラウドベンダーは一連のサービスを独自に提供しており、成熟度が高いほど豊富な機能を用意しています。基本的なビルディングブロックから最も高度な最新テクノロジーまで、どのレベルでこれらのサービスを統合しているかによって、クラウドサービスの基軸に沿ったクラウドネイティブ・アーキテクチャの成熟度が決定されます。

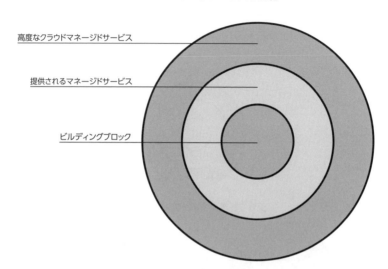

▶成熟度の高いクラウドベンダーのサービス

　アマゾンウェブサービス(Amazon Web Services：AWS)は、最も高度なクラウドプラットフォームとしてよく引き合いに出されます(本書執筆時点)。以下の図は、基本的なビルディングブロックから、マネージドサービス、高度なプラットフォームサービスまで、AWSが提供しているすべてのサービスを示しています。

1.2 クラウドネイティブ成熟度モデルの定義

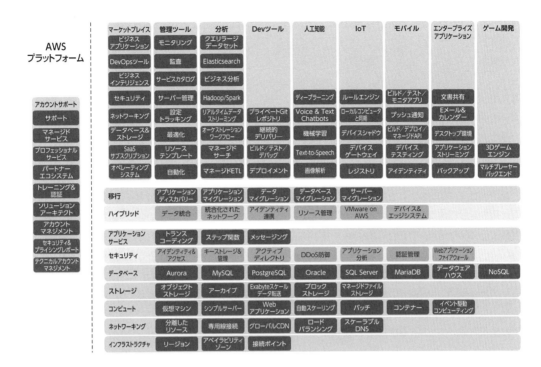

▶クラウドネイティブなサービスのビルディングブロック

　どのような成熟度のクラウドベンダーでも、コンピューティング、ストレージ、ネットワーク、監視を含むインフラのビルディングブロックを備えています。組織やシステム設計担当チームのクラウド成熟度によりますが、まずはこれらのインフラの基本的なビルディングブロックを利用することから始めるのが一般的です。その後、徐々にクラウドネイティブ成熟度を高めます。仮想サーバーのインスタンス、ブロックディスクストレージ、オブジェクトストレージ、ファイバー回線とVPN、ロードバランサー、クラウドAPI監視、インスタンス監視などのビルディングブロックから、クラウドの利用を開始します。これらのサービスは、既存のオンプレミスのデータセンターで使用されているものと似ているため、設計チームは慣れ親しんだ感覚でクラウドアプリケーションを作り始めることができます。これらのサービスの導入は、クラウドネイティブ・アーキテクチャを開発するための必要最小限の要件です。基本的なビルディングブロックを導入しただけの場合、クラウドネイティブなサービスの基軸における成熟度は相対的に低いレベルとなります。

　多くの場合、企業はリフト&シフトモデルで既存のアプリケーションをクラウドに移行します。リフト&シフトモデルのアプローチとは、その名のとおり、設計/テクノロジー/コンポーネントアーキテクチャの変更なしで、アプリケーションスタックと周辺コンポーネントを移行することです。したがって、この移行段階では、クラウドで提供される基本的なビルディングブロックのみを

使用します。これらは、ユーザーがオンプレミスで利用していたものと同じです。このような移行での成熟度は低いといえますが、クラウドの仕組みについて経験を積むことを開始するという大きな意義があります。クラウドサービスのビルディングブロックを使用する場合でも、設計チームは、独自のセキュリティ保護機構、ポリシー、命名規則を迅速に導入することになります。このような導入を通して、セキュリティ、展開、ネットワーク、そのほか初期段階のクラウドネイティブ・システムの中核となる要件に対応する効率的な手法を学ぶことができます。

　企業は、この初期段階の成熟度において、クラウドの基本的な前提条件を知るほか、それらの前提条件が設計パターンにどのような影響を与えるのかを学ぶことができます。たとえば、水平的なスケーリングと垂直的なスケーリング、これらの設計と価格との関係、設計の効率的な実装方法などを学習することになります。さらに、選択されたクラウドベンダーが、アーキテクチャを通して高可用性と障害復旧を設計するために、特定の場所においてサービスをどのように運用しグループ化しているか、そしてそれらのグループ間にどのような相互作用があるのか、ということを学ぶことができます。最後に、クラウドのストレージに対するアプローチを知ることも可能です。プラットフォーム上で効率的かつネイティブにスケーリングできるクラウドサービスに処理を移すことは、アーキテクチャ設計の重要なアプローチとなります。クラウドサービスのビルディングブロックを導入するだけでは成熟度は相対的に低いといえますが、クラウド導入の取り組みを始めたばかりの企業にとっては重要な段階となります。

▶クラウドベンダーが提供するマネージドサービス

　企業の収益に貢献しないにもかかわらず、時間、労力、リソース、資金を投じて行われる作業は、しばしば「Undifferentiated Heavy Lifting（他との差別化につながらない重労働）」と呼ばれます。「Undifferentiated（他との差別化につながらない）」とは、作業を実施するにあたって、他社が実施するのと何ら違いがないことを意味します。「Heavy Lifting（重労働）」とは、テクノロジーのイノベーションと運用という難しい作業を意味します。この作業は、適切に行っても誰も気づいてくれませんが、うまく実施しないとビジネスの運営に大きな悪影響を与えるやっかいなものです。適切に実施しないと、ビジネスに悪影響が出るような難しい作業を行う際、企業がその作業のコアコンピテンシー（能力）を持っていないとすると、ビジネス上の価値を生み出せないばかりか、ビジネスの足かせにもなりかねません。「他との差別化につながらない重労働」には全体としてこのような意味があるのです。

　残念ながら、企業のIT運用の大部分はこのような状況になっているため、これがクラウドの利用を促すセールスポイントとなっています。クラウドベンダーは、テクノロジーのイノベーションを持つことに加えて、ほとんどの企業が想像もしなかったような規模での運用上のコアコンピテンシーを持っています。そのため、クラウドベンダーがマネージドサービスを提供するレベルにまでサービスを成熟させ、サービスのあらゆる側面の管理を受け持つようになるのは自然な流れです。ユーザーは、ビジネスロジックやサービスに展開するデータを開発するだけで済みます。

　これにより、「他との差別化につながらない重労働」を企業からクラウドベンダーに移行できます。

1.2 クラウドネイティブ成熟度モデルの定義

企業は、ビジネス上の価値を生み出し、他社との差別化につなげるために多くのリソースを振り向けることができるようになるのです。

すでに説明したように、基本的なビルディングブロックやパターンだけを使ってクラウドネイティブ・アーキテクチャを設計する場合、そのために使用できるクラウドサービスがあり、それらをいろいろと組み合わせることができます。しかし、選択したクラウドベンダーのサービスについて設計チームの理解が深まり、そのアプローチに習熟するにつれて、より高度なクラウドサービスを導入したいと考えるようになります。成熟度の高いクラウドベンダーはマネージドサービスを提供しており、「他との差別化につながらない重労働」を必要とするコンポーネントはそれらのマネージドサービスに置き換えることができます。クラウドベンダーが提供するマネージドサービスには、以下のようなものがあります。

- データベース
- Hadoop
- ディレクトリサービス
- ロードバランサー
- キャッシュシステム
- データウェアハウス
- コードリポジトリ
- 自動化ツール
- Elasticsearch ツール

これらのサービスには、ソリューションに俊敏性をもたらすという重要な役割もあります。これらのツールを使ったシステムであっても、企業の運用チームによって管理されている場合、仮想インスタンスのプロビジョニング（準備／確保）、パッケージの設定／調整／セキュリティ設定といったプロセスでは、設計チームの進捗がしばしば大幅に遅くなります。自社で管理するコンポーネントの代わりに、クラウドベンダーが提供するマネージドサービスを使用することで、企業内のチームは迅速にアーキテクチャを実装して、その環境で実行するアプリケーションのテストプロセスを開始できます。

クラウドベンダーから提供されるマネージドサービスを使用すれば必ず高度なアーキテクチャパターンになるというわけではありません。しかし、広い視野で考えられ、「他との差別化につながらない重労働」に縛られないことにつながります。物理的なリソースの制限など、オンプレミスで通常見られる制限によって制約を受けないことは、クラウドネイティブ・アーキテクチャの重要な設計特性です。これにより、クラウドを使用しないと実現できないような規模でのシステムの展開が可能になります。クラウドベンダーから提供されるマネージドサービスを使用することで、よりスケーラブルでネイティブなクラウドアーキテクチャにつながる例をいくつか示します。

7

第 1 章 | クラウドネイティブ・アーキテクチャの概要

- マネージドサービスのロードバランサーを使用してアーキテクチャのコンポーネントを分離する
- マネージドサービスのデータウェアハウスシステムを利用して、必要なストレージのみをプロビジョニングし、追加でデータがインポートされたら自動的にスケールする
- 永続性と高可用性が組み込まれたマネージドサービスの RDBMS データベースエンジンを使用し、迅速かつ効率的にトランザクション処理を行う

▶高度なクラウドネイティブ・マネージドサービス

クラウドベンダーは、より高度なレベルのサービス提供に向けて、サービスの成熟度を高め続けています。大手クラウドベンダーのイノベーションのトレンドから予測されるのは、ベンダーによって大規模かつセキュアに管理されるマネージドサービスへの移行がますます進むということです。これは、ユーザーにとってはコスト／複雑性／リスクの低減につながります。クラウドベンダーが成熟度の高いマネージドサービスを開発する方法の 1 つは、特定の技術的な問題に対処するだけでなく、クラウドの価値提案も念頭に置きつつ、既存のテクノロジープラットフォームをもとに設計する方法です。

たとえば、AWS は Amazon Aurora というマネージドデータベースサービスを提供しています。Amazon Aurora は、データを安全に保管し、複数のアベイラビリティゾーン（ロケーション）に分散するよう設計されており、完全分散型で自己復旧機能を備えたストレージサービスを基盤として構築されています。このサービスは、オンデマンドでサイズを拡張できるストレージアレイを実現しています。さらに、クラウド向けに調整を行うことで、同種のデータベースエンジンと比較して最大 5 倍の性能を発揮できる設計となっており、上で示したようなデータベース固有のマネージドサービスの有用性を高めています。

すべての高度なマネージドサービスは、既存のテクノロジーをもとに設計されているというわけではありません。クラウドベンダーは、サーバーレスコンピューティングを導入して、運用のみではなく、開発サイクルからも「他との差別化につながらない重労働」を取り除きつつあります。クラウドは実質的に無限のリソースを提供できるので、大規模なアプリケーションを個別の機能に分離することは分散型システム設計の次の大きな波となり、これがクラウドネイティブ・アーキテクチャの形成に直接つながります。

AWS のサイトでは、サーバーレスコンピューティングについて次のように述べられています。

「サーバーレスコンピューティングを使うことで、サーバーにわずらわされることなく、アプリケーションやサービスを構築／実行できます。サーバーレスアプリケーションは、サーバーのプロビジョニング／スケーリング／管理が不要です。ほぼすべてのタイプのアプリケーションやバックエンドサービス向けに構築でき、高可用性を実現しながら、アプリケーションの実行やスケーリングに必要な作業のすべてをユーザーに代わって行います」

さまざまなサーバーレスサービスが提供されており、それらのサービスはコンピューティング（計算機能）、API プロキシ、ストレージ、データベース、メッセージ処理、オーケストレーション、分析、開発者ツールなど多岐にわたっています。クラウドサービスがサーバーレスサービスであるか、単なるマネージドサービスであるかを定義する重要な特性の 1 つは、ライセンス料と従量料金の計算方法です。サーバーレスサービスでは、サーバーインスタンスに直接関連した従来型のコアベースの価格体系ではなく、利用状況に応じた価格体系になります。サーバーレスサービスの利用状況に応じた価格体系で一般的な指標は、関数の実行時間、1 秒あたりのトランザクション数、またはこれらの組み合わせです。

このような既存の高度なクラウドネイティブ・マネージドサービスを使用し、サービスが新たにリリースされた場合でもサービスを導入し続けているとすれば、そのような企業は、CNMM の成熟度が高く、最も高度なクラウドネイティブ・アーキテクチャを開発できます。経験豊富な設計チームを有する企業は、これらのサービスを活用することで、従来から存在していた制約を取り払って可能性を広げることが可能であり、無限の容量を活用し、高度なアーキテクチャを実現できます。たとえば、フロントエンド Web 層、アプリケーションまたはミドルウェア層、ストレージ用のOLTP データベース層で構成される従来型の 3 層分散型コンピューティングスタックがあるとします。この設計パターンを新しいアプローチに置き換えると、イベント駆動型コンピューティングコンテナを使用する API ゲートウェイがエンドポイントに配置されるほか、スケーラブルな NoSQLマネージドデータベースを使用することになります。これらすべての構成要素でサーバーレスモデルを使用できるため、設計チームは必要なスケールの実現方法に悩まされることなく、ビジネスロジックに集中できます。

サーバーレスやその他の高度なマネージドサービスの先に未来があります。現在、機械学習、ディープラーニングといった人工知能の領域で、最先端のクラウドコンピューティングサービスがリリースされています。成熟度の高いクラウドベンダーはこれらのカテゴリに分類されるサービスを提供しており、イノベーションが活発に行われています。人工知能の分野は、イノベーションサイクルのきわめて初期の段階にあります。設計チームは今後この分野のサービスをさらに利用できるようにするでしょう。

▶クラウドネイティブなサービスの基軸のまとめ

1.2.1 のセクションでは、クラウドネイティブ・アーキテクチャの構成要素について説明し、それらを使用してアプリケーションを作成するための、より成熟度の高いアプローチを示しました。CNMM のすべての設計原則と同様に、まずは原則の基礎を理解することから取り組みを始めます。そして、規模に対応する実装方法について設計チームが知識を深めるにつれ、成熟度を高めていきます。ただし、クラウドコンピューティングの構成要素は、成熟度の高いクラウドネイティブ・アーキテクチャの作成に必要となる設計原則の一部にすぎません。他の 2 つの原則（自動化、アプリケーション中心の設計）にも従い、堅牢でセキュアな方法によってクラウドを利用したシステムを作成します。

1.2.2　基軸 2 - アプリケーション中心の設計

　クラウドネイティブの 2 つ目の設計原則は、アプリケーション自体の設計／構築方法に関するものです。この節では、実際のアプリケーション設計プロセスに重点を置き、クラウドネイティブ・アーキテクチャにつながる成熟度の高いアーキテクチャパターンを示します。CNMM の他の設計原則と同様に、クラウドネイティブ・アプリケーションの開発／構築方法は、さまざまな従来のパターンを進化させたものです。最終的に、CNMM の他の原則と組み合わせて使用することで、成熟度の高い、高度で堅牢なクラウドネイティブ・アーキテクチャができあがります。クラウドコンピューティングの世界の拡大とともに進化し続けることが可能なアーキテクチャになるのです。

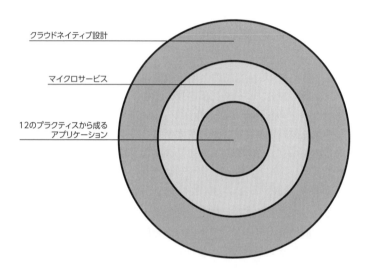

アプリケーション中心の設計の基軸

▶12 のプラクティスから成るアプリケーションの設計原則

　12 のプラクティスから成るアプリケーション (Twelve-Factor App) とは、サービスとしてのソフトウェア (SaaS) アプリケーションを構築するための方法論です[※1]。この方法論は 2011 年後半に作成され、スケーラブルで堅牢なクラウドネイティブ・アプリケーションを設計する際の基本的な要素としてしばしば引用されます。この原則を適用するアプリケーションは、どのプログラミング言語で書かれていてもかまいません。また、任意のバックエンドサービス (データベース、キュー、メモリキャッシュなど) を組み合わせて使用できます。そのため、どのようなクラウドベンダーのプラットフォームでも役に立ちます。

※1　https://12factor.net/

1.2 クラウドネイティブ成熟度モデルの定義

12 のプラクティスから成るアプリケーションは、設計時に次のようなアイデアに基づいています——「新規開発者を追加する時間とコストを最小限に抑えること」、「環境との依存関係が明確であり、クラウドベンダーに展開できること」、「環境間での差異を最小限に抑え、スケーリングを可能にすること」です。

12 のプラクティスは以下のとおりです（https://12factor.net/ を参照）。

プラクティス番号	プラクティス	説明
1	コードベース	バージョン管理されている 1 つのコードベースと複数のデプロイ
2	依存関係	依存関係を明示的に宣言し分離する
3	設定	設定を環境変数に格納する
4	バックエンドサービス	バックエンドサービスを、アタッチされたリソースとして扱う
5	ビルド、リリース、実行	ビルド、リリース、実行の 3 つのステージを厳密に分離する
6	プロセス	アプリケーションを 1 つもしくは複数のステートレスなプロセスとして実行する
7	ポートバインディング	ポートバインディングを通してサービスを公開する
8	並行性	プロセスモデルによってスケールアウトする
9	廃棄容易性	高速な起動と正常なシャットダウンで堅牢性を最大化する
10	開発／本番一致	開発、ステージング、本番環境をできるだけ一致させた状態に保つ
11	ログ	ログをイベントストリームとして扱う
12	管理プロセス	管理タスクを 1 回限りのプロセスとして実行する

本章の以前の節では、CNMM でこの方法論のいくつかのプラクティスが考慮されていることを説明しました。たとえば、プラクティス 1 は、コードベースをリポジトリに保管することを定めていますが、これは標準的なベストプラクティスです。プラクティス 3、10、12 は、それぞれの環境を別々に維持しつつ、各環境がコードや設定の観点から異なるものにならないよう定めています。プラクティス 5 は、機能を分離し、CI/CD パイプライン（後述）を明確で繰り返し可能なものにすることを定めます。プラクティス 11 は、ログをイベントストリームとして扱うことを定めます。これにより、ほぼリアルタイムでログを分析して対策をとることができます。自己完結性（プラクティス 2）、すべてをサービスとして扱う（プラクティス 4、7）、効率的なスケールアウトの実現（プラクティス 6、8）、適切な障害処理（プラクティス 9）など、他のプラクティスもクラウドネイティブ設計との親和性が高くなっています。12 のプラクティスの方法論でアプリケーションを設計することがクラウドネイティブ・アーキテクチャを開発する唯一の方法ではありませんが、この方法論は、標準化された一連のガイドラインを提供するものです。この方法論に従うことで CNMM におけるアプリケーションの成熟度を高めることができます。

▶モノリシック、SOA、およびマイクロサービスアーキテクチャ

アーキテクチャの設計パターンは、最新テクノロジーのイノベーションを取り込んで常に進化しています。長年の間、物理的なリソースのコスト、あるいはアプリケーションの開発／展開の遅

11

第 1 章 | クラウドネイティブ・アーキテクチャの概要

延を軽減するために、**モノリシックアーキテクチャ**が採用されてきました。このパターンは、大量の計算を行うコンピューターやメインフレームに適しており、今日でも多くのレガシーアプリケーションがモノリシックアーキテクチャとして実行されています。IT の運用やビジネス要件がますます複雑になり、市場へ投入するスピードが求められるようになりましたが、これらの要件を満たすためにさらにモノリシックアプリケーションが展開されました。最終的に、これらのモノリシックアプリケーションは相互に通信して、データを共有したり、他のシステムが持つ機能を実行したりする必要が生じました。このような相互通信は、**サービス指向アーキテクチャ (SOA)** の先駆けとなるものです。SOA では、設計チームが（モノリシックなアプリケーションではなく）複数の小規模なアプリケーションコンポーネントを作成し、ミドルウェアコンポーネントを導入して通信を仲介し、特定のエンドポイントのみにコンポーネントへのアクセスを制限します。SOA 設計は仮想化のブームに乗って次第に人気を博すようになりました。仮想化されたハードウェアでのサービスの展開が容易になり、コストも安く済むようになるからです。

　サービス指向アーキテクチャは、特定の通信プロトコルによって他のサービスにサービスを提供する 2 つ以上のコンポーネントで構成されます。これらの通信プロトコルはしばしば Web サービスと呼ばれ、WSDL、SOAP、RESTful HTTP、もしくは JMS などのメッセージングプロトコルが一般的に使用されます。これらさまざまなプロトコルやサービスの複雑性が増すにつれて、サービス間の仲介レイヤーとして**エンタープライズサービスバス (ESB)** が一般的に使用されるようになりました。ESB により、サービスはエンドポイントを抽象化できます。さまざまなソースからのメッセージ変換は ESB が行い、目的のシステムに適正な形式の呼び出しを実行します。この ESB のアプローチは、サービス間における通信の複雑性を低減させましたが、サービス呼び出しの変換とワークフローの処理に必要なミドルウェアロジックの複雑性が増す結果となりました。そのため、SOA アプリケーションは非常に複雑なものとなり、各コンポーネントのアプリケーションコードをいっせいに展開する必要が生じました。複合アプリケーション全体を大規模に展開する必要があり、リスクが高まることになりました。

　SOA のアプローチは、コアコンポーネントをそれぞれ個別のアプリケーションに分割することで、モノリシックアーキテクチャが本来的に抱えていた、1 か所の停止の影響が広範囲におよぶ、という問題に対する有効な対策となったものの、展開の複雑性という新たな問題を引き起こしました。相互依存関係が複雑に入り組んでいるため、1 回ですべての SOA アプリケーションを大規模に展開する必要が生じたのです。このようなビッグバン方式の展開はリスクが高いため、年に数回しか実行することができず、ビジネス要件への対応のスピードが大幅に低下することになりました。このような状況のもと、クラウドコンピューティングがますます一般的になり、オンプレミス環境の制約がなくなるにつれ、新しいアーキテクチャパターンが姿を現します。それがマイクロサービスです。クラウドの導入により、アプリケーションチームはもう、コードのテスト実行で計算能力を使うために数か月待ったり、物理的なリソース数の制限による制約を受けたりすることがなくなりました。

　マイクロサービスアーキテクチャのスタイルは、SOA の分散型の特長を備え、各サービスをより細かく、緩く結合されたアプリケーション機能へと細分化します。マイクロサービスは、各機能の

12

独立性をさらに高めることで、1か所で発生した問題が影響する範囲を狭めるとともに、各マイクロサービス機能を独自のコンポーネントとして扱うことで、アプリケーション展開の速度を大幅に向上させます。小規模な DevOps チームが特定のマイクロサービスを担当することで、小さな規模でコードの継続的インテグレーションと継続的デリバリーが行えます。そのため、展開速度が向上し、サービスに意図しない問題が発生した場合でも、すばやくロールバックできます。

　マイクロサービスとクラウドコンピューティングの親和性は高く、マイクロサービスはしばしばクラウドネイティブ・アーキテクチャの現時点で最も成熟した形態とみなされています。これほど親和性が高い理由は、クラウドベンダーが、サービスを個別のビルディングブロックとして開発することに由来しています。ユーザーは、これらの各ビルディングブロックをさまざまに組み合わせ、ビジネス上の目標達成に利用できます。アプリケーション設計チームは、この個別のビルディングブロックを使用するアプローチにより、ある特定のデータストアやプログラミング言語の使用を強制されることなく、さまざまなサービスを組み合わせて問題を解決できます。このことが、クラウドを使用したさまざまなイノベーションや設計パターンにつながっています。たとえば、サーバーレスコンピューティングサービスによって、開発チームがリソース管理から解放され、ビジネスロジックに集中できるようになります。

▶クラウドネイティブ設計の考慮事項

　すべてのクラウドネイティブ・アーキテクチャで実装に努めるべきいくつかの設計上の考慮事項があります。こうした事項は、使用される方法論や、最終的に実装されるクラウドネイティブ設計パターンにかかわらないものです。クラウドネイティブ・アーキテクチャであるためにこれらすべてが必須というわけではありませんが、これらの事項を実装することで、CNMM におけるシステムの成熟度が高まります。これらの考慮事項は、測定、セキュリティ、並列処理、復旧性、イベント駆動、将来の有効性です。

- **測定**：アプリケーション測定の組み込みとは、単にログストリームを解析するだけではありません。リアルタイムでアプリケーションのパフォーマンスを監視／測定できる必要があります。測定の追加により、通信遅延の発生、システム障害に起因するコンポーネント障害、その他、特定のビジネスアプリケーションにとって重要な特性について、アプリケーション自身が認識できるようになります。測定は、他の多くの設計上の考慮事項にとっても重要なものなので、最優先でアプリケーションに組み込むことで、長期にわたってメリットを享受できます。

- **セキュリティ**：すべてのアプリケーションにセキュリティを組み込む必要がありますが、アプリケーションにおいて、クラウドネイティブなセキュリティアーキテクチャを設計することが重要になります。このアーキテクチャでは、クラウドベンダーのセキュリティサービス、サードパーティのセキュリティサービス、レイヤーにおける設計レベルのセキュリティを利用できます。

第 1 章 ｜ クラウドネイティブ・アーキテクチャの概要

これらのセキュリティ機能によって、アプリケーションのセキュリティ体制を強固にし、攻撃やセキュリティ侵害が発生した場合の影響範囲を小さく抑えることができます。

- **並列処理**：個別の処理を他の部分と並行して実行できるアプリケーションを設計することは、スケールアップしたときに必要なパフォーマンスを発揮できることに直接つながります。並列処理には、同じ関数のセットを並行して多数回実行できることや、アプリケーション内の多数の個別の関数を並行して実行できることが含まれます。

- **復旧性**：障害が発生したときに、アプリケーションがどのように処理を行い、規模を縮小せずに実行し続けられるかを考慮することが重要です。たとえば、複数の物理データセンターにわたる展開の実行、分離化された複数のアプリケーション層の使用、クラウドベンダーのロケーション間でのアプリケーションコンポーネント起動／シャットダウン／移行の自動化など、クラウドベンダーのさまざまなイノベーションを活用することで、アプリケーションの復旧性を確保します。

- **イベント駆動**：イベント駆動型のアプリケーションは、イベントを分析してアクションを実行する仕組みを備えています。アクションには、ビジネスロジック、復旧のための変更、セキュリティ評価、アプリケーションコンポーネントの自動スケーリングなどがあります。すべてのイベントはログに記録され、高度な機械学習技術によって分析されて、今後イベントが発生したときにさらなる自動化を実行できます。

- **将来の有効性**：今後イノベーションが進むにつれて、アプリケーションが CNMM における成熟度を高めて進化し続けられるよう、将来について考えておくことが重要です。これまでに述べた考慮事項を実装することで、将来にわたってアプリケーションの有効性を維持できます。ただし、自動化やコードの改善によってすべてのアプリケーションを常に最適化し、ビジネス上の目標を確実に達成できるようにする必要があります。

▶アプリケーション中心の設計の基軸のまとめ

マイクロサービス、12 のプラクティスから成るアプリケーションの設計パターン、クラウドネイティブ設計の考慮事項など、クラウドネイティブ・アプリケーションを作成するためにさまざまな手法を用いることができます。クラウドネイティブ・アプリケーションを設計する方法に唯一の正解はなく、高い堅牢性をもたらす設計上の考慮事項を適用するにつれて CNMM における成熟度が高まります。このことは、CNMM のすべての部分と同様です。この基軸においては、ここで説明した設計手法をできるだけ多く実装することで、アプリケーションの成熟度を高めることができます。

1.2.3 基軸 3 - 自動化

　クラウドネイティブの3つ目、そして最後の設計原則は自動化です。本章を通して、他の CNMM の原則について詳細に説明してきました。特に、クラウドネイティブなサービスの使用とアプリケーション中心の設計によって、スケーラブルなクラウドネイティブ・アーキテクチャを実現できる理由について説明しました。しかし、これらだけではクラウドを真に活用したシステムは構築できません。利用できる最も高度なサービスを使用してシステムを設計したとしても、アプリケーションの運用面が手動のままであれば、意図する目的を達成することは難しいでしょう。この種の運用上の自動化は、しばしば**コードとしてのインフラストラクチャ（Infrastructure as Code）**と呼ばれ、高度なクラウドネイティブ・アーキテクチャを実現するための成熟度の向上に役立ちます。クラウドベンダーは、通常、すべてのサービスを API エンドポイントとなるように開発します。プログラムから API エンドポイントへの呼び出しを通して、サービスの作成／変更／破棄を行えます。かつては運用チームが、インフラの設計や設定に加えて、コンポーネントの物理的なセットアップや展開を担当していましたが、この仕組みを利用してコードとしてのインフラが実現されます。

　コードとしてのインフラによる自動化を行うことで、運用チームはアプリケーション固有の設計に集中することができ、「他との差別化につながらない重労働」であるリソース展開の処理は、クラウドベンダーに任せることができます。このコードとしてのインフラは、アプリケーションで展開される他のあらゆるアーティファクト（部品）と同様に扱われます。また、ソースコードリポジトリに保管され、バージョン管理と保守が行われて、今後さまざまな環境を構築する場合にも長期的な整合性が維持されます。現在行われている自動化はまだ初期段階のもので、環境の構築、リソースの設定、アプリケーションの展開に重点が置かれています。ソリューションの成熟度が高まるにつれ、より高度な監視、スケーリング、パフォーマンス関連アクティビティなどにも対象が広がります。最終的には、ソリューション全体の監査、コンプライアンス、ガバナンス、最適化なども対象となります。さらに、最も高度な自動化設計になると、機械学習、ディープラーニングなどの人工知能の手法を使用して、自己復旧や、現在の状況に基づいた構造の変更を可能とするシステムの自律的な動作を実現できます。

　自動化は、クラウドネイティブ・アーキテクチャが必要とするスケールやセキュリティを実現するための鍵となります。

第1章 クラウドネイティブ・アーキテクチャの概要

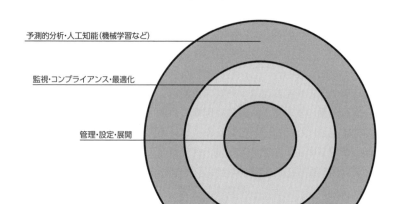

▶環境の管理／設定／展開

　クラウドでのアプリケーションの設計／展開／管理は複雑な作業ですが、あらゆるシステムでセットアップや設定は必要です。クラウドでは、環境整備と設定のためのコードを開発することで、このプロセスをさらに効率化し、整合性のあるものとすることができます。オンプレミスで管理される従来のサーバー、サブネット、物理的な機器以外にも、クラウドには多くのクラウドサービスやリソースが存在します。自動化の基軸のこの段階では、API駆動型の環境のプロビジョニング、システムの設定、アプリケーションの展開に重点が置かれます。ユーザーはこれらの繰り返し実行されるタスクの処理にコードを使用できます。

　ソリューションがエンタープライズクラスの大規模で複雑な実装であるか、比較的単純なシステムの展開であるかにかかわらず、整合性の管理のための自動化は、クラウドネイティブ・アーキテクチャの実現にとって重要です。「大規模で複雑なソリューションを実現する場合」「規制要件によって職務分掌が定められている場合」には、企業はコードとしてのインフラを使用してさまざまな運用チームを分離し、コアインフラ、ネットワーク、セキュリティ、監視など、それぞれのチームの領域のみを担当させることができます。また、単一のチームがすべてのコンポーネントを担当している場合もあります。DevOpsモデルが使用されている場合、開発チームが担当していることも考えられます。コードとしてのインフラをどのように開発する場合でも、システムを高頻度で展開できるようにするとともに、設計要件に正確に準拠できるよう、俊敏性と整合性を常に維持する必要があります。

　コードとしてのインフラでシステムの運用をどのように処理するかについては、いくつかの考え方があります。環境の変更が発生するたびに、コードとしてのインフラの自動化スイート全体を実

行して、既存の環境を置き換える場合もあります。このような手法は**イミュータブル (不変) インフラストラクチャ**と呼ばれます。システムコンポーネントを更新せず、毎回新しいバージョンまたは設定のインフラに置き換えるからです。イミュータブルインフラストラクチャを導入することで、環境や設定が成り行きに任せて変更されることを防止できます。また、厳格にガバナンスを証明するとともに、手作業によって入り込む可能性があるセキュリティの問題を減らすこともできます。

イミュータブルインフラストラクチャのアプローチにはメリットもありますが、毎回環境全体を置き換えることが適切ではない場合に、個別のコンポーネントのレベルで変更が必要になることもあります。その場合でも、すべてが整合性を持って導入されるために自動化のアプローチが必要になりますが、その結果、クラウドのリソースが容易に変更されるようになったり、時間とともに変化したりすることになります。インスタンスレベルでの自動化を実現する製品のベンダーが数多くあり、ほとんどのクラウドベンダーはこのような自動化を行うマネージドサービスを提供しています。これらのツールでは、コードやスクリプトを環境で実行し、変更を行うことができます。これらのスクリプトはコードとしてのインフラストラクチャで展開されるアーティファクト(部品)に含まれ、イミュータブルスクリプトのセットと同様に開発／保守されます。

この基本的なレベルで自動化が必要になるのは、環境の管理や設定だけではありません。完全に自動化されたクラウドネイティブ・アーキテクチャのためには、コードの展開と弾力性も非常に重要な要素となります。市場には展開パイプライン全体を自動化できる数多くのツールがあり、このパイプラインは**継続的インテグレーション／継続的デリバリー (CI ／ CD)** と呼ばれます。コード展開パイプラインには、多くの場合、コードのチェックイン、自動コンパイルとコード分析、パッケージ化、展開が含まれるだけでなく、さまざまなフックや承認のための停止を備えた固有の環境など、展開プロセスのあらゆる側面が含まれ、クリーンな展開を可能にします。CI ／ CD パイプラインは、環境／運用の管理のためのコードとしてのインフラストラクチャと組み合わせることで、クラウドネイティブ・アーキテクチャにおいて非常に高い俊敏性と整合性を実現します。

▶自動化による監視／コンプライアンス／最適化

クラウドネイティブ・アーキテクチャでは、複雑なサービスを使用し、かつ複数の地理的な場所にまたがり、使用パターンやその他の要因に基づいて頻繁に変更できることが求められます。自動化の利用により、ソリューション全体にわたる監視や、企業内外の規制基準への準拠、リソース使用の継続的な最適化を行うことで、成熟度を高めることができます。あらゆる進化の過程と同様に、以前の成熟度段階を足がかりとして、より高度な手法を使用し、ソリューションのスケーラビリティを高めることができます。

収集できる最も重要なデータポイントの１つは、クラウドベンダーが提供するサービスに組み込まれる監視データです。成熟度の高いクラウドベンダーは、提供するサービスに最初から監視サービスを組み込んで、監視対象サービスの指標／イベント／ログを取得しています。このような情報は監視サービスがないと入手できないものです。これらの監視サービスを使用して、発生中の基本的なイベントをとらえることで、システム全体の健全性を確保するための自動化を実現できます。

第 1 章 ｜ クラウドネイティブ・アーキテクチャの概要

たとえば、サービスの論理層で複数の仮想マシンを使用しているシステムでは、通常は一定量のリクエストを想定していますが、周期的にリクエストのスパイクが発生すると、これらのインスタンス上の CPU 使用率やネットワークトラフィックが急激に跳ね上がります。適切に設定を行うことで、クラウド監視サービスはこのような急増を検出して、追加のインスタンスを起動できます。これにより、許容可能なレベルまで負荷が均等化され、システムが適切なパフォーマンスを発揮できるようになります。追加のリソースを起動するプロセスは、コードとしてのインフラストラクチャによる自動化を必要とするシステムの設計形態であり、クラスター内の他のすべてのインスタンスとまったく同じ設定／コードを使用して新しいインスタンスが展開されるようにします。このようなアクティビティはしばしば**自動スケーリング**と呼ばれ、リクエストのスパイクが収まったらインスタンスを削除して元に戻す際にも利用されます。

　環境とシステム設定の自動コンプライアンスは、大企業のユーザーにとってますます重要になっています。すべてのシステムコンポーネントにおいて定期的にコンプライアンス監査チェックを実行する自動化プロセスを組み込むことで、自動化の基軸における成熟度を高めることができます。このような設定スナップショットサービスでは、構築時の環境全体の状態を取得し、長期的な分析のためにテキストとして保存できます。そして、自動化を使用してこれらのスナップショットを過去の環境と比較し、設定が変わっていないかを確認できます。過去の環境の確認以外にも、現在のスナップショットを、基準に適合した望ましい設定と比較することで、規制のある業種における監査要件をサポートできます。

　クラウドリソースの最適化は、見落とされがちな分野です。クラウドが出現する前は、ピーク時のシステム実行に必要となる容量を推測して決定し、システムの設計を行っていました。そのため、システムを作成する前から高価で複雑なハードウェアやソフトウェアを調達しなければなりませんでした。過剰にプロビジョニングされた大量のリソースがアイドル状態のまま放置され、リクエストの急増が発生するのを待ち続けるということもよくありました。クラウドではこのような状態はほとんど発生しませんが、どの程度の容量が必要になるかをシステム設計者が把握できない状況が生じることもあります。そのような問題を解決するために、自動化された最適化を使用することで、すべてのシステムコンポーネントを常にチェックし、過去のトレンドからリソースの過不足を判断できます。

　最適化の実現方法の 1 つに自動スケーリングがありますが、正しく実装することでさらに最適化を行える高度な方法が数多くあります。たとえば、「環境全体であまり使用されていない実行中のインスタンスをチェックして、それらを無効にする自動プロセスを使用する」、あるいは「同様のチェックを行ってすべての開発環境を夜間や週末にシャットダウンする自動プロセスを使用する」ことで、企業の大幅なコスト削減につなげることができます。

　監視、コンプライアンス、最適化に関して、クラウドネイティブ・アーキテクチャの高い成熟度を実現する方法の 1 つが、詳細がわかるログフレームワークの利用です。このフレームワークにデータを取り込み、そのデータを分析して意思決定を行うことは複雑な作業です。設計チームはさまざまなコンポーネントについて完全に理解するとともに、必要なすべてのデータが常に取得されるようにしなければなりません。このようなフレームワークを利用することで、ログは単に収集して保

存しておくファイルであるという考え方を改めることにつながります。ログはイベントのストリームであり、リアルタイムで分析してあらゆる異常を見つけるためのものです。たとえば、ログフレームワークを導入する比較的簡単な方法として、「ELK スタック」と呼ばれる Elasticsearch（検索エンジン）、Logstash（ログ収集／処理／転送ツール）、Kibana（視覚化ツール）を使用する方法があります。これにより、あらゆる種類のシステムログイベント、クラウドベンダーサービスのログイベント、その他のサードパーティのログイベントを取得できます。

▶予測的分析／人工知能など

システムが成熟度モデルの自動化の基軸に沿って進化するにつれて、生成するデータを利用して分析を行い、その結果に従って対策をとる機能を備えるようになります。先の基軸で説明した監視／コンプライアンス／最適化の設計と同様に、成熟度の高いクラウドネイティブ・アーキテクチャは常にログイベントストリームを分析して、異常や非効率な部分を検出します。しかし、最も成熟度の高いシステムでは、**機械学習 (ML)** などの**人工知能 (AI)** を使用して、イベントがシステムにどのような影響を与えるかを予測し、パフォーマンス、セキュリティ、その他ビジネスへの悪影響が生じる前にプロアクティブ（予防的）に調整を行います。イベントデータを長期にわたって収集するほど、そしてデータを収集する対象となる個別のソースの数が多いほど、これらの手法で活用できるデータポイントが増え、より適切な対策をとれるようになります。

この基軸ですでに説明した自動化の構成要素は、人工知能と組み合わせて使用することで、ビジネスに影響を与えるイベントに対してより多角的に対応できます。

予測的分析や機械学習では、データが非常に重要です。イベントをどのように分類するかについてシステムに学習させるには時間がかかります。また、適切なデータや自動化の優れた仕組みが必要で、このプロセスには終わりがありません。AI は、一見無関係なデータイベントを相互に関連付けて、仮説を立てることを基礎にしたテクノロジーです。これらの仮説には、イベントが発生したときに実行できる一連の対策も含まれています。従来は、イベントによる検知は行われず、異常が発生してから修正が行われていました。

異常についての仮説に一致するイベントへの自動的な対応、および是正措置の実施は、機械学習に基づいて予測的分析を行い、ビジネスに影響を与える前に問題を解決する仕組みの一例です。たとえば、新しいイベントが取得された際、履歴データからは、そのイベントと既知の異常を正確に関連付けられない場合もあります。そのような場合であっても、相関関係の欠如という事実そのものがインジケーターとなり、データイベント／異常／対応を相互に関連付けて、さらなるインテリジェンスを獲得できます。

データセットに機械学習を使用すると、同じデータセットを人間が確認した場合には認識できなかったであろう相関関係を見出せることが多くあります。数百万回にもおよぶログイン試行のデータから、「ユーザーログインの失敗がどの程度の頻度でロックアウトや再試行につながったのか」「そのようなロックアウトが、単にユーザーによるパスワード忘れから生じたのか」あるいは「システムへの侵入を試みるブルートフォース攻撃によるものなのか」を判断できるのはその良い例です。ア

第 1 章 | クラウドネイティブ・アーキテクチャの概要

ルゴリズムを使用すると、必要なすべてのデータセットを検索し、結果の相関関係を示せるので、無害なイベントのパターンと悪意のあるイベントのパターンを識別できます。これらのパターンからの出力を使用することで、迅速にフロントエンドリソースを隔離したり、接続元（IP または国 /地域）、送信されるトラフィックのタイプ（分散型サービス拒否）、その他のシナリオに基づき、悪意があるとみなされたユーザーからのリクエストをブロックしたりして、セキュリティの問題が発生しないように予測的な対策を行うことができます。

このような自動化をシステム全体で正しく実装すれば、今日実現できる最も高度なアーキテクチャを構築できます。現在利用できるクラウドサービスの状況を見ると、予測的分析や機械学習は、成熟度の高いクラウドネイティブ・アーキテクチャのなかでも最先端の形態であるといえます。しかし、サービスの成熟度が高まるにつれて、さらに新しい技術が利用できるようになります。革新的思考のできる人々が、これらの成熟度の高い新技術を使用し、ビジネスへの損害が生じないようシステムの復旧性を高め続けるでしょう。

▶自動化の基軸のまとめ

クラウドネイティブ・アーキテクチャに自動化を実装することで、大きな価値を生み出すことができます。単に環境のセットアップやコンポーネントの設定を行う低い成熟度から、ソリューション全体での高度な監視、コンプライアンス、最適化を実行する高い成熟度まで、さまざまな成熟度を実現する自動化があります。クラウドベンダーサービスで推進されるイノベーション／高度な自動化／人工知能を組み合わせて使用することで、予測的な対策を行い、システムの一般的な異常／既知の異常／多くの未知の異常を解決できます。クラウドベンダーサービスの導入と自動化は、CNMM における 3 つの重要な設計原則のうちの 2 つです。残る 1 つの要件は、アプリケーション設計とアーキテクチャの原則です。

1.3　クラウドネイティブに向けた取り組み

　今日の企業は、規模の大小を問わず、また新旧を問わず、クラウドコンピューティングのメリットを認識しつつあります。クラウドに向けた取り組みには多くの道筋があり、「組織の成熟度」や「必要な変化を受け入れる姿勢を経営陣がどの程度持っているか」に応じて、最適な道筋が決まります。どのような種類の組織でも、クラウドコンピューティングへの移行を成功させるには時間と労力がかかり、粘り強さも求められます。「クラウドネイティブを目指す」と口で言うのは簡単ですが、ほとんどの企業にとって、その道筋は入り組んでおり、困難が予想されます。歴史が長く、多くのレガシーワークロードがあり、データセンターを管理しているような企業では、ロードマップを策定して移行の計画を立案するだけでなく、クラウドに向けた取り組みにおいて人やプロセスの管理も必要になります。まだ新しく、従来型のワークロードという技術的負債が多くない企業では、クラウドで早期から実験を行えるので、迅速に取り組みを進めることができます。ただし、成熟度の高いクラウドネイティブな企業になるには時間がかかります。

1.3.1　クラウドファーストにする決断

　クラウドコンピューティングは、すでに広く普及しています。数年前なら、企業がクラウドファーストモデルを目指すか、または最新の優れたテクノロジーを追い求めない決断をするかについて議論されることも多くありました。しかし、今ではほとんどすべての企業がクラウドコンピューティングに向けた第一歩を踏み出しており、多くの企業がクラウドファーストの組織になるという決断をしています。クラウドファーストにするという決断は、最も基本的なレベルでは、ビジネス上の要件を満たさないことが明確である場合を除いて、選択したクラウドベンダーにすべての新規ワークロードを展開することを意味します。要件を満たさないとは、たとえば「情報セキュリティ上の理由がある（政府の機密事項や規制による制限など）」「短期間では解決できない技術的な問題や制限がクラウドベンダーにある」といった場合を指します。しかし、大部分の新規プロジェクトでは、すでに説明した CNMM におけるさまざまな段階の成熟度でクラウドコンピューティングを導入することになります。

　現在の IT 環境では、クラウドを導入するという決断は一般的なものですが、クラウドの導入を成功させるにはいくつか解決が必要な問題もあります。IT およびビジネスのリーダーは、人やプロセスがクラウドファーストモデルに適合できるようにする必要があります。また、サイロ化された開発／運用チームで構成され、スピードに欠けた硬直的なウォーターフォール型プロジェクトの仕組みを打開するには、DevOps とアジャイルの方法論が役に立ちます。

▶クラウドで変わる人とプロセス

　大規模な IT 部門を抱える企業や、長期間の外注契約を行っている企業では、現在までその企業で使用されてきたテクノロジーに熟達した従業員が存在しています。新しいテクノロジー、特に

第 1 章 ｜ クラウドネイティブ・アーキテクチャの概要

クラウドコンピューティングに移行する場合、大幅なスキルの更新、従業員の異動、従業員の思考パターンの変化が要求されます。IT スタッフを 2 つのグループに分けることで、人に関するこれらの課題を克服できます。1 つはレガシーワークロードを今までどおりの方法論で処理するグループ、もう 1 つはクラウドファーストモデルで業務を行い、新しいテクノロジーやプロセスを導入してそれらを成功に導くグループです。このようにグループ分けすることでしばらくの間はうまく業務をこなすことができますが、時間が経ち、ターゲットとなるクラウドプラットフォームへのワークロードの移行が進むにつれて、より多くの従業員が新しい運用モデルに移行することになります。熱意があり新しいテクノロジーを積極的に学ぶ少数の従業員が先駆者となって取り組みを進め、残りの従業員はその間に徐々に自身のスキルを更新できる点がこの方法のメリットです。

経験豊富な IT 専門家、特にデータセンターの展開で経験を積み、大規模なレガシーワークロードを多数扱ってきた専門家がつまずきやすいのは、無限のリソースという概念です。ほとんどのクラウドベンダーは、実質的に無限のリソースを提供しています。アプリケーション設計でこの制約がなくなることで、かつてのアプリケーション設計では不可能だった、ユニークで革新的な方法で問題を解決できるようになります。たとえば、バッチジョブの実行において特定の CPU プロセッサのセットしか使用できない場合、開発者が並列処理を設計できる余地はあまりありません。一方、CPU を無限に利用できる場合は、ジョブ全体を並列処理で実行するように設計できるので、シリアル処理を多数実行する場合と比べて処理が速くなり、コストも低く抑えることができます。広い視野で考え、制約を取り払うことのできる人が、先駆者のチームに加わる必要があります。

クラウドファーストの組織になるためには、プロセスも大きな障害となります。クラウドへの移行段階にある多くの企業は、SOA からマイクロサービスへの移行段階にもあります。したがって、SOA のアーキテクチャおよび展開をサポートするプロセスが導入されていることが一般的です。これらのプロセスでは、複合アプリケーション全体をビッグバン方式で正しく展開することを想定しているため、多くのテストが必要になり、時間もかかります。クラウドファーストでマイクロサービスを使用する場合、できるだけ迅速かつ数多く展開できるようにし、変化するビジネス要件にすばやく対応できるようにすることが目標となります。したがって、このような俊敏性をサポートするプロセスに変化させることが重要です。たとえば、ある組織が ITIL（Information Technology Infrastructure Library）に厳格に従っている場合、本番環境に変更やコードを展開する前に、抑制と均衡が働いている厳格な承認チェーンを要求されることがあります。複合アプリケーションは複雑に入り組んだ構造となっており、1 つの小さな変更がシステム全体に影響をおよぼす可能性があるため、このような承認チェーンが導入されます。しかし、マイクロサービスアーキテクチャでは、各マイクロサービスは自律的であり、（通常は）API を公開しているだけなので、API が変わらない限りはコード自体の変更は他のサービスに影響を与えません。小規模な展開やロールバックを何度でも行えるプロセスに作り替えることで、スピードとビジネスの俊敏性を実現できます。

22

1.3 クラウドネイティブに向けた取り組み

▶アジャイルと DevOps

　クラウドは、あらゆる問題がなくなる夢のような場所ではありません。従来存在していた問題の一部を解決できる場であることに違いはありませんが、新たな問題も生じます。クラウドネイティブではない従来型の企業は、ウォーターフォール型プロジェクト管理からアジャイルへの移行を進めています。これは、クラウドネイティブを目指す企業にとっては好材料です。イテレーション（繰り返し）、フェイルファスト、イノベーションといった要素は長期的な成功に不可欠であり、アジャイルなプロジェクトにすることで、これらの要素をプロジェクトに取り入れることができます。クラウドネイティブな企業でこの方法論に人気がある主な理由は、クラウドベンダーがイノベーションを非常に速いペースで推し進めるためです。たとえば、AWS は 2017 年に 1,430 もの新しいサービスや機能をリリースしました。これは 1 日 4 つに近いペースです。このような速いペースのイノベーションによってクラウドサービスは変化を続けています。アジャイルな方法論を使用してクラウドネイティブプロジェクトを管理することで、新しいサービスをすぐに取り入れることが可能になります。

　DevOps（開発チームと運用チームの統合）は、「コードの開発」と「本番環境に展開された後のコードの運用」とのギャップを埋めることを目指す新しい IT 運用モデルです。コードのロジック、テスト、展開されるアーティファクト、システムの運用をすべて同じチームが担当することで、コード開発プロセスのライフサイクル全体を包括的にカバーできます。この IT 運用モデルは、クラウドおよびマイクロサービスに最適です。というのも、このモデルでは、小規模なチームがサービス全体の責任を持ち、そのチームに適したコードを記述し、会社が選択したクラウドプラットフォームに展開して、そのアプリケーションを運用することで、アプリケーションが本番環境に移行された後に問題が発生したら、適切に解決できるようになるからです。

　クラウドネイティブな組織を目指す企業にとって、アジャイルな方法論と DevOps による変化はどちらも必要なものなのです。

1.3.2　クラウドの運用環境

　クラウドに向けた取り組みには時間がかかり、多くの試行錯誤を繰り返すことになります。通常、企業では要件に適したプライマリクラウドベンダーを指定します。場合によっては、特定の要件に対応するため、2 つ目のクラウドベンダーを利用することもあります。また、ほとんどの企業はまずハイブリッドアーキテクチャを利用することから始めます。これにより、既存の資産やアプリケーションを活用しつつ、選択したクラウドにワークロードを移行させることができます。多くの場合、クラウドに移行される単一のワークロード、あるいはクラウド向けに設計された単一のワークロードを対象として、クラウドネイティブに向けた取り組みを始めます。このようにすることで、設計チームが貴重な体験を積むことができるとともに、その組織で今後クラウドに使用する運用基盤を構築できます。

第 1 章 ｜ クラウドネイティブ・アーキテクチャの概要

▶クラウドの運用基盤

　クラウドは、ビジネス上のあらゆる問題を解決するための多種多様なリソースを提供します。ただし、複雑なテクノロジーなので、クラウドを活用できるスキルの高いスタッフが必要になるだけでなく、コストとスケールを念頭に置いた、厳しい要件を満たすセキュアな運用基盤が必要になります。最初に単一のワークロードをクラウドに展開する前でも、期待される基盤の設計について全体を明らかにしておくことが重要です。これには、あらゆる事項が含まれます。たとえば、アカウント構造、仮想ネットワークの設計、地域的 / 地理的要件、ID およびアクセス管理やコンプライアンスなどの領域におけるセキュリティ構造、さまざまな種類のワークロードで使用する特定のサービスに関するガバナンスの考慮事項などです。1.2.3 のセクションで説明したコードとしてのインフラストラクチャの利用方法の理解も、早期対応が必要となる重要な要素です。

　すべての要素を決定し、クラウドの運用基盤を導入したら、最初のプロジェクトを開始できます。意思決定のプロセスから最初のいくつかのプロジェクト展開の間に、DevOps チームは、アジャイルな方法論のスピード、ターゲットとなるクラウドベンダーのプラットフォーム、クラウドネイティブ環境に対する企業の一連のガイドラインとアプローチについて多くの経験を積むことができます。

▶ハイブリッドクラウド

　クラウドプラットフォームの基盤に加えて、企業は既存の資産の活用方法も決定する必要があります。クラウドコンピューティングがもたらす価値について議論されることはあまりありませんが、「移行のペース」と「既存の資産をどのようなスピードで廃止するか」については議論の余地があります。クラウドネイティブに向けた取り組みの初期段階で、ハイブリッドクラウドのアプローチを導入する方法は非常に一般的です。この方法では、既存の 2 つのグループ（従来型のグループと、クラウドファーストのグループ）を利用して、容易に運用を行えます。このアプローチでは、既存のデータセンターをビッグバン方式でクラウドに移行する必要がなく、準備が整った個別のプロジェクト、ビジネスユニット、その他分離された領域ごとに迅速に移行を実施できるので、低いコストでクラウドへの移行を実現できます。

　すべてのクラウドベンダーは、ハイブリッドアーキテクチャのオプションを提供しており、データセンター内の一部のワークロードを維持しつつ、他の部分をクラウドに移行できます。このようなハイブリッドアーキテクチャでは、一般的に、1 つ以上のデータセンターから、1 つ以上のクラウドベンダーのリージョン（地域）への何らかの種類のネットワーク接続を設定することになります。このネットワーク接続は、パブリックインターネットのパスを経由した VPN の形で実装することも、さまざまなファイバーによる専用線接続を利用することもできます。接続の実装形態にかかわらず、（セキュリティとガバナンスの制約内で）すべての企業リソースおよびワークロードに相互にアクセスできる単一のネットワークを構築する必要があります。ハイブリッドクラウドアーキテクチャの一般的なパターンには次のようなものがあります。

24

1.3 クラウドネイティブに向けた取り組み

- レガシーワークロードはオンプレミス、新しいプロジェクトはクラウドに展開
- 本番環境のワークロードはオンプレミス、本番環境以外のワークロードはクラウドに展開
- 障害復旧環境をクラウドに展開
- ストレージまたはアーカイブをクラウドに配置
- オンプレミスのワークロードにバーストが発生したときの追加容量としてクラウドを利用

時間が経ち、より多くのワークロードがクラウドに移行されたり、オンプレミス環境のワークロードが廃止されたりするにつれ、クラウドの比重が大きくなり、オンプレミスよりもクラウドのリソースを多く利用するようになります。このような変化は自然なことで、クラウドネイティブに向けた取り組みを進めた企業の転換点を示すものとなります。最終的に、完全にクラウドネイティブとなった企業は、すべてのワークロードをクラウドに移行させ、必要なくなったハイブリッド接続オプションをほとんど除去することになります。その状態に到達した組織は非常に成熟度の高い、クラウドネイティブな企業といえるでしょう。

▶マルチクラウド

企業は、自然災害やセキュリティイベントなどの問題が生じたときに影響範囲を小さく抑えるために、リスクを分散する必要があります。あるいは、単に事業を展開するすべての場所で顧客に対応するために、リソースを分散させる必要があるかもしれません。そのため、マルチクラウド環境は非常に魅力的で、一部の大企業はクラウド導入の取り組みにおいてマルチクラウド環境を利用し始めています。マルチクラウドは、適切な環境で導入すると、特定の種類の課題への対処に役立ちますが、ほとんどの企業ではマルチクラウドを導入すると複雑性が大幅に増し、クラウドの導入スピードを遅くしてしまう危険性があります。

複雑性や変更の管理を行うことで繁栄してきたシステムインテグレーターが、マルチクラウドの展開およびアーキテクチャのメリットを必要以上に喧伝している傾向があります。システムインテグレーターは、できるだけ複雑で設計の難しいアーキテクチャを推奨することで、IT環境をスムーズに運用するためにインテグレーターをさらに活用してもらおうと考えているのです。**マルチクラウド**は、このようなシステムインテグレーターが推奨する最新のアーキテクチャです。このアプローチでは、クラウド固有の知識が2倍も必要になるだけでなく、ハイブリッド接続またはクラウド間接続も2倍必要になります。なかには、単一のプラットフォームを導入することで、複数のクラウドとオンプレミスにあるリソースを一元的に管理でき、クラウド運用を簡単にできると請け合うクラウドブローカーもいます。しかし、この考え方には問題もあります。このようなクラウドブローカーが公開しているのは、各クラウドベンダーが提供している機能の最小の共通項(一般的にはインスタンス、ストレージ、ロードバランサーなど)のみであり、選択したクラウドベンダーの最も革新的なサービスは利用できません。このようなブローカーを利用してしまうと、クラウドネイティブ・アーキテクチャのイノベーションが阻害され、クラウドの導入前と変わらない運用モデルを使用し続けることになります。環境の管理を依頼するためにブローカーにお金を払うものの、

第1章 │ クラウドネイティブ・アーキテクチャの概要

クラウド導入の取り組みからあまりメリットを得られなくなります。

マルチクラウドに対するよく使われるアプローチとして、コンテナーを使用してワークロードをクラウド間で移動させる方法もあります。理論的には、このアプローチによってマルチクラウドで生じる多くの課題に対応し、解決できます。この分野では現在、多くのイノベーションが進展している最中で、クラウド間でコンテナーを移動させる手法はまだ初期段階にあります。今後新たなフレームワークやツールが登場し、成熟度が高まるにつれて、最新のクラウドネイティブ・アーキテクチャを構築するための有望な分野となる可能性があります。

クラウドネイティブに向けた取り組みを進め、マルチクラウドのアプローチを検討している企業は、なぜマルチクラウドを検討しているかを問い直す必要があります。私たちは、初期段階あるいは中間段階では、単一のクラウドベンダーを選択したほうがより迅速かつ効率的に取り組みを進められると考えています。初期の段階では、2つ目のクラウドを設計に導入するよりも、単一のベンダーに合わせて組織を作り替えたり、従業員の改革を行ったりすることにすべての労力をつぎ込むほうが効率的です。最終的には、ビジネスのニーズを満たし、組織の文化に適合する道筋を選択するとよいでしょう。

1.3.3　大規模なアプリケーションの移行

企業は、クラウドファーストの組織になることを決断し、DevOps チームを結成することから取り組みを始め、その後クラウドベンダーを選択し、ターゲットとなるクラウド運用基盤をセットアップします。これらが完了したら、大規模に移行を開始することになります。クラウドネイティブな企業は、自己管理型のデータセンターやワークロードを減らした上で、これらを可能な限りクラウドに移行させることを目標とします。これには、3つの主な道筋があります。

- レガシーワークロードのクラウドへのリフト＆シフト移行
- クラウドで最適化されるようにレガシーワークロードを再設計
- クラウドネイティブなグリーンフィールド開発（移行ではなくゼロからのクラウドネイティブ開発）

ほとんどの大企業では、レガシーワークロードのさまざまな部分でこれら3つのすべての方法が実行されます。小規模な企業では、目的に合わせ、これら3つの方法を任意に組み合わせて利用できます。

▶リフト＆シフト移行

リフト＆シフト移行（Lift-and-shift migration）は、クラウド運用基盤上に、既存のワークロードをそのまま移行する方法です。通常、この方法は、ビジネスユニット、テクノロジースタックの単位でのアプリケーションのグループ、あるいはその他の基準で一定の複雑さを持つアプリケーショ

ンのグループに対して実行されます。最も純粋な形態のリフト＆シフト移行では、既存のインスタンス、データベース、ストレージなどを1ビットもたがわずそのままコピーすることになりますが、このような方法ではクラウドに移行するコスト面でのメリットがわずかしかないため、ほとんど行われることがありません。たとえば、サイズを変更せず、スケーリングオプションも考慮しないで、100個のインスタンスをオンプレミスのデータセンターからクラウドに移行しても、企業にとってはコストが増えるだけの結果となります。

　リフト＆シフト移行の派生的な形態として、**リフトティンカーシフト移行 (lift-tinker-shift migration)** がよく使用されます。リフトティンカーシフト移行では、ワークロードの大部分がそのまま移行されますが、特定のコンポーネントがアップグレードされるか、またはクラウドサービスに置き換えられます。たとえば、100個のインスタンスをオンプレミスのデータセンターからクラウドに移行する際に、特定のオペレーティングシステム (Red Hat Enterprise Linux など) に標準化する、すべてのデータベースをクラウドベンダーのマネージドサービス (Amazon Relational Database Service [Amazon RDS] など) に移行する、バックアップやアーカイブファイルをクラウドの BLOB ストレージ (Amazon Simple Storage Service [Amazon S3] など) に保存するとします。このような移行はリフトティンカーシフト移行といえます。リフトティンカーシフト移行を採用することで、ビジネスケースにおいて大幅なコスト削減につながるとともに、クラウドの最も成熟度の高いサービスを利用でき、今後の展開においても長期的に大きなメリットを享受できます。

▶再設計による移行

　真のクラウドネイティブ組織への移行を目指す企業は、ほとんどのレガシーワークロードを再設計して、クラウドが提供するスケールやイノベーションをフルに活用するでしょう。クラウドに移行するワークロードを再設計する方法は、移行に時間がかかる可能性がありますが、一度行うと CNMM モデルのいずれかの成熟度に該当し、クラウドネイティブとみなされます。この移行はグリーンフィールド開発プロジェクトではありませんが、リフト＆シフト移行でもありません。アプリケーションワークロードの多くの部分を書き直し、または別のプラットフォームに対応させることで、クラウドネイティブの基準に適合させます。たとえば、ある複合アプリケーションが100個のインスタンスを含んでおり、従来型の SOA アーキテクチャを使用し、5つの異なる個別のワークロードを含んでいて、トラフィックを仲介する ESB を備えているとします。この複合アプリケーションを再設計するため、ESB を取り除き、個別のワークロードを機能ごとのマイクロサービスに分割します。さらに、サーバーレスクラウドサービスを利用して、できるだけ多くのインスタンスを削除し、データベースの形式をリレーショナルデータベースから NoSQL データベースに作り替えます。

　再設計のアプローチを使用してワークロードを移行することで、企業の DevOps チームの先駆者は、アーキテクチャ設計の深い部分まで分け入って、あらゆる最新のスキルや手法を利用してクラウドネイティブに向けた取り組みを進めるための有意義なプロジェクトを遂行できます。私たちは今後、時間が経つにつれ、大部分の移行プロジェクトは既存のワークロードを再設計してクラウド

第 1 章 ｜ クラウドネイティブ・アーキテクチャの概要

コンピューティングを活用するものになると予想しています。

▶クラウドネイティブな企業

　厳密な意味での移行とは異なりますが、クラウドネイティブな企業が新規アプリケーションを作成する場合、クラウドネイティブ・アーキテクチャを念頭に置いて開発サイクル全体を進めます。しかしワークロードを再設計しても、何らかの理由で基盤とするテクノロジーを完全には変更できない場合があります。完全にクラウドネイティブな開発を行うと、「従来型の開発に対するあらゆるアプローチ」「規模の制約」「展開とプロセスの遅延」「従来型のスキルを有する従業員」が取り除かれ、最新の優れたクラウドサービス／アーキテクチャ／手法のみを利用できるようになります。この段階まで取り組みを進めた企業は、真にクラウドネイティブな企業です。今後ビジネスアプリケーションを開発／展開するにあたって長期的に成功を収めることができるでしょう。

1.4　クラウドネイティブ・アーキテクチャのケーススタディ - Netflix 社

　先見性のあるクラウドネイティブな企業として真っ先に思い出すのは Netflix 社ではないでしょうか。それはなぜでしょう。この節では、Netflix 社が今日まで行ってきた取り組みについて詳しく説明します。CNMM を使用し、各基軸における主なポイントを考慮して、クラウドネイティブに向けた取り組みの成熟度を示します。

1.4.1　取り組み

　クラウドへの大規模な移行では常にそうですが、Netflix 社の取り組みも短期間で完了したわけではありません。Netflix 社は、2010 年 5 月には、クラウドコンピューティングパートナーとして AWS を選んだことを公表しています。両社が当時、公表したプレスリリースから抜粋したものを以下に示します[2]。

　　「Amazon Web Services は、本日、Netflix, Inc. がさまざまなミッションクリティカルアプリケーション、顧客向けアプリケーション、バックエンドアプリケーションの実行に AWS を選んだことを発表いたします。Netflix 社は、会員がテレビ番組や映画をテレビやコンピューターを使用してその場で視聴したり、DVD を郵送でレンタルしたりできるサービスを提供していますが、技術インフラストラクチャの面倒な作業は Amazon Web Services が受け持つことで、

---

[2]　https://press.aboutamazon.com/news-releases/news-release-details/netflix-selects-amazon-web-services-power-mission-critical

1.4 クラウドネイティブ・アーキテクチャのケーススタディ - Netflix 社

会員の全体的なエクスペリエンス向上への取り組みに集中できます」

　このプレスリリースでは続けて、Netflix 社が 1 年間にわたって AWS を使用してワークロード開発の実験を行っていると述べられています。つまり、Netflix 社は 2009 年からクラウドネイティブに向けた取り組みを始めていたことになります。AWS は 2006 年に最初のサービスをリリースしましたが、Netflix 社は早くからそのメリットに気づき、積極的に新たなコンピューティングスタイルの導入に向けて取り組みを進めていたことがわかります。
　Netflix 社は経験を積みつつ段階的にコンポーネントの移行を進め、リスクの低減を推進するとともに、AWS が提供する最新のイノベーションを利用してきました。2009 ～ 2010 年、2011 ～ 2013 年、および 2016 年における移行の実施状況を簡単にまとめました[3]。

- 2009 年：ビデオマスター、コンテンツシステム、ログを AWS S3 に移行
- 2010 年：DRM、CDN ルーティング、Web サインアップ、検索、映画選択、メタデータ、デバイス管理などを AWS に移行
- 2011 年：カスタマーサービス、国際的な検索、通話ログ、カスタマーサービス分析
- 2012 年：検索ページ、E-C、アカウント
- 2013 年：ビッグデータと分析
- 2016 年：請求／支払い

　詳細については、ブログ記事[4]をご覧ください。この 7 年におよぶ取り組みにより、Netflix 社は 2016 年 1 月に自社のデータセンターを完全に停止し、完全にクラウドネイティブな企業となりました。クラウドネイティブに向けたあらゆる取り組みと同様、Netflix 社は多くの難しい決断やトレードオフの解決を迫られ、簡単な取り組みではありませんでした。しかし、単に現在の状態のままクラウドに移行するのではなく、クラウドネイティブ・アーキテクチャに合わせてシステムを再設計することで、あらゆる技術的負債やその他の制限から解放されるという長期的メリットを享受できます。したがって、Netflix 社のクラウドおよびプラットフォームエンジニアリング担当副社長 Yury Izrailevsky 氏は次のように述べています。

　「私たちは、ほとんどすべてのテクノロジーを再構築し、企業の運用方式を根本的に変革する、クラウドネイティブのアプローチを選択しました。アーキテクチャの面では、モノリシックな

※ 3 　■ 2009 ～ 2010 年の実施状況
　　　http://www.sfisaca.org/images/FC12Presentations/D1_2.pdf
　　■ 2011 ～ 2013 年の実施状況
　　　https://www.slideshare.net/AmazonWebServices/ent209-netflix-cloud-migration-devops-and-distributed-systems-aws-reinvent-2014 [スライド 11]
　　■ 2016 年の実施状況
　　　https://medium.com/netflix-techblog/netflix-billing-migration-to-aws-451fba085a4

※ 4 　https://media.netflix.com/en/company-blog/completing-the-netflix-cloud-migration

第1章 | クラウドネイティブ・アーキテクチャの概要

アプリから数百におよぶマイクロサービスに移行しました。また、NoSQL データベースを使用することでデータモデルを非正規化しました。予算の承認、一元的なリリース調整、複数週にわたるハードウェアプロビジョニングサイクルにより、継続的デリバリーを実現しました。エンジニアリングチームは、緩く結合された DevOps 環境でセルフサービスツールを使用することで、独立した意思決定を行いました。これにより、イノベーションが加速されました」

Netflix 社のこの素晴らしい取り組みは今日に至るまで続いています。クラウドネイティブ成熟度モデルに終着点はありません。クラウドネイティブ・アーキテクチャが成熟するにつれ、CNMM の成熟度も高まり続けます。これらのアーキテクチャの開発をサポートする企業も、新たなサービスを提供し、成熟度を高めています。

1.4.2 メリット

Netflix 社がクラウドネイティブな企業になる取り組みは見事なものでした。そして、Netflix 社およびその顧客にメリットをもたらし続けています。2010 年以降、Netflix 社は急成長したため、ハードウェアや容量を追加するだけでは、需要に見合ったシステムの拡張と稼働を続けることが事業的に難しくなりました。Netflix 社は、自分たちはエンターテイメントの創造と配給を行う会社であり、データセンター運用会社ではないことに気づきました。増え続けるデータセンターを世界中で管理するには、継続的に巨額の資金を投入しなければならず、顧客にとっては重要ではない作業に注力することになると気づき、クラウドファーストの組織になる決断をしたのです。

Netflix 社にとって、クラウドの主なメリットは弾力性でしょう。顧客ベースが拡大してサービスの利用が増加するにつれ、クラウドの弾力性によって数千ものインスタンスやペタバイト単位のストレージをオンデマンドで追加できます。ビッグデータと分析処理エンジン、ビデオトランスコーディング、請求、支払い、その他事業運営に必要な多くのサービスでも、クラウドのリソースを必要に応じて利用しています。クラウドには、スケールと弾力性に加えて、サービスの可用性を大幅に向上させるメリットもある、と Netflix 社は指摘しています。クラウドでは、基本的に信頼性が低いコンポーネントでも、冗長に展開することで高い可用性を実現できます。Netflix 社はクラウドを使用してゾーンや地域にワークロードを分散し、目標とする 99.99% のサービス可用性を実現しました。

Netflix 社の場合、コストはクラウドへの移行を決断する主な要因ではありませんでしたが、結果として自社でデータセンターを管理するよりもストリーミング開始ごとのコストを大幅に抑えることができました。これは、クラウドへの移行によって実現されたスケールがもたらした、予期しない結果といえるでしょう。このようなメリットは、クラウドの弾力性によってのみもたらされるものです。Netflix 社は具体的に次のように述べています。

「継続的にインスタンスタイプの組み合わせを最適化し、大容量のバッファを用意することなく、瞬時ともいえる短い時間でフットプリントを拡大／縮小できました。また、大規模なクラ

ウドエコシステムでのみ実現できるスケールメリットを生かすこともできました。」

　Netflix 社は、これらのメリットを生かすことで、顧客のニーズやビジネスの要件のみに集中し、ビジネスのミッションに直接影響しない分野にリソースを割く必要が大幅になくなったのです。

1.4.3　CNMM

　Netflix 社が行ってきた取り組み、およびその取り組みによるメリットについて説明してきました。この節では、CNMM を使用して取り組みの詳細を明らかにし、成熟度モデルでどのレベルに該当するかを評価します。Netflix 社は、請求／支払いシステムの AWS への移行作業について最も詳しい情報を明らかにしているので、このワークロードを使用して評価を行います。このシステムは、バッチジョブ、請求 API、統合、当時のオンプレミスデータセンターを含む複合アプリケーションスタック内のその他のサービスで構成されています。この移行の詳細については、ブログ記事[5]をご覧ください。

▶クラウドネイティブなサービスの基軸

　クラウドネイティブなサービス導入の基軸においては、アーキテクチャで使用されているクラウドベンダーサービスの量が焦点となります。Netflix 社が利用しているサービスの全貌はわかりませんが、同社でアーキテクチャの実現に活用されている多数の AWS サービスが一般に公開されています。本章の冒頭で示したクラウドベンダーサービスの成熟度の図と照らし合わせると、ネットワーク、コンピューティング、ストレージ、データベースといった、インフラストラクチャに該当する層の基本的なサービスのほとんどが使用されています。また、セキュリティやアプリケーションサービスの層のほとんどのサービス、さらには管理ツール、分析、開発ツール、人工知能の層の多くのサービスも使用されています。Netflix 社ではこのように多くのサービスを利用しており、クラウドネイティブなサービスの利用における成熟度は非常に高いと評価できます。したがって、クラウドネイティブなサービスの基軸における成熟度は高くなっています。

　また、Netflix 社では、クラウドを利用しないサービスも使用していることに注意する必要があります。Netflix 社では、**コンテンツ配信ネットワーク (CDN)** の使用が同社のビジネスを成功させるためのコアコンピテンシーであると考えています。そのため、独自のグローバルコンテンツネットワークをセットアップして管理しています。この点については、2016 年の同社によるブログ記事[6]に記載されています。この記事では、AWS および CDN を利用していること、およびその決断をした理由について明らかにしています。

※5　https://medium.com/netflix-techblog/netflix-billing-migration-to-aws-451fba085a4

※6　https://media.netflix.com/en/company-blog/how-netflix-works-with-isps-around-the-globe-to-deliver-a-great-viewing-experience

第 1 章 | クラウドネイティブ・アーキテクチャの概要

「アプリケーションインターフェイスのすべてのロジック、コンテンツの配信や選択の機能、レコメンド機能のアルゴリズム、トランスコーディングなど、<再生>ボタンを押す前の基本的にすべての機能が AWS を利用して実行されています。このようなコンピューティングは Netflix 本来の業務ではないので、これらのアプリケーションには AWS を利用しています。"クラウド"市場では使いやすいサービスがますますコモディティ化されており、それらのサービスを利用できます。<再生>ボタンを押した後の処理は、Netflix 固有のものです。これらの処理ではスケールがますます求められるようになっており、コンテンツ配信およびインターネット全般について効率性を高めることが必要でした」

また、クラウドのビルディングブロック上で実行される、オープンソースのツールも使用しています。たとえば、NoSQL データベースとして Cassandra を、イベントストリームとして Kafka を使用しています。こうしたアーキテクチャの決定では、単にクラウドベンダーが提供するサービスを使用するのではなく、独自のニーズに最も適したツールを使用しようとする際のトレードオフを確認しています。

▶アプリケーション中心の設計の基軸

クラウドアプリケーションの設計が、取り組みの最も複雑な部分であることは間違いないでしょう。アプリケーション中心の設計の基軸での成熟度を高めるには、特有のアプローチが必要となります。Netflix 社は、請求／支払いシステムをクラウドに移行する際に大きな課題に直面しました。具体的には、ほぼゼロのダウンタイム、高度なスケーラビリティ、SOX 法対応、グローバル展開を必要としていました。このプロジェクトを開始した時点では、分離されたサービスとして他の多くのシステムをクラウドですでに実行していました。したがって、同じ分離型のアプローチを使用して請求／支払いシステムのマイクロサービスを設計しました。

このトピックについてブログには次のように記述されています。

「既存のコードを、小さく効率的なモジュールに徐々に分割する作業から始めました。まず、いくつかの重要な依存関係を移行し、クラウドから実行するようにしました。最初に税務ソリューションをクラウドに移行しました。次に、かつては多くの異なるコードパスの一部となっていた巨大なテーブルから会員の請求履歴を提供する処理を廃止しました。請求イベントをキャプチャする新しいアプリケーションを構築し、必要なデータのみを新しい Cassandra データストアに移行して、クラウドからのグローバルな請求履歴の提供を開始しました。Oracle の多数のテーブルに分散していた会員の請求属性を、非常にシンプルな Cassandra データ構造に変換するデータ移行ツールを記述するのに多くの時間を費やしました。DVD エンジニアリング担当者とも協力して統合のシンプル化を進め、古いコードを排除しました」

この過程で行った他の主な再設計として、Oracle データベースのリレーショナル設計に依存して

1.4 クラウドネイティブ・アーキテクチャのケーススタディ - Netflix 社

いた構造のうち、サブスクリプション処理はより柔軟でスケーラブルな NoSQL データ構造に移行し、ユーザートランザクション処理は地域分散型 MySQL リレーショナルデータベースに移行しました。こうした移行に伴って Netflix 社の他のサービスでも設計を変更し、分離されたデータストレージ構造を利用して、NoSQL データベースソリューションへのデータ入力も実行するようになりました。これにより、Netflix 社は、ユーザーへの目に見える影響を生じさせることなく、数百万行におよぶデータをオンプレミスの Oracle データベースから AWS の Cassandra に移行することができました。

　Netflix 社では、この請求／支払いシステムのクラウドへの移行中に、アーキテクチャに影響する多くの重要な決断を行いました。これらの決断は長期的な影響を考慮して行われています。たとえ移行に時間がかかったとしても、将来の有効性を考慮したアーキテクチャにすることで、世界的に事業が拡大した場合、それに応じて規模を拡大できるようになります。技術的負債を除去するためのコードのクリーンアップはこの良い例です。コードのクリーンアップにより、マイクロサービスを使用して新しいコードベースを設計できるようになり、クラウドネイティブの設計原則を組み込むことができました。Netflix 社は、アプリケーション中心の設計の基軸において高いレベルの成熟度にあります。

▶自動化の基軸

　自動化の基軸は、顧客に良い体験を提供するために、システムの動作に対する管理、運用、最適化、セキュリティ保護、予測を行える、企業の能力を示すものです。Netflix 社は、クラウド導入の取り組みの初期段階から、最高レベルのパフォーマンスでシステムを運用していくため、そしてさらに重要な点としてあらゆる種類のサービス障害に対する復旧性を備えるため、新たな手法の開発が必要であることを理解していました。Netflix 社では、Simian Army[7] というツールのスイートを作成しました。直訳するとモンキー軍団という意味で、ボトルネック、システム停止の限界点、その他顧客向けの運用を中断させる多くの種類の問題を特定するために使用できるあらゆる自動化機能が含まれています。最初に開発されたツールの 1 つで、Simian Army スイート全体の足がかりとなったのは Chaos Monkey（カオスモンキー）で、次のように説明されています。

> 「本番環境のインスタンスをランダムに無効化することで、このようなよくある種類の障害が発生してもお客様に影響を与えることなく運用を続けられることを確認するためのツール、Chaos Monkey（カオスモンキー）を構築したのは次のような考えに基づいています。野生のサルが武器を持ってデータセンター（またはクラウドリージョン）に放たれた様子を想像してください。このサルがランダムにインスタンスを撃ち落とし、ケーブルをかみちぎります。このような状況でも、中断なくお客様にサービスを提供し続けられるようにする必要があります。そのようなアイデアから、カオスモンキーという名前が付けられたのです。慎重に監視された環境で、問題が発生した場合にすぐに対応できるよう、営業時間中にエンジニアを待機させて

※ 7 　　 https://medium.com/netflix-techblog/the-netflix-simian-army-16e57fbab116

Chaos Monkey を実行することで、システムの脆弱性を特定し、その脆弱性に対応できる自動復旧メカニズムを構築できます。このような自動復旧メカニズムを導入すると、日曜日の午前3時にいずれかのインスタンスで障害が発生したとしても気づくこともないでしょう」

　高レベルの自動化とは、重要なサービスがランダムにシャットダウンされても運用を続けられるシステムであると定義できます。つまり、システム全体で、環境の管理、設定、展開、監視、コンプライアンス、最適化、予測的分析を含む、厳格に自動化されたプロセスに従う必要があります。Chaos Monkey から着想を得て、Simian Army ツールセットの他の多くのツールが開発されました。Simian Army は以下のツールで構成されています。

- **Latency Monkey (遅延モンキー)**：RESTful 呼び出しに人為的な遅延を生じさせて、同様のサービス低下をシミュレートします。

- **Conformity Monkey (適合性モンキー)**：事前に定義されたベストプラクティスに従っていないインスタンスを見つけ、シャットダウンします。

- **Doctor Monkey (ドクターモンキー)**：インスタンス上で実行される正常性チェックを利用して、正常性の問題の外見的な兆候を監視します。

- **Janitor Monkey (お掃除モンキー)**：使われていないリソースを探して、処分します。

- **Security Monkey (セキュリティモンキー)**：セキュリティ違反や脆弱性を探索し、違反しているインスタンスを停止します。

- **10-18 Monkey (国際化モンキー)**：特定のリージョンにおける設定やランタイムの問題を検出します。

- **Chaos Gorilla (カオスゴリラ)**：Chaos Monkey と似ていますが、利用できる AWS のアベイラビリティゾーン全体の停止をシミュレートします。

　しかし、Netflix 社の取り組みはこれにとどまりませんでした。Atlas というクラウド全体のテレメトリ (情報収集分析) および監視プラットフォームも作成しました[8]。このプラットフォームでは、あらゆる時系列データが取得されます。Atlas は、時系列データへのクエリをサポートすることで、問題の詳細をできるだけ早く特定できることを目標としています。このツールは、12 のプラクティスから成るアプリケーション設計のログに関する要件を満たしており、大量のデータやイベントを分析して、顧客に影響を与える前に対策を実施できます。Netflix 社は、Atlas に加えて、Spinnaker というツールを 2015 年にリリースしました[9]。これはマルチクラウドのオープンソース継続的デリバリープラットフォームであり、ソフトウェアの変更を高速かつ高い信頼度でリリー

※ 8　https://medium.com/netflix-techblog/introducing-atlas-netflixs-primary-telemetry-platform-bd31f4d8ed9a

※ 9　https://www.spinnaker.io/

スするためのものです。Netflix 社は、世界中に分散された AWS リージョン、および場合によっては他のクラウドベンダーのサービスを使用して、同社のすべてのサービスの管理、展開、監視をサポートする自動化ツールを継続的に更新／リリースし続けています。

　Netflix 社は、ワークロードをクラウドに移行する取り組みにおいて、環境内のあらゆる機能の自動化を常に行ってきました。現在では、これらのツールを使用して、グローバルネットワークを適切に動作させるとともに、顧客への継続的なサービス提供につなげています。したがって、同社は、自動化の基軸において高いレベルの成熟度にあります。

1.5　まとめ

　本章では、クラウドネイティブとは何かについて定義し、成熟度の高いクラウドネイティブ・アーキテクチャを開発するためにはどこに重点を置く必要があるかについて説明しました。CNMM を使用して、すべてのアーキテクチャでクラウドサービスの導入、自動化の程度、アプリケーション中心の設計という 3 つの設計原則が必要なことを示しました。アーキテクチャの各構成要素について、これらの原則に照らしてどの段階にあるかを評価することで、成熟度を評価します。最後に、企業におけるクラウドネイティブに向けた取り組みについて詳しく説明しました。どのようにクラウドファーストの組織になる決断をするか、どのように人、プロセス、テクノロジーを変化させるか、どのようにクラウド運用環境を作成するか、そして作成したクラウドファーストの環境に合わせてワークロードをどのように移行／再設計するかについて説明しました。

# # #

　次の章では、まずクラウド導入フレームワークについて詳しく説明します。その後、フレームワークの要点に基づき、企業が行うクラウド導入の取り組みについて詳細に説明します。取り組みの一環として実行する移行／グリーンフィールド開発について説明し、最後にクラウドの導入に伴うセキュリティとリスクについて説明します。

☆MEMO☆

第 2 章 クラウド導入の取り組み

CHAPTER 2:
The Cloud Adoption Journey

　クラウドネイティブな企業になるための取り組みは長い道のりであり、テクノロジーのみをターゲットとしたものではありません。Netflix 社のケーススタディで見たように、この取り組みを正しく実施するには非常に長い時間がかかり、多くの場合、テクノロジーとビジネスのトレードオフに関連する決断など、難しい決断を何度も迫られます。また、この取り組みに終着点はありません。クラウドはまだ黎明期にあり、主要クラウドベンダーはペースを落とすことなくイノベーションを加速させています。本章では、クラウド導入の決断を後押しする原動力について説明します。組織がクラウド導入を始める際に一般的に使用されるフレームワークについて説明し、クラウドへの移行でどのような構成要素やアプローチが必要になるかを説明します。最後に、クラウドにおけるリスク、セキュリティ、QA（品質保証）の課題を考慮した包括的なクラウド運用モデルの構築方法について説明します。

第2章 | クラウド導入の取り組み

2.1　クラウド導入の原動力

　クラウドの導入は、偶発的に行われるものではありません。導入するという決断が必要です。しかし、その決断は、多くの人的リソース、プロセス、テクノロジーの変化を伴う長い道のりのスタートにすぎません。組織がこのような決断をする理由にはさまざまなものがありますが、最も一般的なのは俊敏性とコストの要因でしょう。ですが、これら以外にも、企業資産のセキュリティとガバナンス、運用の地域的または国際的な拡大、技術力の高い人材の獲得、開発された革新的な技術の利用など、考慮される重要な要因が数多くあります。あらゆる規模の企業が、これらの要因を原動力として、クラウドに向けた取り組みを行うことを決断しています。この節では、こうした原動力がなぜ重要なのか、そして意思決定プロセスにどのように影響するかについて説明します。

2.1.1　すばやい調達とコストの抑制

　クラウドコンピューティングが登場する以前、システム設計チームは、まずパフォーマンス要件を見積もり、その見積もりに合ったハードウェアリソースを調達する必要がありました。この手続きには費用も時間もかかり、参考にできるデータも限られていました。このような方法は、価格の面から見ても良い決定とはいえないばかりか、使用されない容量がデータセンターにアイドル状態で存在することになります。さらに、まったく新しいビジネスチャンネルを設計する場合、これらの見積もりすら不可能な場合があります。したがって、最初は最小限の投資を行い、急激な成長にも対応できるようにすることが、クラウドを使用してイノベーションを行う企業が成功するための道筋になります。以前から取引のあるベンダーからハードウェアを購入／リースするのはクラウドコンピューティングとはいえません。クラウドコンピューティングでは、オンデマンドでリソースをプロビジョニング（準備／確保）でき、それらのリソースが不要になれば取り除くことができます。

▶俊敏性

　クラウド導入の最も大きな原動力としてよく挙げられるのは俊敏性です。データセンターへのハードウェア導入のリードタイムが長いことが、数十年もの間、企業を悩ませてきました。リードタイムが長いと、プロジェクトのスケジュールが延びるなど、さまざまな問題を引き起こします。実質的に無限の容量をわずか数分で提供することにより、この制約を取り払うことができます。これは、非常に速いスピードでビジネスを行う必要のある組織にとっては欠かせないことでしょう。今日、インターネットやソーシャルメディアが普及し、世界中でアイデアの流れが加速しています。企業はこれらのアイデアを追求し、自社のビジネスモデルで収益化しようとしています。アイデアやブームは数か月で移り変わるため、物理的なリソースの導入のために何か月も待つことになると、チャンスを逃しやすくなってしまいます。クラウドコンピューティングではこのような問題は生じません。コモディティ化されたITリソースの手配はクラウドベンダーに任せ、企業はコアコンピテンシーに基づき市場戦略を策定することができます。

フェイルファストでもクラウドの俊敏性と試行錯誤が重要となります。最近では、かつてない短い期間で状況が変化し、今までうまくいっていたアイデアやビジネスが通用しなくなることがあります。このような状況に対処するためには、ビジネスモデルを常に洗い直して、顧客が求めている製品やサービスを提供できるようにする必要があります。Jeff Bezos（ジェフ・ベゾス）氏は、「うまくいくとわかっていれば、それは試行錯誤とはいえない」と述べています。つまり、スピード感を持って常に新しいアイデアを試し、新しい製品やサービスを設計することが重要になります。新しいアイデアを試しても、ビジネスの目標を達成できないことが多いでしょう。しかしときどきうまくいくことがあれば、それでよいのです。

クラウドコンピューティングでは、必要になったらリソースを作成し、不要になったら破棄できるという俊敏性を備えているため、このような試行錯誤も簡単にできます。適切に設計を行うと、最小限のシステムリソースを展開し、必要に応じて迅速に拡張することができます。ハードウェアをアイドル状態で放置したり、使用率が低いまま運用したりすることがなくなります。

▶コスト

フェイルファストは重要ですが、コストを抑えつつ行うことも重要です。試行錯誤のコストが高ければ、失敗するたびに企業に大きな影響を与えてしまいます。プロジェクトやシステムが企業に大きな影響を与えると、抑制と均衡が働いて、高価なハードウェアの調達など、高い投資収益率が見込めないコストのかかる意思決定が行われないようにブレーキがかかります。このような抑制と均衡は、クラウドによるビジネスの俊敏性を示すものではなく、数十年にわたって企業で使われてきた概念です。クラウドコンピューティングを利用すると、俊敏性によるコスト上のメリットに加え、初期費用を最小限に抑えることができます。ビジネス上の新しいアイデアのライフサイクル全体は数週間から数か月で、最初は、非常に限られたクラウドリソースのみを使用することが重要です。アイデアが顧客に受け入れられ、システムの利用が増えれば、クラウドネイティブ・アーキテクチャによりシステムのスケールアップが可能です。アイデアが期待した結果をもたらさない場合は、簡単に中止することができます。最小限のリソースにしか投資していないので、サンクコスト（埋没費用）はわずかです。これが、イノベーションにクラウドを利用した場合のフェイルファストの威力です。

コストが原動力となるのは、新規システムに展開するリソースを最小限に抑えられるからだけではありません。ほとんどのクラウドベンダーでは、使用リソースの顧客への請求方法でもイノベーションを起こしています。大手ベンダーでは、一般的に非常に細かい単位で請求が行われます。秒単位、またはそれ以下の単位で課金され、月ごとにまとめて請求されます。リソースをベンダーから購入し、多額のメンテナンス費用を継続的に支払う必要はもうありません。クラウドリソースのコストは、細かい単位で計測された利用量に限定されます、また、クラウドベンダーが一定のサイクルでリソースをアップグレードすると、自動的にその強化されたリソースを利用できるメリットもあります。月額料金が請求される形態なので、ほとんどの企業では長期設備投資の承認を得ることなく、運用コストとして支出できる大きなメリットがあります。これは会計上の問題ですが、承

第2章 │ クラウド導入の取り組み

認や、設備投資の要求タイミングを待たなくても新しいコンセプトやシステムを試せるため、クラウドが企業にもたらす俊敏性の重要な側面となっています。

2.1.2　セキュリティの確保と適切なガバナンスの維持

　長年の間、あらゆる規模の企業は、データやワークロードのセキュリティおよびガバナンスを制御するため、独自のデータセンターを稼働させる必要がありました。しかし、クラウドコンピューティングを導入することで、ほとんどの企業が独自に行うよりも高いセキュリティとガバナンスを実現できるようになりました。主要なクラウドベンダーは、あらゆる顧客のビジネス上の問題を解決できるよう、セキュアでコンプライアンスに適合したサービスを提供しているからです。これらのクラウドベンダーはサービスを常に見直しているため、新しいセキュリティパターン、政府のコンプライアンス要件、その他重要な要因が発生したときに、それらの内容をすばやくクラウドに取り込んでいます。そのため、そうしたクラウドベンダーのクラウドサービスを契約して利用するだけで、企業は自動的にベンダーが用意しているセキュリティやガバナンスの機能を利用できます。これらの機能はベンダーがサービス全体に組み込むものなので、スケールのメリットもあります。通常、追加のコストはほとんど、あるいはまったくかかりません。

▶セキュリティ

　セキュリティ要件、ガバナンスのニーズ、企業資産の管理およびセキュリティ確保の方法は、組織によってさまざまです。クラウドベンダーは、考えうる最もセキュアなサービスを提供することでビジネスを成功させ、高い評価を得てきました。なかにはプライベートクラウドアーキテクチャを使用して、自己管理型のデータセンターでクラウドベンダーよりもセキュアにワークロードを実行できると考えている企業もいまだに存在します。しかし、パブリッククラウドは適切に設定することで、非常にセキュアなものにすることができます。ベンダーは、サービスのセキュリティを高める方法について、ますますイノベーションを推進し、成熟度を高めており、このセキュリティのトレンドは継続すると思われます。主要クラウドベンダーには、数百人から数千人におよぶセキュリティ専任の従業員がいます。彼らは日々、環境をよりセキュアに管理する方法を考え、暗号化を大規模に導入したりデータ管理をセキュアなものにしたりする新たな方法を設計し、プラットフォーム上でワークロードをよりセキュアに実行する数々の方法を検討することだけを職務としています。機械学習などの人工知能の技術が成熟するにつれ、クラウドのセキュリティも急速に強化され、プロアクティブな監視だけではなく、セキュリティ侵害の可能性の自己検出、誤って設定されているコントロールの自動解決、その他データやシステムを守るあらゆる機能を実現できるようになっています。

　セキュリティという重要な分野について、クラウドベンダーと同じレベルで重点的に取り組んでいる企業や組織もあるかもしれませんが、多くの場合は、クラウドベンダーと同等のレベルでセキュリティ関連のイノベーションを継続的に推進できるだけのリソースを割けないでしょう。さらに、クラウドの導入要否を判断するときと同じ議論がセキュリティについてもあてはまります。た

40

2.1 クラウド導入の原動力

とえクラウドベンダーと同等のイノベーションを起こせるとしても、それは組織のリソースを最適に使用していることになるのか、ビジネス上の目標達成にリソースを集中させたほうがよいのではないかという問題です。セキュリティのためにクラウドを利用するというのは、コストや俊敏性のメリットと同じくらい説得力があります。どのような組織でも、オンプレミスのハードウェアやプライベートクラウドへの投資を決定する前に、要件について詳細に検討することが重要です。要件の検討を管理するチームが、セキュリティやガバナンスを口実にして自分の持っている知識にこだわり、組織全体を危険にさらすことがないよう、注意して見守る必要もあります。

▶ガバナンス

　クラウドがセキュアであることを前提として運用を行うことと、セキュリティの機能を利用して実際に堅牢なセキュリティ体制を作る能力があることは別物です。クラウドベンダーは、あらゆるセキュリティ要件に対応できる数多くのサービスを提供しています。それらのサービスをそれぞれの設計仕様に従ってどのように実装するかは、個々のシステムによります。セキュリティを導入した後も、導入されたセキュリティが適切に守られ、維持されているかを確認する作業が必要になります。これには、高度なガバナンスが要求されます。クラウドベンダーは、他のサービスの上にかぶせる形で、それらのサービスと相互作用しながら監視、監査、設定管理、その他のガバナンス関連アクティビティを実行するサービスを提供しています。クラウドを使用することで、企業が展開するすべてのワークロードに同じガバナンスモデルを適用できます。オンプレミスで展開する場合は複雑性やコストのために一部のガバナンスが省略されることがありますが、そのようなことも発生しません。

2.1.3　事業の拡大

　ほとんどの組織にとって、既存の顧客へのサービス提供、マーケットシェアの獲得、新たなビジネスチャンネルの開拓とならび、企業の成長は最も優先度の高い目標です。事業の拡大に伴ってデータセンターを追加で展開する必要が生じると、企業にとって大きな出費となります。データセンターへの投資によって多くの収益が見込める場合を除いて、企業が独自にデータセンターを構築することはないといえるでしょう。たとえ構築する場合でも、非常に多額の設備投資が必要になります。費やす時間、設備投資のコスト、新しいデータセンターを展開することに関連するリスクなど、検討すべき重要な課題があり、企業は自前のデータセンターを展開することが果たして有効な選択肢なのかを再検討し始めています。事業の拡大によって、すでに事業展開している地域内の新たな場所に進出したり、場合によっては新たな国に進出したりする場合、これらのリスクはさらに高まります。

　事業を拡大して、目指すべき目標を達成するには、クラウドを活用するのが理想的です。クラウドを利用することで、設備投資の初期費用を大幅に抑えることができます。事業を拡大するのが、同じ国の別の場所であれ、新たな国であれ、ほとんどの主要クラウドベンダーが、顧客にサービス

41

第２章 ｜ クラウド導入の取り組み

を提供できる場所でクラウドを運用しています。事前にワークロードの自動化について十分検討が行われている場合、これらのワークロードを、クラウドサービスが提供されている追加の地域に展開する作業は比較的簡単です。わずか数分でグローバルに展開できることは主要なクラウドベンダーの大きなセールスポイントになっており、ワークロードを展開する際に企業がぜひとも考慮すべき点です。

2.1.4　人材の獲得と維持

　クラウドへの移行を進める企業では、クラウドテクノロジーおよび変化に伴う新しいプロセスについて理解できる優秀な人材が必要になります。多くの企業では、クラウド導入の取り組みを成功に導けるように、既存の従業員を再教育します。この方法が有利といえる多くの理由がありますが、主な理由の１つとして、既存の従業員がこれまで社内で蓄積してきたあらゆる知識をそのまま活用できることが挙げられます。ワークロードがクラウドに移行されても、ビジネスのプロセスやアプローチは多くの場合同じです。そのため、レガシーワークロードの導入時に特定の決定が行われた理由について経緯や背景を知っていることは、クラウドへの移行時に正しい設計を行うために重要となります。

　人材の維持に加えて、クラウド導入の取り組みを長期的に成功に導くためには、外部から人材を獲得することも重要です。クラウドコンピューティングの専門家を雇用することで、従来のデータセンターにおける制約を超えて広い視野で考えることができるようになり、企業にとって大きなメリットがあります。獲得する外部の人材は技術者だけではありません。クラウドに向けた変化に伴う課題を理解し、企業が取り組みを進めるうえでのサポートができるビジネスの専門家も、非常に重要な役割を担います。クラウドに関する一流の人材を獲得するグローバルな競争は激しくなってきており、多くの企業がクラウド導入の取り組みを始めているため、ますます競争は激化していくでしょう。人材の獲得は、クラウドへの移行を進めるすべての企業にとって、意思決定プロセスに組み込む必要のある重要な分野です。

2.1.5　クラウドのイノベーションとスケールメリット

　クラウド導入の取り組みを成功に導くための最善の道筋は、主要クラウドベンダーにより迅速に行われるイノベーションを利用しつつ、企業のコアコンピテンシーにリソースを集中させることです。データセンターの管理がコアコンピテンシーであると主張する企業は非常に少ないでしょう。したがって、クラウドネイティブを目指す企業にとって、クラウドベンダーのイノベーションを利用することが常に原動力となります。それはクラウド導入の他の推進力をも強化する包括的な原動力であり、どのような組織にとってもクラウド導入の主なメリットとなります。企業がよりアジャイルな体質になり、コストを低減させ、ワークロードのセキュリティを強化でき、新たな市場に進出して、ニーズに合った最適な人材を獲得／維持するためにクラウドのイノベーションが威力を発揮します。

2.2 クラウドの運用モデル

クラウドで起こっている急速なイノベーションに加えて、クラウドベンダーのスケールは非常に大きいため、クラウドベンダーはそのスケールを利用して各種業者と有利に価格交渉を進めることができます。これは、ほとんどの企業がその規模にかかわらず自力では実現できないメリットです。コンピューター、電力、ストレージ、ネットワークのコスト、データセンター拡張のための土地、またそもそもこのようなイノベーションを推進する人材についてもこのメリットを享受できます。クラウドの選択肢について検討する企業は、このスケールメリットについて考慮する必要があります。強い価格決定力を持っている企業を除き、クラウドを選択することでスケールメリットを生かすことができます。

2.2　クラウドの運用モデル

クラウド導入の原動力について評価し、導入の取り組みを始める決断をしたら、実際に作業を開始します。どのように始めればよいでしょうか。AWS のクラウド導入フレームワーク (https://d0.awsstatic.com/whitepapers/aws_cloud_adoption_framework.pdf) によると、次のように記載されています。

> 「クラウドを導入するには、根本的な変化が求められるため、組織全体でそのことについて話し合い、検討することが必要です。IT 部門内外を問わず、すべての組織単位の利害関係者がこの変化を支持する必要があります」

従来からの、人、プロセス、テクノロジーという 3 つの重点領域もまた、クラウドの導入においても重要ですが、このモデルは取り組みに伴う変化の規模に対してシンプルすぎます。このクラウド導入の取り組みは、ビジネスの経営陣、人的資源の考慮事項、調達の変更を伴うので、強力なガバナンスが必要とされ、プロジェクト管理要件が求められます。さらに、テクノロジーはすべての関係者にさまざまな影響を与えます。ターゲットとなるプラットフォーム、セキュリティ、運用に関連したそれぞれの決断が重要になります。

クラウド導入の取り組みに適用できる多くの組織改革の理論がありますが、あらゆる大規模な変革の試みと同様、組織全体の利害関係者が参加する必要があります。クラウド導入の取り組みに適した組織変革パターンに、コッター博士の理論があります (https://www.kotterinternational.com/8-steps-process-for-leading-change/)。コッター博士は、企業全体でトップダウンの変革をうまく管理するための 8 つのステップを示しました。これらのステップは以下のとおりです。

1. 危機意識を高める
2. 変革推進チームを結成する
3. 戦略的なビジョンおよび取り組みを策定する

第2章 | クラウド導入の取り組み

4. ボランティアチームを募集する

5. 障害を取り除き、行動しやすい環境を整える

6. 短期的な成果を上げる

7. 変革をさらに推進する

8. 変革を根付かせる

通常、クラウド導入は、非常に大規模な変化で転換点となる取り組みであり、取締役やCEOといった上層部から働きかけて進める必要があるため、この方法論と相性が良いとされています。上層部のレベルでは、単なるコスト削減や俊敏性といったアイデアは細かすぎます。求められる結果はビジネスの変革であり、企業を新しい方向に導き、収益を向上させ、利害関係者にとっての価値を増大させることを目標とする必要があります。したがって、まずこのようなビジネスの変革に向けて取り組みを進めなければならないという危機意識が求められ、それを基盤としてこのビジョンの実現に向けて邁進する、変革推進チームが結成されることになります。実際に作業を行うスタッフが初期のボランティアチームを結成します。このチームのメンバーは、高い能力を発揮するリスクテイカーです。このような人々は、この変革の取り組みに対し、新たなテクノロジーについての知識を増やしたり、キャリアを積んだり、大きな取り組みに参加するチャンスととらえます。障害を取り除くことで、彼らが集中して迅速に作業を進められるようにします。そして、長期的な成功のためには、変革に積極的でない人々からの賛同を得ることが必要です。これが成功に導ける戦略であることを示すため、小さなメリットを数多く積み上げなければなりません。こうすることで、最終的には新しいクラウドネイティブ・プロジェクトや移行を加速させ、新たな規範ともいうべきものを打ち立てられるでしょう。

2.2.1 利害関係者

クラウドに向けた取り組みは、単にどのような新しいテクノロジーを導入するかだけではありません。ビジネスの変革の俊敏性や、本章の冒頭に示したその他あらゆる原動力に関係します。したがって、影響を受ける利害関係者、およびこの取り組みのあらゆる側面での関係者は多数にのぼります。クラウドの導入はほとんどの場合、企業全体に変革をもたらすことになるため、何らかの形ですべての経営幹部が関与することになります。また、各事業部門の製品の販売やサービスの提供のサポートを目的としてアプリケーションが設計されることが多いので、各事業部門長およびそれらの組織も重要な役割を果たします。IT部門も主な参加者として欠かせません。IT部門はクラウドの導入およびそれに伴う変化を推進する役割を企業内で統括的に果たします。

多くの組織において、IT部門での重要な役職には、企業システム担当副社長であるCIO、ビジネスアプリケーション担当副社長であるCTO、エンドユーザーコンピューティングまたはサポート担当副社長、インフラストラクチャ担当副社長、既存のあらゆる機能をカバーするCISO（最高情報セキュリティ責任者）などがあります。クラウドはこれらの役割を不要にするわけではありません

が、その役割を変化させる場合があります。たとえば、インフラストラクチャ担当副社長は、多くの場合、DevOps担当副社長などに転換されます。インフラストラクチャの管理要件が、物理的なものからコードに変わるためです。この変化だけでも、かつてはデータセンターの運用に使用していたリソース、またはハードウェアの調達に使用していたリソースの多くを解放し、ビジネスアプリケーションの開発に配置転換することにつながります。こうした大きな変化以外にも、他の各ITグループでは、選択したクラウドプラットフォームに合わせてスキルの再調整を行う必要があります。そのためには、多くのトレーニング、実際に業務に就くための支援、トップダウンのメッセージが必要になります。

この取り組みの主な参加者としてビジネス部門がしばしば取り上げられますが、正確には何を意味しているでしょうか。この場合、ビジネス部門とは、収益を上げ、企業を代表して製品やサービスの販売に責任を持つ特定のグループを指します。国際的な大企業では、ビジネス部門は特定の要件に従って業務を行う多くのサブビジネスグループを擁する、別の子会社となっていることもあります。他の小規模な企業では、ビジネス部門は、製造される特定の製品を担当するグループを表します。

いずれにしても、ビジネス部門は企業で収益を上げる部門であり、常に新たなアイデアを採り入れ、それらのアイデアを競合他社よりも早く市場に投入します。まさに**ビジネスの俊敏性**を体現する部門です。どのような企業でも、競争上の優位性を獲得するためにできるだけ多くのリソースをビジネスの俊敏性に振り向けることを目標としなければなりません。したがって、IT部門が「他との差別化につながらない重労働」の作業から、ビジネスアプリケーションの設計や実装に人員を配置転換できれば、企業の収益向上に直接つながります。

2.2.2　変更管理とプロジェクト管理

クラウドに向けた取り組みを進める企業は、影響を受けるプロセスについて、特に「変更管理」と「プロジェクト管理」について考慮する必要があります。これらはIT運用モデルにおいて重要な2つの要素です。通常、これらの要素をクラウドで実現する際に、既存のポリシーの変更が必要になります。多くの企業の変更管理を詳しく調べてみると、成熟度の高い変更管理が広範に導入されているものの、実際にはITリソースの展開を遅くするプロセスが多く含まれていることがわかります。リスク軽減のためにビジネスのスピードを犠牲にしているのです。これらのプロセスはスピードを低下させるために導入されたわけではないのですが、時間が経つにつれて、一度しか発生しないような状況やギャップに対応するために複雑な仕組みができあがっています。このように段階的にできあがった仕組みにより、追加の承認要件、冗長なロールバック計画、その他ビジネスの俊敏性を妨げるアクティビティが生じています。また、こうした複雑な仕組みにおいては、多額の設備投資を行う前に、プロジェクトの要件や予算に適合しているかを確認するための大量の分析が行われるという副作用もありました。

クラウドは、厳格な変更管理プロセスを不要にするわけではありません。まずはスピードの低下をもたらしている多くの複雑な仕組みを取り除き、より効果的な変更管理プロセスを実装するこ

第2章 │ クラウド導入の取り組み

とを目指します。クラウドネイティブ・アーキテクチャは、その性質上緩く結合された、サービス
に基づくアーキテクチャとなっており、大規模なビッグバン方式の展開が不要で、デリバリープロ
セスを高速化します。クラウドに移行することで、古いコードの形で残る技術的負債を除去できる
だけでなく、古いプロセスも除去することができます。たとえば、ITIL（Information Technology
Infrastructure Library）は多くの企業で一般的に使用されているガバナンス／変更管理のスタイル
であり、IT サービスをビジネスのニーズに適合させることを目的としています。ITIL には、ドキュ
メント、承認チェーン、ロールバック計画、その他のアクティビティを含む、変更の導入方法を厳
格に定めたプロセスが規定されています。これらはクラウドに移行しても引き続き使用できますが、
多くの場合で展開のサイズが小さくなるため、変更のスピードが増し、変更によるリスクも大幅に
低減できます。これは、変更管理およびプロジェクト管理のプロセスの新たな視点が組織に導入さ
れることによる効果です。

▶変更管理

　変更管理のスピードが増す理由は、クラウドネイティブアプリケーションの設計パターン（具体
的には、多数の小さなサービスによる構成）だけではありません。自動化とコンテナー化も主な要
因となります。これはクラウド特有のものではありません。しかし、クラウドの API 駆動型の仕組
みと、データを収集／保存／分析する無限ともいえる能力により、変更管理の方法に大きな変化が
もたらされます。DevOps の考え方と**継続的インテグレーション／継続的デリバリー（CI ／ CD）**パ
イプラインを使用した自動化された展開により、コードの展開やロールバックのプロセスがシーム
レスになり、何よりも整合性を持ったものとなります。クラウドベンダーは、コードの保管／ビル
ド／展開／テストに関する課題の多くを自然に解決するツールを提供しています。さらに、カスタ
ムの開発方法を使用することで、高度な CI ／ CD パイプラインを実現する方法もあります。

▶プロジェクト管理

　変更管理プロセスに加えて、プロジェクト管理に対するアプローチもクラウドへの移行に伴って
進化する必要があります。事前にすべての要件を特定し、これらの要件を順番に開発し、最後にテ
ストのサイクルを実施するウォーターフォール型の方法論は、スピードが遅すぎて、必要なビジネ
スの俊敏性を実現できません。これまでは、ウォーターフォール型の方法論により、高品質なシス
テムを作成できていましたが、ハードウェアのプロビジョニングに時間が必要だったり、チームの
コミュニケーションが不足していたりして、開発のスピードが落ちていました。クラウドでは、こ
れらの障害を取り除くため、多くの場合でアジャイルの方法論が採用されます。アジャイルのスタ
イルを採用すれば、要件の収集／開発／テスト／展開などのアクティビティを並行して実行できる
ようになります。クラウドではリソースを瞬時にプロビジョニングでき、必要に応じてスケール
アップできるので、このプロジェクト管理のスタイルが威力を発揮します。市場の状況に応じてビ
ジネス要件を迅速に変更できる、つまり、俊敏性を備えたプロジェクト管理により、大幅な修正作

46

業を行うことなく、要件をすばやく変更できるのです。

　クラウドファーストの設計原則に基づきプロジェクト管理プロセスを変更する場合、重要な効果として、クラウドネイティブ開発のベストプラクティスを組み込めることが挙げられます。品質保証チェックは、スケーラブルでセキュアなクラウドネイティブ・アーキテクチャを設計するためのベストプラクティスを特徴づけるものです。この品質保証チェックを設計プロセスに組み込むことで、クラウドのスケールに対応したワークロードを展開できるうえに、一度ワークロードを本番環境に展開してしまえば、その後の修正作業はあまり必要なくなります。これらのクラウドネイティブの設計プラクティスをプロジェクト管理プロセスに組み込めば、企業は初期の段階でクラウドネイティブ・アーキテクチャを開発し始めることができ、クラウドベンダーが提供する自動化やイノベーションを活用して、ビジネスのニーズに基づいて進む方向をすばやく変えられるようになります。このような変革により、ビジネスのスピードが上がるだけではなく、リスクの低減にもつながります。

2.2.3　リスク、コンプライアンス、および品質保証

　クラウドへの移行を進めると、少なくとも最初のうちは企業のリスクプロファイルが高まります。これは、クラウドが危険な場所だからではありません。むしろ逆に危険性は減りますが、これまでとは違う問題が生じるため、それを企業が理解する必要があるためです。企業の資産（データやコードなど）を、直接管理の手がおよばないコンピューティングリソースに移行した場合、これらのリソースのセキュリティを維持する方法についてこれまでとは別の事項に留意する必要があります。企業が収集するデータについて基本的な要件が満たされるようにするため、業界のコンプライアンス標準に準拠することが最初の重要な一歩となります。さらに、プロセスのガバナンス、それらのプロセスの監査を行えば、見落としによってデータの漏えいが発生したり、企業資産へのバックドアが見つかったりするような事態を防ぐことができます。そして、システムのコードや機能だけではなく、インフラストラクチャのプロビジョニング、セキュリティ制御、その他の高可用性に関する手順や事業継続計画などの品質保証テストがクラウドネイティブな企業にとって欠かせません。

　これらすべての技術的側面は、多くの場合、オンプレミスとクラウドとでは大きく異なります。企業はクラウドでのアプローチを調整するだけでなく、よりクラウドに適合した企業となるために、オンプレミスのアプローチも調整する必要があります。あらゆる取り組みにおいて IT リソースを利用する方法を変革し、アプリケーションの設計におけるオンプレミスでの制約を取り除くことが、クラウドネイティブの目標となります。たとえオンプレミスで行われる運用であっても、こうしたアイデアを使用する必要があります。つまり、これらのレガシーワークロードがクラウドに移行されたときに、すでに承認済みの設計原則に従っているようにするためです。移行や新規開発を通して、時間とともに企業におけるクラウドの比重が高まるにつれ、リスク／コンプライアンス／品質保証に対するアプローチもクラウド対応のものに移行します。技術的な考慮事項は、運用モデルのなかでも最も単純明快な部分です。複雑で新しいアイデアであることが多いですが、予測可能なパターンがあり、スキルを学んで獲得するチャンスは豊富にあります。

第2章 | クラウド導入の取り組み

▶リスクとコンプライアンス

　企業がデータを保管し、トランザクションを処理して顧客とやり取りするうえで、リスクは避けられません。データ／トランザクション／やり取りの窃取や改ざんを試みる攻撃者は常に存在しており、リスクはすぐ近くにあるからです。企業にリスクをもたらすのは攻撃者だけではありません。コンピューティングリソースの障害やソフトウェアの不具合が発生する可能性も十分にあり、企業はこれらも適切に管理する必要があります。クラウドはリスクを移転しますが、リスク自体を減らすわけではありません。ほとんどの主要クラウドプロバイダーは、セキュリティと制御の実装について、責任共有モデルで運用を行っています。通常、責任共有モデルとは、クラウドプロバイダーがハイパーバイザーまでの基盤について所有／運用を行い（リスクを負い）、顧客がアプリケーションスタックまでのシステムの運用について責任を負うことを意味します。また多くの場合、クラウドプロバイダーは積極的に、個別のサービスについてさまざまな業界および政府のコンプライアンス認証（PCIデータセキュリティスタンダードつまりPCI DSSや、ISO 27001など）を取得しています。責任共有モデルでリスクとなるのは、クラウドプロバイダーのサービスが特定の種類のワークロードに対して認証を取得している場合でも、企業がそのワークロードに対して同じ制御を実装する設計にしていないと、監査に合格できないことです。企業はこのことを理解する必要があります。

　コンプライアンスとは、外部だけに向けたものではありません。多くの企業では、特定の種類のデータやワークロードに対して、特定の制御を要求する厳格な社内ガバナンスモデルを導入します。このような制御はその組織固有のものなので、クラウドプロバイダーはこれらの要件を実装できません。しかし、多くの場合、これらの社内向けの制御を、類似の要件を持つ他の認証にマッピングすることで、コンプライアンスを示すことができます。社内向けと外部向けの両方において、制御をこのようにマッピングすることは、クラウド導入の取り組みを成功させ、データおよびワークロードにおいて特定のアプリケーション領域に分類されるサービスを確実に使用するために重要です。大規模で複雑な組織には、数百から数千ものアプリケーションが存在することもあります。それぞれのアプリケーションには固有の特性を持つデータや処理タイプがあるので、このようなコンプライアンスの仕組みは、クラウド運用モデルの重要な構成要素となります。

　ここで考慮すべき重要な点があります。企業が新しいワークロードで使用するサービスを分析して承認するペースよりも、クラウドベンダーのイノベーションのペースのほうが速い可能性があることです。システムで使用されるサービスのセキュリティが確保されており、外部および内部の監査に合格できることを確認する作業は重要ですが、この作業によって独自のビジネス要件の実現スピードを低下させてはいけません。企業は、新しいサービスのイノベーションを安全かつタイムリーに利用できるように努める必要があります。たとえば、イノベーションチームの開発方法として、ミッションクリティカルの程度が低いシステムでは最先端のクラウドネイティブサービスを使用して新規開発を行い、ミッションクリティカルなシステムの開発には成熟したサービスを使用するという方法が考えられます。

▶品質保証と監査

　企業のコンプライアンスおよびリスク軽減のアクティビティがゆるぎないものになったら、クラウド展開を可能にする"ガードレール"が設置されたことになります。しかし、これらの"ガードレール"やガバナンスの方法論は、開発／導入された時点で有効性を持つものです。時間が経過し、ワークロードが構築されてクラウドに展開されていくと、企業は最初に導入したリスク管理体制を再評価し、最新の状況に合ったものにしていく必要があります。また、クラウドベンダーは新しいサービスをリリースしていくため、それらのサービスを評価して、それぞれに適したレベルのデータやワークロードを割り当てる必要があります。政府やコンプライアンス団体は継続的に新しい枠組みをリリースしたり、既存の枠組みを更新したりするので、企業は顧客データの安全性を確保するためにそれらにも従う必要があります。これらすべてにおいて、品質保証と監査が必要になります。

　この文脈において、品質保証とは、ビジネス上の課題として最初に設定された基準を満たすため、システムを継続的に評価／テストするプロセスを指します。従来の意味では、このプロセスはコードが正しく機能するか、セキュリティやその他の問題がないか、その他の非機能要件を満たしているかを確認します。クラウドでも違いはありません。しかし、非機能要件としては、これまでにはなかったクラウド独自の特性もあります。たとえば、クラウドにおいては、クラウドスプロール（クラウドの無秩序な拡大）を防ぐためのコストの最適化が重要になります。また、品質保証プロセスでは、使用されているクラウドベンダーサービスが適切で、正しく導入されていることを確認する必要があります。

　品質保証は、コードやサービスだけではなく、展開パイプライン、システムの可用性、分散アーキテクチャにおける問題が波及する影響範囲にまでおよびます。すでに説明したように、品質保証は企業のプロジェクト管理プロセスにも組み込み、ワークロードが本番環境に展開される前からこれらの考え方を念頭に置いて設計されるようにする必要があります。

　システムで必要になるもう1つの重要な要素に監査可能性があります。システムが外部監査人の監査対象であるか、社内監査のみの対象となるかにかかわらず、このプロセスによってアカウンタビリティ（説明責任）とトレーサビリティが保証され、欠陥やセキュリティインシデントを特定することができます。時間が経つにつれて、最善の状態で導入されたシステムも元のアーキテクチャやセキュリティ体制から逸脱するようになります。これは、ビジネスの状況が変わり新たな機能が導入されると生じることであり、自然なものです。重要なことは、ガバナンス、セキュリティ、およびコンプライアンスの監査プロセスを常に同じに保つこと、またはシステムとともに強化することです。

　新しいビジネス機能を導入するからといって、セキュリティ体制を変えなければならないわけではありません。"ガードレール"を継続的に監査することで、元の体制からの逸脱を最小限に抑えることができます。多くのクラウドベンダーはコンフィグレーションサービスを提供しており、クラウドランドスケープ全体のビューを定期的に取得してデジタル形式で保存できます。このサービスは、監査および比較テストに最適です。これらのコンフィグレーションサービスは、クラウドランドスケープのビューを取得するだけでなく、システムレベルでのカスタム検証を実行して、出力をクラウドの設定とともに保存することができます。自動化によって、このような監査チェックを

第2章 | クラウド導入の取り組み

短い間隔で実施できるので、プログラムで設定を比較し、必要とされる体制からの逸脱を生じさせるものが環境に導入されていないことを確認できます。成熟度の高いクラウドネイティブ組織は、監査の自動化により、システムのコンプライアンスを常に確認可能です。

品質保証も監査も、**クラウドネイティブ成熟度モデル (CNMM)** には具体的には示されていませんが、3つの基軸すべてに通じるものです。CNMM の成熟度が高い企業は、より迅速かつ安価にビジネス上の目標を達成するとともに、許容されるリスクおよびコンプライアンス要件を満たせるように、クラウドベンダーの新しいサービスや進化したサービスを継続的に評価します。コンプライアンスチェック、監査アクティビティ、エンドツーエンドの展開、品質保証のプロセスなど、あらゆるものを自動化することで、システムの変更がセキュリティの問題を引き起こさないようにします。アプリケーション設計をクラウドネイティブのベストプラクティスに準拠させることに集中し、コードレビューを自動化することで、脆弱性／セキュリティギャップ／コストの非効率性／発生した問題が影響する範囲などをチェックします。

2.2.4　基盤となるクラウド運用フレームワークとランディングゾーン

企業がクラウドネイティブに向けた取り組みを始める際、セキュアかつ運用の基盤となる環境をどのように作成し始めればよいかわからないことがあります。人、プロセス、テクノロジーのすべての考慮事項をクラウドに適合させたとしても、このようなランディングゾーン（基盤となる環境）がないと、取り組みのペースが遅くなったり、クラウドネイティブに向けたアクティビティの初期段階で失敗してしまったりすることすらあります。将来のクラウドワークロードに対応可能な基盤となるランディングゾーンの作成には、さまざまな側面があります。この節では、それらのいくつかについて説明するとともに、個々の組織に適したアプローチを検討する方法について説明します。

一般的には、技術的な側面について検討し、アカウント、仮想ネットワーク、セキュリティ体制、ログ、その他の基本的な決定事項に関する正しい設定を特定することから始めるとよいでしょう。この作業により、基盤となるランディングゾーンに企業の要件を組み込むことができるほか、成長の余地を十分に確保しておくこと、またスタッフが現在保有するクラウドのスキルで設計することが可能です。業種によっては、外部監査を適切にマッピングできるように、1つ以上の特定のガバナンスモデルのオーバーレイ（上書き）をクラウド環境に追加することで、規制当局による適切な監査が可能な体制を整えることができます。これらの概念については以降の節で詳しく説明します。

▶クラウドのランディングゾーン

クラウドのランディングゾーンは、あらゆる技術的な要素と運用上の要素を集めたものです。これらについて、実際にワークロードを展開する前に、検討／設計しておく必要があります。ランディングゾーンには幅広い要素が含まれますが、クラウド導入の取り組みを成功に導くためにすべてが必要なわけではありません。しかし、ベストプラクティスとして、すべてを考慮することをお勧め

します。これらの要素には、大まかに以下のものがあります。

- アカウント構造の設計、請求、およびタグ付け
- ネットワーク設計と相互接続性要件
- 一元化された共有サービス
- セキュリティ要件、ログ、監査機能のコンプライアンス
- 自動化フレームワークおよびコードとしてのインフラストラクチャ

アカウント構造の設計

　最初に、アカウント構造の設計方針を決定します。アカウントのセットアップ要件は企業によって異なります。少数のワークロードだけをクラウドで実行する小規模な企業では、単一のアカウントで十分かもしれません。組織の規模や複雑性が増すにつれて、請求の分離や、職務分掌、1か所で発生した問題が影響する範囲の縮小化、環境またはガバナンス要件の特化を可能にするため、多くのアカウントを使用することが一般的になります。階層構造を使用して、1つのマスターアカウントと多数のサブアカウントを使用する方法がよく利用されます。このように多くのアカウントを使用すると、アカウント間での見通しが悪くなりますが、セキュリティ、ネットワーク、環境のワークロードなど、特定の側面を統合することができます。

　多くの場合、最上位のマスターアカウントは、請求およびコストの集約のためだけに使用されます。マスターアカウントでは請求やコストを一元化して確認でき、それをサブアカウントに分割することで、配賦（費用の割り当て）を行ったり、どのアクティビティで最もコストがかかっているかを把握したりすることができます。また、多くの場合、大口割引価格を利用したり、予約済み容量を分散させて配置したりすることができるので、請求構造全体でコストを最適化することもできます。サブアカウントまたは子アカウントは、通常、独自の要件で構成されています。企業の要件にかかわらず、利害関係者のニーズと適合するように、早期からクラウドアカウント戦略を把握しておくことが重要です。

ネットワーク設計

　アカウントの設計が終わり、準備が整ったら、次の重要な要素はネットワーク設計です。アカウントは主に管理のための構造ですが、ワークロードを展開し、データのセキュリティを保護するのはネットワーク設計の役割です。ほとんどのクラウドベンダーは、仮想ネットワークの概念を用意しています。仮想ネットワークにより、さまざまな要件に応じてネットワーク空間を独自に設計できます。これらの仮想ネットワークは、たとえば外部ルーティング可能なトラフィック（パブリックサブネット）や内部専用トラフィック（プライベートサブネット）など、ネットワークトラフィックのフロー要件に応じてさらにサブネットに分割できます。アカウント設計と同様、仮想ネットワークの設計は一度作成すると変更が難しいため、将来の成長やワークロードのニーズを考慮した

第2章 │ クラウド導入の取り組み

設計を行うことが重要です。

　通常、1つのアカウントに多数の仮想ネットワークが含まれ、これらが相互にやり取りできます。他のアカウントの仮想ネットワークとの通信が可能な場合もあります。したがって、1か所で発生した問題による影響範囲を狭くし、ワークロードやデータの隔離をさらに進めるための手段となります。

一元化された共有サービスの利用

　必要なアカウントおよび仮想ネットワークを特定して、詳細な設計が終わったら、次に一元化された共有サービスとして何を稼働させるかが重要となります。一部のサービスは、クラウド環境全体で標準的に使用します。複数のアカウントや仮想ネットワークで同じサービスを重複して保有すると、生産性の低下を招き、リスクの上昇にもつながります。複数のアカウントや仮想ネットワークを持つ企業は、ほとんどの場合、このようなサービスをすべて格納する共有サービス用のアカウントまたは仮想ネットワークの使用を検討する必要があります。この方法は、仮想的なハブ＆スポーク設計とみなすことができます。各仮想ネットワークは、サービスの単一のインスタンスが展開されているハブに接続してサービスを利用します。一元化された共有サービスの良い例として、ログの保存、ディレクトリサービス、認証サービス、CMDB（Change Management Database）、サービスカタログ、監視などがあります。

セキュリティと監査要件

　ここで最後に取り上げるのは、セキュリティと監査要件です。セキュリティと監査要件は、クラウド環境全体に組み込む必要があります。アカウント、ネットワーク、共有サービスのコンセプト全体は、総体的なセキュリティと監査機能を考慮した設計方針によって支えます。一元化された共有サービスの節で説明したように、ワークロード／データ／アカウントに対するアクセスセキュリティを保護するには、ディレクトリと認証のサービスが重要です。さらに、セキュリティと監査において考慮すべき重要な事項として、堅牢なログフレームワークと設定の監査プロセスがあります。

　1つのクラウドアカウント内で複数のワークロードに対して多数の異なるログを取得できます。それは、クラウドベンダーによって提供されるログや、個別のアプリケーションに組み込まれているログなどです。多くのログを収集するほど、ワークロードのあらゆる側面について、より適切な意思決定が可能になります。

　一元化されたログフレームワークを導入することで、インスタンス、コンテナー、プラットフォームサービス、その他のワークロードコンポーネントをステートレスなマシンとして動作させることが可能になるので、それらのトラブルシューティングは必要なくなります。ワークロードのログを、ネットワークフロー、API呼び出し、パケット遅延、その他のログと組み合わせることで、全体的なクラウド環境の動作を見通せるようになり、さらに後でログを集約することで、イベントを再現することも可能になるでしょう。ログを活用するこの方法は、クラウド環境が成長し、より複雑に

52

2.2 クラウドの運用モデル

なるにつれて、ワークロードの把握とセキュリティ保護にますます威力を発揮します。

考慮すべきもう1つの重要な構成要素に監査機能があります。すでに説明したように、特定の間隔で環境の設定全体のスナップショットやビューを保管するクラウドベンダーサービスがありますが、これはさまざまな用途で役立ちます。まず、クラウド環境が、合意されたガバナンス要件に適合していることを示すために、継続的に監査チェックを実行できます。2つ目に、クラウド管理者は、環境の逸脱、設定の誤り、悪意のある設定の変更、コストの最適化などについてチェックすることができます。

このような「ロギング」と「監査コントロールの展開」には、自動化とコードとしてのインフラストラクチャが鍵となります。自動化とコードとしてのインフラストラクチャを取り入れることは、クラウド導入の取り組みにおいてクラウドネイティブ成熟度モデルの成熟度を高めることに直接関係します。

▶外部のガバナンスガイドライン

クラウドにおいて、コンプライアンスに適合したセキュアな運用環境をサポートするために、多数の異なるガバナンスガイドラインが策定され、確立されています。企業は、業種や、クリティカルデータの要件、外部コンプライアンスの要求事項に応じて、基盤となるクラウドランディングゾーンを強化するさまざまな方法を利用できます。特定の業種や特定のコンプライアンス要件に該当しない組織でも、これらのガバナンスガイドラインの1つ以上を組み合わせて適用することで、クラウドコンピューティングリソースの強化について国際的に認められた基準に厳密に従うことができます。さらに、制御のマッピングを行う内部監査プロセスにも役立ちます。コンプライアンスに適合したワークロードをクラウドに展開するためのガバナンスガイドラインとモデルが用意されており、そのうち重要なものをいくつか以下に示します。

アメリカ国立標準技術研究所
(National Institute of Standards and Technology、NIST)

NISTが作成したものや、NISTが作成したものをベースにした多くのコンプライアンス管理フレームワークがあり、これらを導入できます。Amazon Web Services は、それらの豊富なリファレンス文書、クイックスタートガイド、アクセラレータを用意しています。

- NIST SP 800-53（Revision 4）
  https://nvlpubs.nist.gov/nistpubs/SpecialPublications/NIST.SP.800-53r4.pdf
- NIST SP 800-171
  http://nvlpubs.nist.gov/nistpubs/SpecialPublications/NIST.SP.800-171.pdf
- The FedRAMP-TIC Overlay
  https://s3.amazonaws.com/sitesusa/wp-content/uploads/sites/482/2015/04/Description-

53

FT-Overlay.docx

- DoD クラウドコンピューティングセキュリティ要求事項ガイド
  https://www.wbdg.org/files/pdfs/dod_cloudcomputing.pdf
  https://aws.amazon.com/about-aws/whats-new/2016/01/nist-800-53-standardized-architecture-on-the-aws-cloud-quick-start-reference-deployment/

AWS がまとめたガイダンスやアクセラレータを使用することで、これらの NIST の公開文書の適用範囲に該当するワークロードに対して標準環境を展開できます。

PCI データセキュリティスタンダード（PCI DSS）

顧客のクレジットカードデータを処理する必要がある企業では、PCI DSS（https://www.pcisecuritystandards.org/）コンプライアンス基準に従うことが推奨されます。Amazon Web Services は、ユーザー向けに PCI DSS 適合環境のセットアップに役立つ、詳細な参照アーキテクチャと制御のマッピングを用意しています。これらは、以下の URL で参照できます。

- AWS での PCI DSS コンプライアンスの標準化アーキテクチャ
  https://aws.amazon.com/quickstart/architecture/accelerator-pci/

医療保険の相互運用性と説明責任に関する法令
（Health Insurance Portability and Accountability Act、HIPAA）

HIPAA の規制の対象となる機密性の高いワークロードを実行し、**保護対象保健情報 (PHI)** を組み込む計画がある場合は、その影響について理解していなければなりません。また、特定のクラウドベンダーでは、ベンダーに代わって運用を行える適切な権限を持っている必要があります。クラウドベンダーが提供するすべてのサービスが HIPAA 事業提携契約（Business Associate Addendum）の対象範囲に該当するわけではありません。設計するデータやワークロードのタイプについては、ユーザーが判断する責任を負います。AWS での実現方法の詳細は、下記 URL のドキュメント（英語）をご覧ください。

- Architecting for HIPAA Security and Compliance on Amazon Web Services
  https://d0.awsstatic.com/whitepapers/compliance/AWS_HIPAA_Compliance_Whitepaper.pdf

インターネットセキュリティセンター
(Center for Internet Security、CIS)

インターネットセキュリティセンター（CIS：https://www.cisecurity.org/cisbenchmarks/）は、各分野の専門家で構成された合意によるレビュープロセスを導入してます。幅広い制御におけるセキュリティニーズに応じたサービスの展開／設定方法については、推奨事項をまとめたベンチマークを作成しています。AWSでの実現方法の詳細は、下記URLのドキュメント（英語）をご覧ください。

- CIS Amazon Web Services Foundations
  https://d0.awsstatic.com/whitepapers/compliance/AWS_CIS_Foundations_Benchmark.pdf

2.3　クラウドへの移行とグリーンフィールド開発

クラウドに移行する決断をし、フレームワークや"ガードレール"を設け、クラウド導入の取り組みがある程度進むと、大量のワークロードをどのように移行するかが大きな問題となります。クラウドへの移行とは、アプリケーション、データ、その他の構成要素を既存の場所（通常はオンプレミス）からクラウドに移動することを意味します。グリーンフィールド開発プロジェクトでは、従来から存在していた設計に関する制約を取り払うことができ、まったく新しい実装を行うことができます。移行とグリーンフィールド開発は、多くの場合、同時並行で行われます。レガシーワークロードはターゲットとなるクラウド運用環境に移行するのに対し、すべての新規プロジェクトはクラウドネイティブとして設計します。

この節では、一般的な移行パターン、移行で使用されるツール、移行のプロセスにどのようにグリーンフィールド開発を組み込めるかについて説明します。本書では、クラウドへの移行の細部まで解説することはしません。ですが、移行はクラウドネイティブ・アーキテクチャに向けたプロセスの重要な部分を占めているので、移行に共通する要素について知っておくことが重要です。

2.3.1　移行のパターン

移行は、多くの場合「6つのR」を使用してパターン分けされます。6つのRとは、**Rehost（リホスト）**、**Replatform（リプラットフォーム）**、**Repurchase（再購入）**、**Refactor（リファクタリング）**、**Retire（廃止）**、**Retain（保持）** です。クラウドネイティブの議論においては、6つのRそれぞれに意味があります。しかし、クラウドへの移行においては、「廃止」、「保持」、「再購入」はあまり重要ではありません。アプリケーションワークロードを「廃止」や「保持」する決定は、非常に複雑であるか、または耐用期間が残っていて新たな代替ワークロードを実装できない場合などに行われます。したがって、その場合、移行するよりも廃止または保持するほうがコストを抑えることができます。再購入は、企業アーキテクチャ全体に影響します。具体的には、既存のワークロードを、クラウド

ベースで他社が完全に管理する**サービスとしてのソフトウェア (SaaS)** に置き換えるような場合です。以下では、「リホスト」、「リプラットフォーム」、「リファクタリング」について説明します。

▶リホスト

　リホストは、しばしばリフト＆シフトとも呼ばれ、クラウドに最も迅速に移行できる方法です。最も純粋な形態では、文字どおりワークロードをそのまま既存の場所（通常はオンプレミス）からクラウドに移動することを意味します。この移行パターンは、事前に必要となる分析作業が比較的少なく済み、投資に対してすばやく利益を手にすることができるため、よく使用されています。このような移行の支援ツールには、ブロックレベルの複製やインスタンスをクラウドに移行するためのイメージのパッケージ化を行うものがあり、そうしたツールが市場で数多く提供されています。また、スキーマなどのデータベースサーバーのデータを移行できるツールもあります。このような方法を使用した場合、迅速に移行できますが、クラウドの真のメリットを享受できないという欠点があります。多くの場合、リホスト方式の移行は、やむにやまれぬ事態（データセンターのリース期間が終了するなど）が生じ、スピードが最も重要な要件となる場合に実行されます。また、以下の図に示すように、クラウドへのリホストを行うことで、クラウド移行後にアプリケーションのリプラットフォームやリファクタリングをすみやかに実行でき、移行中に変更を行う際のリスクを低減できるとも考えられています。

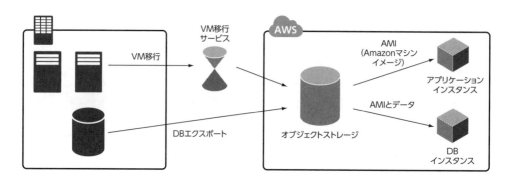

▶リプラットフォーム

　リプラットフォームはリホストと似ています。ただし、移行プロセスにおいて、クラウドネイティブなベンダーサービスを利用するように、ワークロードのアーキテクチャを変更します。たとえば、アプリケーションをまったくそのまま移行しますが、データベースを自己管理型のインスタンスからベンダー管理型のデータベースプラットフォームに変更します。この変更はささいなことに思えるかもしれませんが、ワークロードのアーキテクチャを変更する必要があるため、小規模なリファクタリングを実行して、テストを行い、ドキュメントを整備する必要があります。リプラットフォームは、以下の図に示すように、オンプレミスからクラウドへの移行時に行うことも、アプリケーションをクラウドに移行した後に行うこともできます。

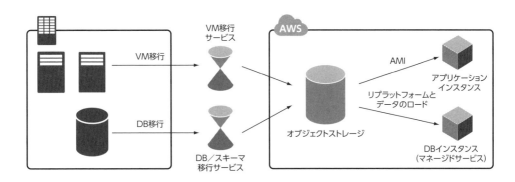

▶リファクタリング

　リファクタリングは、クラウドネイティブ化を図るために、ワークロードを再設計するプロセスです。基本的にこの移行パターンでは、アプリケーションを書き直す際には、第1章で説明したCNMMの内容に準拠させ、自動化を追加して、クラウドネイティブ設計となるようにアプリケーションを設計します。「移行」という言葉から「リホスト」や「リプラットフォーム」を思い浮かべるのが一般的ですが、リフト＆シフト方式によるクラウドへの移行ではビジネスケースのメリットを実現できないことに企業が気づき始めており、移行プロセスを行っている間にアプリケーションのリファクタリングが広く行われるようになっています。

　以下の図に示すように、ほとんどの場合、移行プロセスにおいてデータが新しいデータベースエンジン（NoSQL）に変換され、アプリケーションが再設計されてサービスコンポーネント（マイクロサービス）に分離されます。そして、最も重要な点としてビジネスロジックは変更されない（または機能が強化される）ため、リファクタリングも移行の一形態といえます。

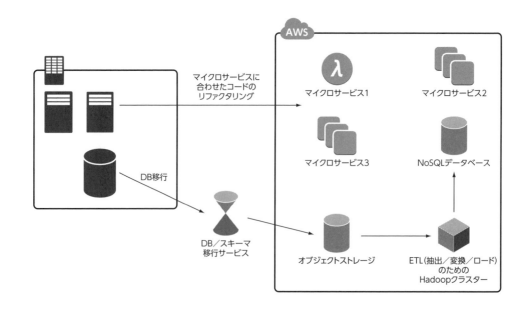

2.3.2　移行か、グリーンフィールド開発か

　本章を通して、クラウド導入の原動力と考慮事項について説明してきました。企業が既存のワークロードをクラウドにどのように移行するかについても詳しく説明しました。アプリケーションのリファクタリングやリプラットフォームといった開発アクティビティが含まれているパターンもありましたが、それでも移行パターンといえるものでした。それでは、移行ではなくグリーンフィールド開発を使用するのはどのような場合でしょうか。一般的に、クラウドファーストになる決断をした企業は、既存のワークロードをクラウドに移行する作業に多くの労力を割きます。同時に、すべての新規開発アクティビティは、クラウドでグリーンフィールド開発として開始します。通常、新しいプロジェクトやワークロードでも、クラウドに移行済みのものやクラウドに移行中のものを含め、レガシーアプリケーションとのインターフェイスポイントが必要になります。移行とグリーンフィールド開発という2つのアクティビティは、インターフェイスポイントを通して統合されます。

　移行アクティビティが落ち着いてくると、クラウドでの新規開発を重点的に行うことになります。移行後、この段階になると、クラウドに関するスキルが強化されるとともに、クラウドが企業を変えてくれるという期待も高まっているので、企業全体が活気あふれる雰囲気に包まれているでしょう。この段階に至った組織では、クラウドネイティブの考え方を持ったアーキテクトがスケールの大きなアイデアを推し進め、古くからの障害を取り除くことができるようになります。

2.4 まとめ

　本章では、企業がクラウドに移行する決断をする理由について説明しました。俊敏性、コスト、セキュリティ、ガバナンス、事業の拡大、人材、イノベーションといった主な原動力について理解し、それらの要素の企業内での成熟度を把握することで、取り組みを始めようという最終的な決断につながります。決断をしたら、運用モデルを定義して導入することが重要です。これにより、クラウドへの移行を成功させるリスクとコンプライアンス要件が導入されて適切に管理されていることについて、利害関係者や変更マネージャー、プロジェクトマネージャーが確認できます。最後に、ワークロードをクラウドに移行する際の主な移行パターンについて説明しました。移行を行わずにクラウドで一から開発を始める企業もありますが、ほとんどの企業では移行のステップが必要になるので、移行を正しく行うことが重要となります。クラウドファーストの企業は、既存のワークロードについては移行を行い、すべての新規アプリケーションについてはクラウドネイティブ・アーキテクチャのパターンに従ってクラウドで新規開発を行います。

# # #

　次の章では、システム開発のライフサイクル、**サービス指向アーキテクチャ (SOA)**、マイクロサービス、サーバーレスコンピューティングなど、クラウドネイティブ・アーキテクチャのアプリケーションレベルの要件について説明します。さまざまなフレームワークや方法論について詳しく解説し、どのようにクラウドネイティブの設計原則と適合させるかについて理解します。

☆MEMO☆

第 3 章 クラウドネイティブ・アプリケーションの設計

CHAPTER 3:
Cloud Native Application Design

　本章では、マイクロサービスやサーバーレスコンピューティングを使用した、CNMMにおける成熟度の高いクラウドネイティブ・アーキテクチャの開発について詳しく説明します。まず、モノリシックな形態から成熟度の高いアーキテクチャへのコンピューターシステムの進化について説明します。そして、コンテナー、オーケストレーション、サーバーレスについて説明し、それらがどのように協調して動作するか、なぜアプリケーション中心の設計の基軸で成熟度が高いと考えられるのかに触れます。

3.1　モノリシックから中間段階を経てマイクロサービスへ

　クライアントサーバーアプリケーションは、常に人気のあるアーキテクチャでした。しかし、ネットワークのテクノロジー／設計パターンが進化するにつれ、緩く結合されたアプリケーション間での相互通信が求められ、**サービス指向アーキテクチャ（SOA）** に取って代わられるようになりました。SOAの概念では、一枚岩としてモノリシックなサーバーを構成するコンポーネント群が、個別のビジネスサービスに分割されます。SOAコンポーネントは、それぞれが自己完結的な設計になっ

第3章 ｜ クラウドネイティブ・アプリケーションの設計

ています。しかし、これらのコンポーネントは従来のモノリシックアプリケーションよりもはるか
に規模が小さく、迅速なメンテナンスが可能で、相互作用を分離できます。従来型のクライアント
はSOAアプリケーションのコンポーネントの1つとみなせますが、モノリシックなサーバーと直
接通信するのではなく、仲介レイヤー（サーバーバス）と通信します。このバスは、呼び出しを受け
付け、他のサービスに割り振って処理を実行します。これらの他のサービスが、データ永続化機能
を提供したり、ビジネス上の意思決定を行うための追加情報を収集したりします。SOAのアプロー
チにより、分散型のシステムアーキテクチャを実現できるようになり、社内システム以外のシステ
ムを含め、他のシステムとの相互作用の方法も大きく変革できるようになりました。

　これらのサービスはますます低コスト化が進み、またサービスを作成するリソースも豊富に利用
できるようになったため、クラウドコンピューティングではこれらのパターンがさらに進化を続け
ています。マイクロサービスは、SOAと似ていますが、SOAをさらに進化させた形態で、個々のサー
ビスがさらに細かいコンポーネントへと分割されます。SOAにおけるサービスとは、特定のビジネ
ス機能全体を実行するブラックボックスのようなものです。マイクロサービスは、そのようなビジ
ネス機能の一部分を実行する、分割された機能で構成されます。マイクロサービスを導入すること
で、システムのメンテナンス性がさらに向上し、機能もより迅速に更新できるようになります。ま
た、コードやハードウェアの障害による影響範囲を狭める効果もあります。本書の第1章で定義し
たクラウドネイティブ・アーキテクチャには、クラウドネイティブ成熟度モデル（クラウドネイティ
ブなサービスの使用、アプリケーション中心の設計、自動化という3つの基軸）におけるさまざま
な成熟度のものが存在し、さまざまなアプリケーションの設計原則に従ったものがあります。マイ
クロサービスは、従来から使用されていた他のシステム設計方法では難しかったスケールや耐障害
性を実現し、これらのすべての原則を実現に導くものです。

3.1.1　システム設計のパターン

　システム設計の進化は、複雑さを増すビジネス上の問題を解決する必要に迫られてシステムの設
計／展開方法が変化してきた歴史です。この節では、これらのシステム設計のパターンについて詳
しく説明します。また、それぞれのパターンの仕組みについて、さらにはどのような課題があって
進化を迫られたのかについて詳細に検討します。ソリューションアーキテクチャの進化の歴史を理
解するには、いくつかの鍵となる概念を定義しておくことが重要です。それらは「プリミティブ」「サ
ブシステム」「システム」です。

　プリミティブとは、設計パターンにかかわらず、ソリューション全体の基本的なレベルを指しま
す。スタイルによって、機能、タスク、マイクロサービスなどと呼ばれます。設計の観点から見ると、
プリミティブはアクションを実行できる最も基本的な単位です。プリミティブは非常に特化された
処理のみを行うため、多くの場合、単体ではプリミティブが属するサブシステムに直接の影響を与
えることができません。その代わり、特定のタスクを迅速かつ効率的に実行します。サブシステム
は、プリミティブを論理的なグループにまとめたもので、個別のビジネス機能を形作ります。設計
アーキテクチャによりますが、サブシステムは単一のコンポーネントである必要はありません。た

だし、特定のビジネス機能を実現する論理的なフローを持っている必要があります。サブシステムを構成するプリミティブは、システム内で特定の結果をもたらすものであれば、同じコードブロック内の関数呼び出しでも、まったく別のマイクロサービスでもかまいません。そして、ソリューションの最上位レベルがシステムです。多くの場合、相互通信する多くのサブシステムで構成され（他のシステムと通信する場合もあります）、最初から最後までプロセス全体を実行します。

クラウドネイティブ・アーキテクチャは、この進化の産物です。アーキテクチャを進化させ続けるとともに、特定のビジネス要件に最適な設計を使用してさらに進化させていくことができるよう、アーキテクチャの構成とパターンの起源を理解することが重要です。モノリシック、クライアントサーバー、サービスという3つの主要な設計パターンがあります。それぞれでシステム、サブシステム、プリミティブの概念が使用されています。ただし、それぞれの実装方法が異なるため、堅牢性やクラウドネイティブの成熟度もそれぞれ異なります。

▶モノリシック

情報技術の黎明期にコンピューターの処理能力を利用して高速に計算タスクを実行するようになり、それ以降、アプリケーションの設計パターンとしてモノリシックのパターンが好んで使用されてきました。簡単に説明すると、モノリシック設計パターンとは、システムのあらゆる側面が自己完結的に組み込まれ、他のシステムやプロセスから独立しているパターンです。このパターンは、かつて存在していた大規模で一枚岩的なメインフレームに最適で、コードのロジック、ストレージデバイス、出力をすべて同じ場所で実行できました。しかし、今日見られるようなネットワーク接続はできませんでした。非常に限定的だった接続機能は速度がとても遅く、システム間の相互接続を阻んでいました。新たなビジネス要件が発生すると、既存のモノリシックシステムに組み込む形で設計されたため、非常に緊密に結合されたクリティカルな実装となりました。最終的には、モノリシック設計パターンによって、あらゆるタスクを実行し、期待する結果を実現できるようになりました。

テクノロジーが進化し、コンピューターの処理能力のニーズが拡大するにつれ、「モノリシックなシステムに新規機能を追加するのは面倒な作業であり、見つけづらい不具合を生むことにもつながる」とシステム設計者は気づくようになりました。また、「コンポーネントやタスクを再利用できれば時間やコストの削減につながり、コードの変更による不具合も減らせる」と気づきました。このようにして導き出されたモジュール式のシステム設計により、全体としてはまだモノリシックな設計でしたが、特定のコンポーネントの再利用が可能になり、アプリケーションやシステム全体に影響を与えることなく、目的とするメンテナンス更新を行えるようになりました。テクノロジーが進化するにつれてこの考え方も発展し、巨大なモノリシックシステムを個別のサブシステムに分割し、それらのサブシステムを独立して更新できるようになりました。このコンポーネントの分離の概念が、システム設計に進化をもたらす主な推進要因となりました。テクノロジーが進化するにつれて、ますますコンポーネント機能の特化が進むことになります。

第3章 | クラウドネイティブ・アプリケーションの設計

▶クライアントサーバー

テクノロジーのコストが低下し、設計パターンが洗練されるにつれて、クライアントサーバーアプリケーションという新しいアーキテクチャスタイルが人気を博すようになりました。必要とされるバックエンドの処理パワーやデータストレージを提供するために、モノリシックなシステムも引き続き存在していました。しかし、ネットワークやデータベースの概念が進化したことにより、ユーザーが操作するフロントエンドアプリケーション（クライアント）を使用し、データをサーバーに送信するスタイルが採用されるようになりました。クライアントアプリケーションは、サーバーアプリケーションと緊密に結合されています。ただし、多数のクライアントがサーバーに接続できるので、アプリケーションを現場の作業員やインターネット上の一般ユーザーに分散して配布できるようになりました。このモジュール式アプローチの進化により、IT部門がシステムを展開し、保守する方法も変わりました。クライアントとサーバーの各コンポーネントを別々のグループが担当するようになり、必要となるスキルセットが専門化し、さらに効率化を追求するようになったのです。

▶サービス

クライアントサーバーアプリケーションは非常によく機能しましたが、コンポーネントが緊密に結合されているため、ミッションクリティカルなアプリケーションでは展開のスピードが遅く、リスクを生んでいました。システム設計者は、1か所で発生した障害による影響範囲を狭め、展開のスピードを上げ、展開時のリスクを低減するために、コンポーネントをさらに分離する方法を引き続き模索しました。サービス設計パターンでは、ビジネス機能が特定の細かい目的に分割され、それぞれのサービスが、他のサービスの状態を把握したり、他のサービスの状態に依存したりすることなく自己完結的に処理を行います。この自己完結的で独立したサービスの状態自体が「分離」の定義であり、モノリシックなアーキテクチャからの大きな進化を示すものです。サービス設計への変化は、コンピューター／ストレージの価格の低下、相互通信におけるネットワークの進化とセキュリティ機能の強化に直接関係しています。コストの低下により、サービスのコンピューティングインスタンスを幅広い地域にわたって多数作成できて、より多様なビジネス機能要件に対応できるようになりました。

サービスは、特定のビジネス上の問題を解決するために設計されたカスタムのコードという形態だけではありません。クラウドベンダーは、サービスの成熟度を高めるにつれ、システムの一部から「他との差別化につながらない重労働」を取り除くためのマネージドサービスを提供するようになります。これらの個別のサービスもサービスのカテゴリに該当し、大規模な分散型かつ分離型のソリューションで特定の機能を構成します。たとえば、設計で必要な機能としてキューサービスやストレージサービスを使用する場合などです。モノリシックなシステムアーキテクチャでは、これらすべてのコンポーネントが単一のアプリケーションスタック内に組み込まれるように開発されるので、他の機能と緊密な相互接続性を持つことになり、障害や速度低下、コードの不具合のリスクが高まることになりました。それに対し、成熟度の高いクラウドネイティブ・アーキテクチャでは、カスタムの機能に加え、これらのベンダーサービスの利点を生かした設計となり、すべてがまと

3.1 モノリシックから中間段階を経てマイクロサービスへ

まって動作してさまざまなイベントに対応できるため、複雑度をできるだけ低く抑えつつビジネス
目標を達成できます。

　サービスベースのアーキテクチャはクラウドネイティブ・アーキテクチャでよく使用されていま
すが、サービス設計の進化には時間がかかりました。各パターンにおいて機能間の相互作用をでき
るだけ分離しようとする試みが進められ、その結果、初期のSOAからマイクロサービスや関数へ
と進化していきました。

サービス指向アーキテクチャ（SOA）

　クラウドの登場前から使用されていたサービス設計パターンがSOAです。このパターンは、モ
ノリシックアプリケーションを別個の部分に分割することで、1か所で発生した問題による影響範
囲を狭め、ビジネスのスピードに遅れないようアプリケーションの開発／展開プロセスを迅速にし
た最初の大きな進化形態です。SOA設計パターンは、多くの場合、大規模なアプリケーションがサ
ブシステムに分割され、モノリシックシステムと同様にそれらが相互作用する形になっています。
しかし、相違点としてサブシステム間に仲介レイヤー（**エンタープライズサービスバス [ESB]** など）
を挟みます。

　ESBでサービスリクエストを仲介することで、異機種間通信プロトコルを使用してサービスの分
離をさらに進めることができます（多くの場合、メッセージ交換で使用）。ESBにより、メッセージ
の変換、ルーティング、その他の形の仲介が可能になるので、コンシューマーサービスがタイムリー
に適切な形式のメッセージを受信できます。SOA設計パターンを組み合わせて大規模で複雑なエン
タープライズシステムが構築されることが多いため、個別のサービスには、多くの場合、特定のサ
ブシステムのビジネスロジックのすべてのセットが含まれています。このような設計になっている
ため、サービスはある程度の自己完結性を備えるとともに、ESBを介してメッセージを送信するこ
とで他のサブシステムにデータを提供したり、他のサブシステムからデータを要求したりできます。

　このSOAの設計アプローチにより、システムの分散度を大幅に高め、ビジネスのニーズに迅速
に対応し、安価なコンピューティングリソースを利用できるようになりました。しかし、SOAに
もいくつかの欠点があります。サービスはESBを介して他のコンポーネントとやり取りするので、
ESBが簡単にボトルネックや単一障害点となりえます。メッセージフローが非常に複雑なものにな
り、もしESBの動作が中断すると、速度が大幅に低下したり、メッセージがキューにたまったりし
て、システム全体の処理が停滞してしまいます。さらに、それぞれのサービスが独自の要件に従っ
てフォーマットされた特定のメッセージタイプを要求するので、各部分が完全には分離された状態
になっておらず、複合アプリケーション全体のテストが必要となり、テストのプロセスが非常に複
雑になります。その結果、ビジネスのスピードが低下します。たとえば、2つのサービスで大幅な
ビジネスロジックの更新があり、それぞれで新たに拡張されたメッセージ形式が必要になる場合、
新しいサービスを展開するには、両方のサブシステムとESBの更新が必要になり、複合アプリケー
ション全体が中断する可能性があります。

第3章 | クラウドネイティブ・アプリケーションの設計

マイクロサービス

SOA の進化により、ビジネス機能のより小さなコンポーネントへの分割化が進みました。これらの小さなコンポーネントは、しばしばマイクロサービスと呼ばれます。すでに説明してきたように、これらのマイクロサービスもサービスです。しかし、サービス範囲と相互通信方式が進化し、テクノロジーや価格面でのメリットがあります。マイクロサービスは、サービスモデルの成熟度を高めつつ、SOA で生じていた課題のいくつかに対処するために使用されます。マイクロサービスと SOA の設計を比較した場合、サービス範囲と通信方法という 2 つの差別化要因があります。

マイクロサービスは、SOA よりもサービス範囲を特化させた設計です。SOA では、サービスはビジネス機能の大きなブロックを含むサブシステム全体として機能します。一方、マイクロサービスのアーキテクチャでは、そのサブシステムが分割され、メインのサービスの一部分の機能を実行するプリミティブに近いコンポーネントに分けられます。マイクロサービスには、ビジネスロジックが含まれる場合もあり、データベーストランザクション／監査／ログなどのワークフロータスクのみが実行される場合もあります。ビジネスロジックが含まれる場合でも、SOA のサービスよりも大幅に範囲が限定されており、ビジネスタスク全体を実行するスタンドアロンのコンポーネントとはならないのが一般的です。このように機能を分割することで、サービスを他のコンポーネントとは独立してスケーリングできるようになります。また、多くの場合、イベントに基づいて実行できるので、クラウドリソースを使用する時間を短縮して、支払うコストを削減できます。

マイクロサービスのもう 1 つの主な差別化要因として、通信方法があります。SOA は、多くの場合、ESB を介して異機種間プロトコルで通信します。マイクロサービスは、API を公開し、その API を任意のコンシューマーサービスから呼び出すことができます。API を公開する方式なので、サービスを任意の言語で開発でき、他のサービスやその開発言語／アプローチから影響を受けることがありません。API レイヤーによってそれぞれのサービスが分離されるので、サービスロジックに変更があっても、多くの場合、コンシューマーサービス間での調整は必要なく、API 自体が変更になった場合でもコンシューマーサービスのみに通知するだけで済みます。通知は、ダイナミックな API エンドポイントの識別、ナビゲーションの仕組みによって行えます。

サービスが重要な理由

クラウドの主な差別化要因は、アプリケーションの設計／展開方法にありますが、そのなかでもサービスベースのアーキテクチャが最も人気があります。サービスが重要であるというのは、サービスによってアプリケーションを小さなコンポーネントに分割し、展開のスピードを上げて、ビジネスのアイデアをすばやく市場に投入できるようになるためです。また、サービス（機能）が小さくなるほど、1 か所で発生した問題による影響範囲を狭めることができます。つまり、障害やコードの不具合が発生しても、接続された比較的少数のサービスにしか影響しません。影響範囲を狭めることで、コード展開のリスクプロファイルが大幅に改善するとともに、何か不具合が発生してもすぐにロールバック（巻き戻し）できます。

3.1 モノリシックから中間段階を経てマイクロサービスへ

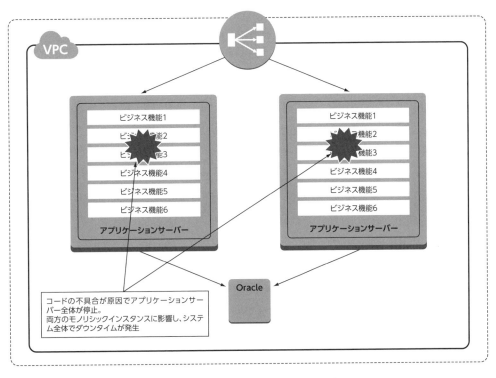

高可用性を目指して展開されたモノリシックシステム

　上の図は、高可用性を目指して複数のインスタンスに展開されたモノリシックシステムを示しています。ですが、各インスタンスのアプリケーションサーバーへ、アプリケーションの機能全体を展開する設計パターンを使用しています。この場合、ビジネス機能のボックスが、さまざまな機能を持つサブシステムの例となります（または、必要な機能を実行するために組み込まれたプリミティブの例）。この例では、新しいコードの展開はシステムレベルで実行する必要があり、計画的なダウンタイムの設定や、アプリケーションアーティファクト全体の再展開が必要になる可能性があります。すべてのサブシステムやプリミティブが一緒に展開されるので、サブシステムまたはプリミティブで新たに展開したコードに意図しない不具合があった場合、アプリケーション全体に影響があります。このように計画外の停止が生じた場合、システムの他の部分で意図したとおりに動作しているサブシステムを含め、アプリケーションアーティファクト全体をロールバックすることになります。この設計方法はあまり柔軟とはいえず、長い時間がかかる**ビッグバン方式**の展開が必要になり、負担が大きくなります。また、数週間、あるいは場合によっては数か月前から展開を計画しておかなければなりません。

　システムあるいはビジネス機能を別個のサブシステムに分離することで、これらのサブシステム間で相互作用を行うポイントが大幅に減ります。まったく通信を必要としないこともあります。サービスの形でサブシステム／プリミティブを使用することで、組織の広い範囲に影響を与えるこ

67

となく変更を展開できます。そのため、1か所で発生した問題による影響範囲を、直接関係するサービスだけに限定できるので、変更に関連するリスクを低減できます。要件により、サブシステムが他のサブシステムと連動する分離された1つのコンポーネントである場合や、多数のプリミティブに分割されている場合があります。

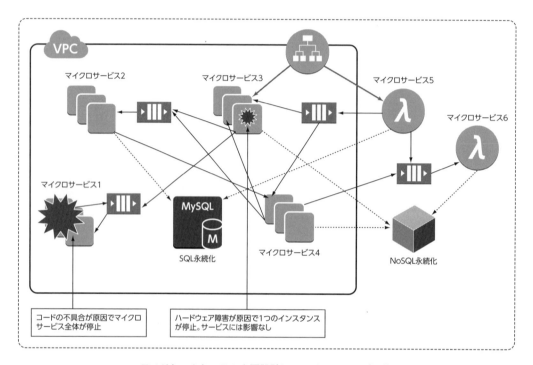

モノリシックシステムを再設計してマイクロサービス化

　上の図では元のモノリシックアプリケーションが再設計され、別個のサブシステムやプリミティブとしてマイクロサービスが展開されています。このサブシステムやプリミティブには、さまざまなインスタンス、コンテナー、機能、クラウドベンダーサービスが使用されています。すべてのサービスが相互にやり取りしたり、データを永続化したりするわけではないので、環境で問題が発生してもほとんどの部分は引き続き利用できます。マイクロサービス1が、展開されたコードの不具合のために停止したとすると、この停止は担当サービスチームが検出して解決します。その間、他のすべてのサービスは、マイクロサービス1とやり取りする場合を除き、何ら影響を受けることなく動作できます。また、この図には、ハードウェア障害のために1つのインスタンスが停止した影響も示されています。このような状況はよく発生するので、システム全体や、個別のサービスに影響を与えてはいけません。マイクロサービス3は、一連のインスタンスの1つで障害が発生したことを検出し、自動的に新しいインスタンスまたはコンテナーを展開して、受信するリクエストの処理を続けます。プリミティブマイクロサービス5／6は、データの永続化、メッセージキューとのやり取り、ビジネス機能の実行のために、イベントベースで他のプリミティブとやり取りするコード

ブロックとして実行されます。

このようにサービスは、機能を分離し、問題の影響範囲を狭め、ビジネスのスピードを向上させます。正しく実行すればシステム全体の運用コストの削減にもつながるため、この考え方は重要なのです。

3.2　コンテナーとサーバーレス

最新のクラウドテクノロジーがパターンに取り込まれるにつれて、年を追ってクラウドネイティブ・アーキテクチャも成熟度を高めてきました。マイクロサービスは、オンプレミスソフトウェアでは実現できなかった方法でクラウドネイティブサービスを利用しつつ、コンポーネントを高度に分離できるテクノロジーであり、アーキテクチャにおいて現在注目のトレンドとなっています。しかし、マイクロサービスというのはパターンにすぎません。さまざまなテクノロジーやアプローチを使用してマイクロサービスを構築できますが、コンテナー／サーバーレスのアプローチが最も一般的です。従来のような仮想インスタンスを使用してマイクロサービスシステムを設計することもできないわけではなく、適切な用途では十分有効です。ですが、コンテナーやサーバーレスのテクノロジーを使用すれば、大規模にシステムを設計／展開でき、マイクロサービスの特長である俊敏性を持ったシステムを構築できます。そのため、これらはマイクロサービスの目標に適合したテクノロジーなのです。この節では、コンテナーとサーバーレスの内容について解説し、クラウドネイティブ・アーキテクチャの設計にどのように利用できるかについて説明します。

3.2.1　コンテナーとオーケストレーション

コンテナーは、ハードウェアの分離と仮想化を推し進めた自然な結果として生まれました。仮想インスタンスは、ベアメタルサーバーに複数のホストを展開することで、その特定のサーバーのリソースを効率的に利用できるようにするものです。コンテナーは同じように動作しますが、さらに軽量、ポータブル、そしてスケーラブルになっています。一般的に、コンテナーは Linux を実行しますが、Windows オペレーティングシステムを実行する場合もあります。しかし、肥大化して使用されていない多くのコンポーネントが取り除かれており、従来の起動／シャットダウン／タスク管理などの処理のみを実行します。開発者は、特定のライブラリや言語を組み込み、コンテナーファイルに直接コードや設定を展開できます。これらは展開用部品として扱われるようにレジストリで公開され、クラスター内ですでに実行されている一連のコンテナーにおいて、オーケストレーションサービスを介して展開／更新されます。

コンテナーは軽量なので、クラウド環境での実行に最適なテクノロジーであり、アプリケーションを徹底的にマイクロサービスに分離できます。多数のホストを使用してクラスターを形成することで、さらにはノードを増やしてそのインスタンスで利用できるリソースを最大限に増やすことで、

第3章 ｜ クラウドネイティブ・アプリケーションの設計

コンテナーのスケーリング性能を利用できます。それらはすべてオーケストレーションサービスにより保守やスケジューリングが行われます。ファイルストレージについては、サービスはローカルの一時的なファイルシステムの場所を使用できます。データの永続化が必要な場合は、永続的なボリュームにファイルを保存できます。このボリュームは、マウントされ、ノード内のすべてのコンテナーがアクセス可能となります。コンテナーの配置とスケーリングを簡単に行えるように、一部のオーケストレーションツールではポッドが使用されます。ポッドは、いくつかのコンテナーが組み合わされ、単一のユニットとして動作するものであり、それらのコンテナーが一緒にインスタンス化され、スケーリングされます。

▶レジストリ

　コンテナーのレジストリとは、事前構築済みのコンテナーを保存して提供するための、公開または非公開のエリアです。さまざまなレジストリを使用できますが、すべての主要クラウドベンダーはホスティング形式のレジストリを提供しています。企業は、レジストリを非公開として利用することもできます。また、Docker Hub レジストリなどの公開のホスティング形式レジストリも多数あります。これらのレジストリには、一般公開された事前構築済みのコンテナーファイルが用意されており、多くの一般的な設定をすぐに使用できます。組織のニーズに応じて、これらのいずれかを使用できます。ただし、学習段階が終わったら、常にホスティング形式の非公開レジストリを使用することをお勧めします。非公開のコンテナーイメージを使用することでセキュリティを高められることに加えて、クラウド環境にホストされる形式なので、オーケストレーションサービスに近い場所で利用でき、展開パイプラインを高速化できます。

　レジストリは、アプリケーションの展開で使用される CI ／ CD パイプラインで重要な役割を果たします。たとえば、開発者が任意のリポジトリ（この場合は GIT リポジトリ）にコードをチェックインするシンプルなパイプラインがあるとします。チェックインにより、Jenkins を使用したビルドがトリガーされます。コンテナーがビルドされ、新たに形成されたコンテナーが事前に定義されたスクリプトを使用してテストされ、そのコンテナーがレジストリサービスにプッシュされます。コンテナーがレジストリにプッシュされると、オーケストレーションツールがレジストリからのプルをトリガーし、新しいコンテナーが取得され、更新／展開が実行されます。最終的な展開にはいくつかの方法があります。ゼロダウンタイムを実現するローリングアップデートを実行できるほか、コンフィグレーション要件に従った新規展開を実行することもできます。

▶オーケストレーション

　コンテナーのオーケストレーションは困難を伴います。サブシステムで必要なすべてのタスクを実行する大規模なモノリシックスタックとしてコンテナーを使用する設計になっているアプリケーションでは、そのようなコンテナーの展開は非常に簡単です。しかし、これではコンテナーやマイクロサービスを使用する意味がなくなります。その目的は、コンポーネントを小さなサービスに分

3.2 コンテナーとサーバーレス

離し、それらのサービスが相互に作用をおよぼしたり、他のサービスとやり取りしたりすることだからです。サブシステムが多くの別個のプリミティブなマイクロサービスに分割されると、1つ以上のコンテナーで構成されたサービスを調整するのが非常に難しくなります。あるサービスは比較的規模が小さく、あまり使用されないかもしれませんが、他のサービスは使用量が非常に多く、厳しいスケーリング要件が必要になったり、高可用性コンフィグレーションが必要になったりします。また、クラスターへの新しいコンテナーの展開も重要で、ほとんどダウンタイムを生じさせないか、またはまったくダウンタイムなしで行う必要があります。そのため、これらの更新を行うサービスが非常に重要になります。

　市場には多くのコンテナーオーケストレーションツールがあり、それぞれのクラウドベンダーが1つ以上のマネージド版ツールを提供しています。組織の要件に基づいて独自のオーケストレーションツールをセットアップして保守することもできます。最も人気のあるオーケストレーションサービスにKubernetesがあります。Kubernetesは任意のクラウドプラットフォーム、オンプレミス、またはそれらのハイブリッド環境で実行できます。サードパーティのツールではなく、クラウドベンダーのコンテナーオーケストレーションサービスを使用すべき理由にはいくつかありますが、最も大きい理由として、コンテナーと、ベンダーが提供する他のクラウドサービスとの間でネイティブなやり取りが可能になることが挙げられます。しかし、クラウドベンダーは、今でも独自のマネージドKubernetesサービスも展開しています。以下では、Kubernetes展開の主な概念についていくつか説明します。

- **Kubernetes マスター(Kubernetes Master)**：クラスターの必要な状態を維持する役割を担います。

- **Kubernetes ノード(Kubernetes Node)**：ノードは、アプリケーション/クラウドワークフローを実行するマシン(VM、物理サーバーなど)です。マスターは、各ノードを制御します。ノード間で直接やり取りすることはほとんどありません。

- **ポッド(Pod)**：Kubernetesの基本的な構成要素です。Kubernetesオブジェクトモデルで作成/展開する最小かつ最もシンプルな単位です。ポッドは、クラスター内で実行されるプロセスを表します。

- **サービス**：論理的なポッドのセットと、それらにアクセスするためのポリシーを定義する抽象化レイヤーです。マイクロサービスとも呼ばれます。

- **レプリケーションコントローラー(ReplicationController)とレプリカセット(ReplicaSet)**：指定された数のポッドのレプリカが同時に実行されるようにします。つまり、1つのポッド、または同種のポッドのセットが常に実行されている状態にします。

- **デプロイメント(Deployment)**：宣言を使用して、ポッド/レプリカセットの更新を行います。

71

第3章 | クラウドネイティブ・アプリケーションの設計

- **デーモンセット（`DaemonSet`）**：すべて（または一部）のノードがポッドのコピーを実行する
  ようにします。クラスターにノードが追加されると、それらのノードにポッドが追加されま
  す。クラスターからノードが削除されると、それらのポッドに対してガベージコレクション
  が実行されます。デーモンセットを削除すると、作成されたポッドがクリーンアップされま
  す。

▶コンテナーの使用パターン

コンテナーは、クラウドネイティブ・アーキテクチャを設計／実装するための優れたツールです。
コンテナーは、第1章で説明したクラウドネイティブ成熟度モデルと親和性があります。具体的に
は、コンテナーはベンダーが提供するクラウドネイティブなサービスであり、CI ／ CD による高度
な自動化が可能です。軽量でスケーラブルな特性を持っており、マイクロサービスに最適です。マ
イクロサービス、ハイブリッド、アプリケーション移行の展開、俊敏性によるビジネスのイノベー
ションなど、コンテナーが中心的なコンポーネントとなるパターンがいくつかあります。

コンテナーを使用したマイクロサービス

多くの場合、コンテナーはマイクロサービスと同じ意味で使用されます。どちらも軽量で、最小
限のオペレーティングシステムと、特定のビジネス機能の実行に必要なライブラリとコンポーネン
トのみを含んでいます。したがって、新規に設計されたアプリケーションであるか、モノリシック
なシステムが分割されたアプリケーションであるかにかかわらず、必要な内容のみを含み、処理を
遅くするオーバーヘッドが含まれないよう設計されます。マイクロサービスは、小規模で特定のビ
ジネス機能のみを実行するように作成されます。多くの場合、さまざまなマイクロサービスが異な
るチームにより設計されますが、同時に展開されます。したがって、コンテナーを使用すると、小
規模なチームで、好みのプログラミング言語、ライブラリ、API 実装スタイル、スケーリング手法
を使用し、個別のサービスを開発できます。サービスを開発したチームは、相互に作用しあう他の
サービスに影響を与えることなく、レジストリへのコンテナーのプッシュと CI ／ CD による展開
により、ビジネス機能を自由に展開できます。あるいは、別の小規模なチームは、他のサービスの
API について一切気にせずに、独自のスタイルを使用して独自のサービスを開発できます。

マイクロサービスでコンテナーを使用すると、小規模なグループが俊敏に作業を行い、すばやく
展開を行えます。また、アーキテクチャ標準委員会は、設計チームの俊敏性に影響を与えることな
く、すべてのサービスが従う必要があるガイドラインを導入できます。たとえば、プログラミング
言語についてはチームが自由に選択できるようにしつつ、ログフレームワーク、シークレット（ユー
ザー ID やパスワードといった機密情報）に対するセキュリティ方針、オーケストレーションレイ
ヤー、CI ／ CD テクノロジーを必須とすることができます。これにより、複合システムを一元管理
しつつ、各サービスは独立して設計できるようになります。

ハイブリッドとアプリケーション移行の展開

コンテナーは、ハイブリッドアーキテクチャを実行する場合や、ワークロードを他の方法よりも簡単迅速にクラウドに移行したい場合に役立ちます。コンテナーは独立した単位なので、オンプレミス（プライベートクラウドなど）に展開しても、パブリッククラウド（AWS など）に展開しても同じです。このパターンを使用すると、アーキテクチャチームは、複合アプリケーション全体（複数のマイクロサービス、コンテナー化されたアプリケーションなど）をオンプレミスに展開し、クラウド環境を**障害復旧 (DR)** 用またはフェイルオーバーサイトにすることができます。その逆も可能です。また、コンテナー化されたアプリケーションをオンプレミスからクラウドに、リスクを低減させつつ移行することも可能になります。そのため、アプリケーションをコンテナー化した後に大規模な移行を行うのも好ましい方法です。

ただし、使用しているクラウドやオーケストレーションソリューションに応じて、システムを構成する周辺コンポーネントの変更が必要になることがあります。たとえば、Kubernetes をオンプレミスとクラウドの両方で使用している場合、さまざまな使用方法、永続ボリューム、ロードバランサー、その他のコンポーネントをサポートするために、Kubernetes マニフェストファイルに変更が必要になることがあります。

オンプレミスと選択したクラウドベンダーの両方でアクティブなワークロードを実行したり、コンテナーをさまざまなクラウド間で移動したりするような（マルチクラウドと呼ばれます）、複雑なユースケースも可能です。このようなアーキテクチャを導入する理由としては、有利な価格構成を利用したり、（遅延の問題やデータセンターのダウンなどを回避するため）ビジネスの継続性を阻害せずに問題が生じたクラウドから移行させたりすることが考えられます。しかし、このようにクラウド間でワークロードを分散させる方法は複雑度が非常に高くなるので、多くのアプリケーションでは対応できない可能性があります。データ永続化と**オンライントランザクション処理 (OLTP)** が適切に処理されるよう設計されたワークロードのみが対応できます。本書執筆時点では、クラウドブローカーのツールの成熟度、分散されるデータベース、ネットワーク遅延を考えると、単一のクラウドプラットフォームのみを使用してクラウドネイティブ・アプリケーションを実行することをお勧めします。

▶コンテナーのアンチパターン

クラウドコンピューティングの世界において、コンテナーはクラウドネイティブ・アーキテクチャを実現するための人気のある手法というだけでなく、急速にマイクロサービス設計の標準となりつつあります。しかし、コンテナーが必ずしも適していないユースケースもあります。具体的には、複数の責任領域でコンテナーを使用する場合です。責任領域（コンポーネントの専門分野）とは、各モジュールまたはクラスが機能の 1 つの部分に対してのみ責任を持つべきであるという概念です。コンテナーが複数の責任領域を持つとは、同じコンテナーで Web サーバーとデータベースが実行されているような場合を指します。サービスのアプローチに従うと、モノリシックシステムを個別のコンポーネントに分割することで、アプリケーションの問題の影響範囲を狭め、独立して

第3章 | クラウドネイティブ・アプリケーションの設計

簡単に展開／スケーリングできるようになります。これは、コンテナーは 1 つのスレッドのみを持つべきであるということではなく、1 つの役割のみを持つ必要があるということです。コンテナーには、永続ディスクを共有したり、相互通信を行う方法がありますが、同じコンテナー内に複数のコンポーネントを配置したり、同じコンテナーに複数の責任領域を持たせることは適切ではありません。簡単にいうと、コンテナーは仮想マシンではないのです。

コンテナーを仮想マシンのように扱うというのは、1 つのコンテナーに複数の責任領域を持たせることだけではありません。コンテナーで SSH デーモン（またはその他の種類のコンソールアクセス）を利用できるようにすることは、そもそものコンテナーの目的に反しています。コンテナーは独立したコンポーネントなので、初期の開発段階の一環としてセットアップ、設定、コードの展開が行われる必要があります。その後、展開用部品となり、リポジトリにプッシュされ、使用されているオーケストレーションツールを介して展開されます。コンテナーへの直接のコンソールアクセスを許してしまうと、変更が可能となり、コンテナーがもはや不変のコンポーネントではなくなってしまいます。その結果、内容の整合性が保証されなくなります。不具合や機能拡張のためにコンテナーを更新する必要がある場合、まずベースのコンテナーに対して修正作業を行い、適切なチャンネルでテストし、リポジトリにプッシュして展開する必要があります。

アプリケーションに複数の責任領域がある場合や、SSH アクセスが可能になっている場合は、コンテナーではなくクラウドインスタンスの仮想マシンの使用を検討します。または、よりクラウドネイティブとするには、アプリケーションを変更して責任領域を分離させるか、CI ／ CD パイプラインを強化して、より迅速かつ一貫性のある展開プロセスを導入します。

3.2.2　サーバーレス

サーバーレスとは、サーバーがないことを意味しているのではなく、サーバーの容量を考慮せずにリソースを使用できることを意味しています。サーバーレスアプリケーションでは、設計チームや運用チームがサーバーをプロビジョニング、拡張、保守する必要はありません。これらすべてはクラウドプロバイダーが行います。このアプローチによって初めて、開発者がコードの記述という最も得意とする業務のみに集中できるようになります。その柔軟性や、本来の業務に集中できるメリットに加えて、サーバーレスアプリケーションには、（コンテナーを含む）従来のアプローチと比較してコスト面でも大きなメリットがあります。一般的に、サーバーレスの価格は、100 ミリ秒の単位で、サービスの実行時間に応じて決定されます。このような短い時間単位でコードを実行するサービスを設計することはマイクロサービスの定義に一致しており、サーバーレステクノロジーを最大限活用できます。

サーバーレスというと、多くの場合サービスとしての関数（Function as a Service）を思い浮かべるでしょう。3 大クラウドプロバイダーは、それぞれ AWS Lambda、Azure Functions、Google Cloud Functions というサービスを提供しています。それぞれの動作はほぼ同様であり、コードを展開してイベントとして実行できます。コードの実行場所を提供することがすべてのサーバーレス設計パターンの中心的な要素とみなされており、そのようなサーバーレスサービスが提供されてい

ます。ですが、サーバーレスのカテゴリに該当する別のクラウドベンダーサービスもあり、これらのプリミティブを組み合わせて、クラウド環境のサブシステムが構築されます。AWSによると、サーバーレスサービスが提供される領域には大きく分けて8つあります。それらは、コンピューティング、APIプロキシ、ストレージ、データストア、プロセス間メッセージング、オーケストレーション、分析、開発者ツールです。これらのカテゴリで1つ以上のサービスを使用することで、複雑なシステム設計を実現できます。従来のサービスと比較して、コストを抑え、スケーラビリティを高めつつビジネス目標を実現できるほか、管理のオーバーヘッドも大幅に削減できます。

▶スケーリング

　サーバーレスアプリケーションは、スケーラブルな仕様となっています。個別のサーバーの容量単位を把握する必要はありません。代わりに、これらのサービスでは、スループットやメモリなどの消費単位が重要となります。消費単位は、アプリケーションのニーズに応じて増減できます。また、関数（AWS Lambdaなど）は短時間（5分以内）で実行されるものなので、「CPUへの負荷が大きいときにアプリケーションがクラウドサーバーインスタンスに展開される」といった自動的なスケーリングは行われません。関数はイベントとして実行される設計となっているので、そのイベントが発生するたびに関数がトリガーされ、1回だけ実行されて終了します。

　このように、関数のスケーラビリティは、イベントによってトリガーされ、短時間だけ実行されるという仕組みによって確保されます。自動スケーリンググループを介してインスタンスを追加するのではありません。関数は、多くの場合、メッセージがキューやストリームに配置されたときなど、イベントソースによってトリガーされるように設計されます。このようなイベントは、1秒間に数千回の単位で生じることがあります。

　たとえば、Apacheを実行し、Webアプリケーションのフロントページを提供する典型的なWebサーバークラスターを考えます。ユーザーがこのサイトにリクエストを送ると、ワーカースレッドが作成され、ページがユーザーに提供されて、やり取りが行われるのを待機します。ユーザー数が増えると、さらにスレッドが作成され、最終的には、インスタンスの全容量が使用されることになり、インスタンスの追加が必要になります。追加のインスタンスは、自動スケーリンググループによってインスタンス化され、さらに多くのユーザーに対応できるように追加のスレッドが提供されます。この設計により、ユーザー数が増えてもリクエストに対応できますが、必要となるリソースを最大限生かすのではなく、必要に応じて使用するインスタンスを作成します。ユーザー企業へは、実行した時間によって分単位で請求が行われます。これと同じ設計をAPIプロキシと関数を使用して行っても、ユーザーに対して動的にサービスを提供できます。スレッドまたは関数は呼び出されたときにのみ実行されて終了するので、ユーザー企業は実行あたりの料金を100ミリ秒単位で支払います。

第3章 ｜ クラウドネイティブ・アプリケーションの設計

▶サーバーレスの使用パターン

　サーバーレステクノロジーの利用方法は、システムの作成に携わる設計チームの想像力によって無限に広がります。サーバーレスで実現できる設計の幅を広げるような新しい手法が毎日開発されており、クラウドプロバイダーは速いペースでイノベーションを推進しているので、この分野では刻々と新しい機能やサービスが登場しています。数年にわたって成熟度が高められてきた結果、Web ／バックエンドアプリケーション処理、データ／バッチ処理、システム自動化が、中心的なサーバーレスの設計パターンとなっています。

Web ／バックエンドアプリケーション処理

　従来型の３層アプリケーションアーキテクチャと比較すると、この設計パターンについて最も簡単に理解できます。長年にわたって、スケーラブルな Web アプリケーションを構築する際にはロードバランサー、Web サーバー、アプリケーションサーバー、データベースをセットアップする方法が主に使用されてきました。このような設計をサポートする多くのサードパーティのツールや手法があり、適切に設計すると、アプリケーションで発生するトラフィックのスパイクに合わせて規模を拡大／縮小できる、フォールトトレラントなアーキテクチャを実現できます。この方法の問題は、クラウドネイティブサービスをフルに活用しておらず、「容量計画」や「環境を管理するスタッフ」「クラスターを適切にセットアップしてフェイルオーバーを行うための多くの設定」に依存していることです。サーバーレステクノロジーを使用することで、まったく同じ３層構造のアプリケーションを設計できます。サーバーレスでは、管理／実行／フォールトトレランス／その他の運用がサービスによって自動的に行われ、コストも大幅に削減できます。

　３層構造のアプリケーション全体は、サーバーレスを使用して実装できます。静的なフロントエンドページは、オブジェクトストレージである Amazon S3 を使用してホストします。ユーザーがブラウザから呼び出すと、ページが提供されます。このサービスには、ページを提供する機能が備わっており、あらゆる負荷分散や処理能力の要件に自動的に対応できます。Web サーバーをセットアップして Web アプリケーションをホストする必要はありません。ユーザーがページとやり取りを行い、動的な処理が必要になると、Amazon API Gateway に対して API 呼び出しが行われます。Amazon API Gateway は、AWS Lambda 関数を介してユーザーのリクエストを動的に実行する、コード実行のスケーラブルなエントリポイントとなります。API が呼び出されるごとに、AWS Lambda 関数が呼び出されます。AWS Lambda 関数では、任意のアクションを実行できます。その種類は無限といえるでしょう。このユースケースでは、たとえば関数で Amazon DynamoDB テーブルを更新して、データを永続化します。フォークされた関数により、他のバックエンド機能を実行することもできます。たとえば、キューにメッセージを登録したり、トピックを更新して追加のメッセージングを実行したり、システムの要件に対応するまったく新しいサブシステムバックエンドを実行したり、といったことです。

データ／バッチ処理

　クラウドを使用する最も大きなメリットの 1 つは、大量のデータを迅速かつ効率的に処理できることです。データの処理には、大きく分けて、リアルタイム処理とバッチ処理があります。前の例と同様に、これらの各パターンも長年使用されており、従来型のツールやアプローチを使用しても実現できます。しかし、サーバーレスを追加することで、スピードを上げ、コストを削減できます。

　ソーシャルメディアのデータストリームをリアルタイムで処理／分析したり、より手軽にすべての Web アセットのクリックストリーム分析を実行して広告のための分析を行ったりできます。ストリームまたはクリックストリームは、ストリーミングデータサービスである Amazon Kinesis で提供されます。Amazon Kinesis は、要件に基づき、処理／分析対象のデータに対して少量ずつ Lambda 関数を実行します。その後、Lambda 関数は、センチメント分析（ソーシャルメディアストリームの場合）や人気のある広告のクリック（クリックストリームの場合）など、重要な情報を DynamoDB テーブルに保存します。メタデータがテーブルに保存された後、追加のサーバーレスサービスを使用して、別のサブシステムとしてレポート／分析／ダッシュボードを設計／実装できます。

　バッチデータ処理の実現方法の例として、オブジェクトストレージである Amazon S3 にバッチ処理対象ファイルが配置される例を考えます。バッチ処理対象ファイルには、任意のファイルを使用できます。そのファイルは、データ処理実施中に何らかの処理や変更が必要となる、画像、CSV ファイル、その他の BLOB などです。ファイルがオブジェクトストアに配置されると、AWS Lambda 関数が実行され、目的に従ってファイルが変更されます。ファイルのデータを使用する他のサブシステムを実行したり、画像を変更してサイズを変更したり、さまざまなデータストアのデータを更新したりといったバッチ処理が可能です。この例では、DynamoDB テーブルを更新して、メッセージをキューに登録し、通知がユーザーに送られます。

システム自動化

　他に人気のあるサーバーレス設計パターンとして、一般的な環境のメンテナンス／運用の実行があります。完全な自動化を実現するという CNMM の要件に従い、システムで必要になるタスクを関数で実行できます。自動化によって、成長と整合性を保ちつつ重要なタスクを確実に実行できることに加え、成長する環境をサポートするために、規模に比例して運用チームを拡大する必要もありません。これらの管理タスクを実行するサービスの実装方法は、要件に基づいて運用チームが自由な発想で決定できます。

　一般的な管理タスクでのユースケースとしては、すべてのアカウントのすべてのインスタンスで定期的に次のような処理を実行する関数があります。その処理とは、適切にタグ付けを行って、適切なサイズのインスタンスリソースを割り当て、使用されていないインスタンスを停止し、接続されていないストレージデバイスをクリーンアップするといったことです。定期的な管理タスク以外には、サーバーレスアプリケーション設計をセキュリティ管理に使用することもできます。ストレージまたはディスクに格納されるオブジェクトの暗号化の実行／検証、ユーザーポリシーが正し

第3章 | クラウドネイティブ・アプリケーションの設計

く適用されていることの確認、インスタンスや他のシステムコンポーネントに対するカスタムコンプライアンスポリシーのチェックの実行などが、関数を使って可能です。

▶サーバーレスのアンチパターンと注意事項

クラウドネイティブ・アーキテクチャで成功を収めるために、サーバーレスがますます重要になっています。この分野では常にイノベーションが起こっており、今後何年にもわたってその傾向は続くでしょう。しかし、サーバーレスのアーキテクチャには適さないパターンもあります。たとえば、関数では短時間（5分以内）の実行が想定されていることを考えると、実行に長い時間がかかるリクエストは適切ではありません。使用する関数サービスで想定されている時間よりも長いリクエストの場合は、コンテナーが代替の選択肢となりえます。コンテナーには、関数のように実行時間の制限がないためです。

サーバーレスで注意が必要なもう1つの例は、イベントソースの動作が予期したものと異なり、想定したよりも多くの関数がトリガーされる場合です。従来からあるサーバーインスタンスのアプリケーションでは、このような状況が発生するとすぐにCPU使用率が100%となり、このアプリケーションが停止するまでインスタンスを利用できない状態となってしまいます。サーバーレス環境では、各関数が独立した単位になっているので、処理が停止することはありません。たとえ、想定よりも多くの処理が実行されることが望ましくなくても、停止しません。その場合、運が良ければその関数のコストが上がる程度で済みますが、最悪の状況では、関数の処理内容によってはデータの破損や損失が生じる可能性もあります。このような状態を防止するには、トリガーがその関数にとって適切かをテストする必要があります。さらに、フェイルセーフとして、その関数の合計呼び出し数についてのアラートを設定することをお勧めします。関数が想定を超えて呼び出された場合は運用チームに通知が送られるので、人間の手で処理を停止できます。

クラウドベンダーのサービスについて理解し、どの組み合わせで動作するかを把握しておくことも重要です。たとえば、AWSサービスによっては、Lambda関数をトリガーするものとしないものがあります。Amazon Simple Notification Service（Amazon SNS）は、メッセージがトピックに登録されるたびにLambda関数を呼び出しますが、Amazon Simple Queue Serviceは呼び出しません。したがって、各サービスの組み合わせについて理解し、いつ関数が呼び出され、いつカスタムソリューション（関数の代わりにインスタンスにリスナーを用意するなど）が必要になるかを把握することで、最適な方法でサブシステムを連携させることができます。

3.3 開発フレームワークとアプローチ

水平方向にスケーラブルなアプリケーションをクラウドで設計する場合、そのための多くのフレームワークやアプローチがあります。各クラウドプロバイダーは、それぞれの特性に適した独自

のサービスやフレームワークを提供しています。第9章では、AWSで提供されているサービスの概要について説明します。第10章では、Microsoft Azureでのアプローチについて説明します。第11章では、Googleのクラウドに最適なパターンとフレームワークについて説明します。これらは似ている部分も異なる部分もあり、各ユーザーの設計チームによって実装方法も異なります。

3.4　まとめ

　本章では、設計原則としてマイクロサービスやサーバーレスコンピューティングを使用したクラウドネイティブ・アーキテクチャ開発について詳しく説明しました。SOAとマイクロサービスの違い、サーバーレスコンピューティングの内容、サーバーレスコンピューティングをクラウドネイティブ・アーキテクチャにどのように適用できるかについて学びました。次の章では、テクノロジースタックを効果的に選択する手法について学習します。

☆MEMO☆

CHAPTER 4 :
How to Choose
Technology Stacks

第4章 テクノロジースタックの選択方法

　クラウドコンピューティングの世界は広大で、支配的な数社のクラウドベンダーが存在する一方で、エコシステムには、クラウド導入の取り組みに欠かせないそれ以外の要素も存在しています。では、ユーザー側は利用するクラウドベンダーをどのように決定すればよいでしょうか。どのような種類のパートナーを検討すべきでしょうか。そのパートナーはどんなサービスを提供してくれるでしょうか。クラウドでは、調達のあり方は変わるでしょうか、それとも今までと同じでしょうか。サービスの管理はどの程度クラウドベンダーに任せればよいでしょうか。これらはすべて、クラウド導入の際に当然生じうる、重要な疑問です。本章ではこうした疑問の答えを見つけることができます。

4.1　クラウドテクノロジーのエコシステム

　クラウドのエコシステムとその利用方法について検討することは、クラウドネイティブに向けた取り組みにおいて非常に重要なステップです。この取り組みをともに進めるパートナーとしては、大きく分けてクラウドプロバイダー、独立系ソフトウェアベンダー (ISV) パートナー、システムイ

第4章 | テクノロジースタックの選択方法

ンテグレーターという3つの種類が考えられます。これらのパートナーは企業内の担当スタッフと協力し、クラウドコンピューティングによるビジネス変革を担わせるための、人、プロセス、テクノロジーの基盤を構築します。

4.1.1 パブリッククラウドプロバイダー

本書では、企業がITリソースを利用する際に選ぶパートナーとして今後主流になると思われる、パブリッククラウドプロバイダーに重点を置いて説明しています。現在のような形態のクラウドは、2006年にAmazon Web Services（AWS）が最初のパブリックサービス（Amazon Simple Queueing Serviceおよび Amazon Simple Storage Service）をリリースしたときから始まりました。それ以降、仮想サーバーインスタンス、仮想ネットワーク、ブロックストレージ、その他基盤となるインフラストラクチャサービスで非常に速いペースでイノベーションが行われ、機能が追加されてきました。2010年に、MicrosoftがAWSと似た機能を持つAzureをリリースし、この分野で勝負を挑みます。その間、Googleもプラットフォームサービスのリリースを始め、最終的に現在のようなGoogle Cloud Platformにまで進化しました。

他にもニッチな専門分野を持っていたり、独自のアプローチで顧客の要件に対応したりするクラウドプロバイダーも存在しますが、上述の3社が世界のクラウドサービス市場において圧倒的なシェアを握っています。最初にクラウドベンダーについて調査するときは、1つのベンダーに決めるのは難しいように思えます。これは、あまり大きなシェアを握っていないベンダーでも、実態よりよく見せようと、まったくクラウドとはいえないサービスを含めて「クラウド関連の収益を大きく上げている」とか、「大きなシェアを握っている」と誇大宣伝していることが主な理由です。クラウドにはさまざまな定義の仕方があり、何を「クラウド関連の収益」とするのかの規定もないため、それぞれの企業は、自社のサービスを都合のいいように宣伝します。そのため、ベンダーを決める際には、それぞれの提供サービスの充実度、対応可能なスケールの大きさを把握することが重要になります。先ほど挙げた主要クラウドベンダー3社は、優れた基盤サービス（「サービスとしてのインフラストラクチャ」「IaaS」と呼ばれます）を提供し、さらに付加価値の高いマネージドクラウドプラットフォーム（「サービスとしてのプラットフォーム」「PaaS」と呼ばれます）に移行してきました。こうしたプラットフォームには、データベース、アプリケーションサービス、DevOpsツール、人工知能／機械学習などのあらゆるサービスが含まれています。

クラウドベンダーを選ぶ際に考慮すべき基準はいくつかありますが、使い慣れているテクノロジーを利用できるかどうかもその1つです。他に検討すべき基準には、以下のようなものがあります。

- **スケール**：いつでもどこでもスケールの柔軟性が提供されることが重要となります。当面は、グローバルなスケールでクラウドリソースを利用したり、単一の地域で大規模にスケールアウトしたりといったことが必要のない場合でも、こうしたスケーリングに対応できることを基準にベンダーを選ぶとよいでしょう。そのようなベンダーは間違いなく、成長を続け、イ

82

ノベーションを推進する経験、資金力、意欲を持っています。

- **セキュリティとコンプライアンス**：すべてのクラウドベンダーは、セキュリティを最優先事項とする必要があるので、セキュリティを重視しておらず、多数のコンプライアンス認証を取得していないベンダーは選ばないのが賢明です。セキュリティを優先するベンダーを選びましょう。

- **機能の豊富さ**：イノベーションのペースは加速し続けており、クラウドベンダーは、数年前には考えられなかった分野にも取り組み始めています。機械学習、ブロックチェーン、サーバーレス、その他の新しいテクノロジーなど、さまざまな分野で継続的にイノベーションを推進していることがベンダーを選ぶときの基準となります。

- **価格**：価格だけでベンダーを選んではいけませんが、それでも価格は重要な基準になります。一般的に認識されているように、クラウドベンダーの市場では価格面で「底辺への競争」は起こっていません。低い価格でサービスが提供されているのは、スケールとイノベーションによって価格が引き下げられ、利用者に還元されているからです（スケールが重要なのにはこのような理由もあります）。大手クラウドベンダー 3 社は、現在いずれも高い価格競争力を持っていますが、サービスの価格を継続的に確認することが重要です。

Gartner は、クラウドベンダー市場の詳細な分析を長年行っています。Gartner のクラウドインフラストラクチャサービスについてのマジッククアドラント[1] の最新版は、以下の URL で確認できます。

https://www.gartner.com/doc/3875999/magic-quadrant-cloud-infrastructure-service

4.1.2　独立系ソフトウェアベンダーとテクノロジーパートナー

クラウドベンダーはクラウドネイティブ戦略の基盤を提供する企業ですが、独立系ソフトウェアベンダー (ISV) およびテクノロジーパートナーは、**クラウドネイティブ**に向けた取り組みについてコアコンピテンシーを持っています。多くの場合、クラウドベンダーはそれぞれのプラットフォームにネイティブなツールを提供しており、ユーザーのニーズに的確に応えます。しかし、さまざまな理由からすべての要件には対応できないため、ISV やテクノロジーパートナーが必要になります。クラウドベンダーが、特定の問題を解決できる具体的なサービスを提供している場合でも、ユーザーはさまざまな理由からサードパーティのツールを使用することを選びます。1 つには、サードパーティのツールは、長い間使われてきた製品にクラウドを取り入れているので、成熟度が高く、機能が豊富なことが挙げられます。また、企業が特定の ISV との広範囲にわたる関係を築いていたり、特定の ISV の製品を使用するためのスキルセットを持っていたりする場合は、それらの ISV を

---

[1]　マジッククアドラントとは、ある市場の競合企業を、チャレンジャー、リーダー、特定市場指向型、概念先行型の 4 つに分けて、市場分析を行うこと。

第4章 | テクノロジースタックの選択方法

活用するとクラウド導入の取り組みをスムーズに進めることができます。さらに、クラウドベンダーが問題解決に必要なサービスを提供していない場合も多くあります。そのようなときは、サードパーティベンダーを使えば、新たに機能を開発し直さなくても問題を解決できます。

市場全体でクラウドコンピューティングの成熟度が高まっているので、従来から存在するISVの大部分がクラウド戦略を導入しています。これらのISVは、他の企業と同様に、クラウドサービスを提供するベンダーの評価に多くの時間と労力を費やしており、いずれか1つのベンダーに標準化しています（製品の種類によっては複数のベンダーを使用する場合もあります）。ISVの製品を使用する一般的なモデルとして、ユーザー管理型の製品を展開する場合や、サービスとしてのソフトウェアがあります。一般的に、どの価格モデルを選択するかはISVやテクノロジーパートナーが決定し、その決定はユーザーに提示される従量課金モデルに直接関係します。

▶ユーザー管理型の製品

ユーザー管理型の製品には、ISVが新規に作成した製品の場合と、既存の製品をクラウドベースのモデルに移行したものがあります。多くの場合、ISV自身もクラウドネイティブ・アーキテクチャ導入に向けて大きく取り組みを進めており、そのうえで製品をエンドユーザーに販売します。最もシンプルな形態では、1つ以上のクラウドベンダー向けに製品がテストされ、意図どおりに動作することが確認されており、ユーザーは、オンプレミスと同じようにその製品をインストールして設定できます。このようなアプローチの例として、SAPやさまざまなOracle製品があります。より複雑なシナリオでは、ISVは製品を再設計し、クラウドベンダーのネイティブなサービスやマイクロサービスを利用して、同じ製品をオンプレミスで使用した場合には実現できないレベルのスケール、セキュリティ、可用性を実現します。ISVがいずれのアプローチを採用する場合でも、適切な製品を選択するには、機能と価格モデルを慎重に評価し、可能なら類似するクラウドベンダーのサービスと比較して、クラウドネイティブ・アーキテクチャで必要となるスケーラビリティとセキュリティを備えていることを確認します。

▶サービスとしてのソフトウェア

ISVおよびテクノロジーパートナーは、ユーザーにとっての利便性を高めるため、自社の製品を使用量に基づくサービスの形で提供できるように、根本から設計し直しています。このため、ISVは特定のクラウドベンダーのプラットフォームを基盤としてサービスを開発します。この場合、ユーザーは、提供されるソフトウェアを利用できますが、基盤となるクラウドベンダーのインフラストラクチャやサービスにはアクセスできません。非常に規模の大きいISVは、超大規模なクラウド管理をコアコンピテンシーとしているので、独自のプライベートクラウドまたはオンプレミス環境を稼働させ、それらをユーザーが選択したクラウドサービスと統合する方法をとることが多くあります。

サービスとしてのソフトウェア（SaaS）は間違いなくクラウドコンピューティングですが、大手

84

クラウドベンダーのコアコンポーネントではないので、大部分のワークロードを設計する際のクラウドベンダーの評価基準としてはいけません。一部の大手クラウドベンダーも、ISVと同様にクラウドで実行するSaaSアプリケーションを提供しており、統合の手段として検討することはできます（Office 365、LinkedInなど）。

　ただし、SaaSベンダーは、ユーザーがどのようなクラウドを選択しても、直接ユーザーに対してサービスを提供できるので、多くのユーザーにとってはクラウドネイティブに向けた取り組みにおいて重要な役割を果たします。SaaSのサービスを使用する場合、カスタム設計のクラウドネイティブワークロードとともに、ユーザーのワークロードおよびデータストアをSaaSと統合する方法が一般的に使用されます。代表的なSaaSサービスの例として、SalesforceやWorkdayなどがあります。これらのサービスは、企業システムと統合できる非常に高度なビジネスロジックを提供します。

　SaaSのバージョンに加えて、ISVまたはテクノロジーパートナーが提供する自己管理型のバージョンを調達して、任意のクラウドに同じ機能を展開できるサービスもあります。ISVがこのようなサービスを提供するのには、いくつかの理由があります。ユーザーがデータを自社環境で保管したい場合や、製品を自社環境で管理したい場合、またはユーザーが製品を使用するためのライセンスをすでに持っている場合は自己管理型のバージョンを使用するでしょう。迅速な移行を必要とし、使用中のソフトウェアがないユーザーの場合は、直接SaaSバージョンを導入して、既存のシステムと統合する作業のみを行うでしょう。結局のところ、ISVやテクノロジーパートナーはユーザーが求めるものを考えてサービスを提供しています。ベンダーを選択する際は、これらの点について検討することが重要になります。

4.1.3　コンサルティングパートナー

　コンサルティングパートナー、または**システムインテグレーター (SI)** は、ITの登場以来の長きにわたって存在しています。多くの企業では、スキルを高めて新しいテクノロジーを導入するだけの時間やリソース、または意欲がなかったり、ビジネス要件に基づく要求に対応できるだけのスタッフを用意できなかったりするため、SIが企業に代わってそのギャップを埋める役割を果たします。したがって、これらのSIパートナーは、すぐに成果を上げ、プロジェクトを推進し、ビジネス上の結果をもたらすことのできる優秀なコンサルタントによって、ギャップを埋め、企業の俊敏性を向上させる手助けをします。このようなパートナーの形態や規模はさまざまで、企業との関係も、その企業のビジネスの進め方に応じて、単発の取引から戦略的で長期にわたるものまで多岐にわたります。

　一般的に、SIパートナーにはニッチなパートナー、特定の地域に特化したパートナー、グローバル／大規模パートナーがあり、それぞれに企業の取り組みにおける役割があります。

第4章 | テクノロジースタックの選択方法

▶ニッチな SI パートナー

ニッチなパートナーとは、特定のテクノロジー、クラウド、または専門分野に非常に特化したサービスを提供する企業です。多くの場合、このようなパートナーは比較的規模が小さいものの、それぞれの分野で経験豊富な専門家を擁しており、大規模プロジェクトで特定の分野の専門家として活用されたり、専門分野の特定のプロジェクトの遂行を任されたりします。クラウドコンピューティングが発展してきている現在、特定のクラウドベンダーにコアコンピテンシーを持つニッチな SI パートナーや、1 つまたはすべてのクラウドベンダーの特定のサービスに特化した SI パートナーもいます。ユーザーの要件に応じてニッチなパートナーを選択する際、その規模は重要ではありません。関連分野での技術的な専門性が重要となります。ニッチな SI パートナーを評価する場合は、各テクノロジーについての個別のリソースの認証、実施にかかる所要時間、類似のプロジェクトについての過去の実績情報などを考慮する必要があります。ニッチな SI パートナーは、クラウドネイティブな設計とアーキテクチャ、ビッグデータのアーキテクチャとデータ構造要件、さらに特定の業種や要件に対応したセキュリティおよびコンプライアンスなどについてコンサルティングを行うことができます。

ニッチな SI パートナーの利用が適さないアンチパターンとしては、SI パートナーのコアコンピテンシー分野を超えた範囲でのコンサルティングがあります。

▶地域的 SI パートナー

地域的 SI パートナーは、特定の場所や地域で運営されている企業によく利用されます。地域的 SI パートナーは、特定の場所や地域にすべてのリソースを擁していることが一般的だからです。これらのパートナーは、経営幹部レベルでの関係を持つ戦略的パートナーであることが多く、ユーザーの戦略策定を支援し、ユーザーのリソースを使用して特定のプロジェクトの遂行をサポートします。一般的に、地域的 SI パートナーは技術的な深い専門知識と、ユーザーのために大規模で複雑なプロジェクトを遂行できるだけのスケールを併せ持っており、プロジェクト管理、技術アーキテクチャ、開発、テストをサポートします。あらゆるパートナーと同様、地域的 SI パートナーも、多くの場合、特定の業種、テクノロジー／クラウド、他社と差別化できる専門分野に注力しています。また、ユーザーのニーズに迅速に対応できるので、クラウドネイティブに向けた取り組みの成否を左右するともいえます。こうした地域的 SI パートナーの例として、Slalom があります。

地域的 SI パートナーの利用が適さないアンチパターンとしては、数千人におよぶスタッフが必要となるグローバルな取り組みや、企業の超長期的な戦略的展望に基づく取り組みがあります。

▶グローバル SI パートナー

グローバル SI パートナーは、最も大規模で、長期間にわたる非常に複雑なプロジェクトをサポートできるスケールと能力を有しており、人気があります。その名前が示すとおり、グローバル SI パートナーは世界中のほとんどの国で運営され、あらゆる地域で大きな存在感を持っています。初期の

ころから、グローバル SI パートナーは企業の規模の大小にかかわらず、IT の運用／設計／戦略／提供の外部委託で大きな役割を果たしてきました。企業はこのようなパートナーを利用することで、重要な業務に集中できます。グローバル SI パートナーは多くの場合、役員会レベルでの関係を持ち、企業の数十年にわたる長期的な戦略目標に携わり、ユーザーの要件に基づいてリソースやテクノロジーを提供します。グローバル SI パートナーは、複数のクラウドプロバイダー、地域、テクノロジーにわたる複雑なグローバル展開を実施します。クラウドネイティブに向けた取り組みをサポートするグローバル SI パートナーの例として、Accenture があります。

　グローバル SI パートナーの利用が適さないアンチパターンとしては、スケールほどに品質が優先されない場合や、より小規模なリソースでグローバル展開しても問題ないような場合があります。さらに、これらのパートナーはグローバルにサービスを提供しているため、ユーザーが事業を運営していない地域で重要なプロジェクトが提供されることも多く、調整が複雑になる場合があります。

4.2　クラウドにおける調達

　クラウドがこれほど普及し、クラウドネイティブ・アーキテクチャがワークロード設計の標準的な方法になっている理由の 1 つは、クラウドの調達および従量課金モデルです。従来のように**設備投資 (CapEx)** としてではなく、**運用コスト (OpEx)** として調達でき、企業における「収益」「税」「長期的な資産の減価償却」の処理方法に大きく影響します。ただし、これは組織における IT リソースの調達に、クラウドが与える影響の一部でしかありません。

　クラウドベンダーが従量課金モデルに移行したことにより、ISV もそれに合わせてビジネスモデルを構築できるようになりました。そのため、選択したクラウドベンダーのサービスとともに ISV の製品を利用することが容易になりました。この変化は、ISV の製品を利用する企業が ISV と締結する契約にも大きな影響を与えます。ソフトウェアを実行する CPU 数に基づいて長期契約を結ぶのではなく、実際の使用量に対してだけ支払うことで、全体としての請求金額を抑えることができます。サードパーティの ISV の調達モデルが変わるだけでなく、多くのクラウドベンダーがクラウドマーケットプレイスを提供しています。ISV は、マーケットプレイスで、自社製品を掲載したデジタルカタログを作成できるので、ユーザーにソフトウェアを検索／テスト／購入／展開してもらいやすくなります。

　このような変化により、ビジネス要件に適した、ビジネス上の問題を解決できるサービスをすばやく見つけられるようになり、ユーザーの調達行動が根本から変化しています。

4.2.1　クラウドマーケットプレイス

　クラウドベンダーが用意したマーケットプレイスを使用して、ビジネスに必要なクラウド上のソフトウェアを検索して調達するようにすれば、いつでも必要なツールを導入できるようになります。

第4章 | テクノロジースタックの選択方法

ユーザーが目指しているのは、新規ワークロードの開発、または既存のワークロードのクラウドへの移行であり、ワークロードを移行する場合には最新のテクノロジーに対応させたうえで、スリム化したチームで大規模に管理を行いたいと考えています。企業の規模が大きくなるほど、さまざまな利害関係者、ビジネスユニット、顧客セグメントが関係してくるので、ビジネス要件は複雑になります。ISV の製品を調達する場合、適切な法的契約条件、サイジング要件、請求モデルなどを定めるために、多くのスタッフと十分な時間が必要になります。クラウドベンダーのマーケットプレイスを利用すれば、このような面倒な作業をできるだけ少なく抑えつつ、必要なソフトウェアを必要なときに使用できるようになります。

　成熟したマーケットプレイスには、あらゆるカテゴリの数千にもおよぶさまざまなソフトウェアパッケージから選べるものもあります。ボタンをクリックするか、API を呼び出すだけで、ISV の製品を購入し、ユーザーのクラウドランディングゾーンに展開できます。必要なときに、わずか数分でソフトウェアを展開し、テストして、環境に統合できます。クラウドマーケットプレイス経由でソフトウェアを調達すると、ベンダーの仕様にしたがって確実に設定／強化できるというメリットもあります。通常、マーケットプレイスから調達したソフトウェアは、ほとんど設定を行わなくてもそのまま使用できます。設定がまったく必要ない場合もあります。使用したクラウドサービスについては、別途従量制で支払います（インスタンス、ストレージ、ネットワークの使用量のコストなど）。ほとんどの場合、ソフトウェアの代金は、クラウドベンダーからの請求書の従量課金明細項目として請求されます。

▶マーケットプレイスとサービスカタログ

　多くのクラウドベンダーは、サービスカタログ機能を用意しています。サービスカタログには、あらかじめ作成したアプリケーションスタックや複雑なソリューションが保管されていて、適切な権限を持つユーザーは必要なときにそれらを展開できます。サービス設計チームは、マーケットプレイスとサービスカタログ機能を組み合わせて使用することで、適切なソフトウェアを選択し、カタログの場所にステージングして、企業のガイドラインに従って展開したり、運用チームに展開を依頼したりすることができます。以下の図は、マーケットプレイスとサービスカタログが企業の調達戦略にどのように関係するかを示しています。

4.2 クラウドにおける調達

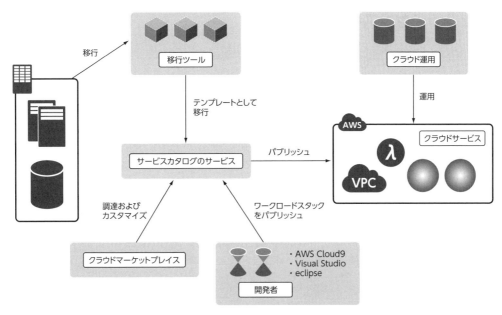

マーケットプレイスとサービスカタログ

　この例でサービスカタログは、ユーザー企業にとって中間的な場所として機能しています。具体的には、企業がカスタムの開発パターンをパブリッシュする場所として、クラウドマーケットプレイスのソフトウェアを調達する場所として、クラウドランディングゾーンにプッシュする前のオンプレミスのワークロードの移行先として、です。

▶クラウドマーケットプレイスのアンチパターン

　クラウドマーケットプレイスは、企業が長期にわたる交渉をほとんど、あるいはまったく行わずにソフトウェアを調達できる強力なツールです。また、新しいソフトウェアをテストして、初期費用をほとんどかけずにビジネス上の問題をたやすく解決できるかどうかを判断できます。しかし、マーケットプレイスの利用が適さない場合もあります。たとえば、企業がISVとすでに長期の戦略的関係を築いており、カスタムのパッチやその他特定の製品を提供されている場合は、それらのソフトウェアを展開するほうがよいでしょう。また、企業のユースケースが非常に複雑で（規模が大きい、追加のセキュリティが必要になるなど）、かつその企業が自身による展開にコアコンピテンシーを持っているような場合は、マーケットプレイスを使用せずに、ソフトウェアソリューションを自社で設計／展開したほうが効率的です。

89

第4章 | テクノロジースタックの選択方法

4.2.2 ライセンスの考慮事項

前の節では、調達に関するいくつかの考慮事項を指摘し、一般的な従量課金モデルについて説明しました。一般的に、クラウドベンダーサービスのコストは、ライセンス料というよりは、使用量に対する支払いです。しかし、使用するソフトウェアによっては、追加のライセンス費用が必要になることがあります。従来、ソフトウェアライセンスのコストモデルは、ソフトウェアをインストールするCPUまたはコアの数に基づき支払う形をとっていました。ベンダーは、CPUやコアの数によってソフトウェアの使用量を把握していました。ユーザーがハードウェアに対して多額の設備投資をあらかじめ行い、どのサーバーでどのソフトウェアが実行されるかを正確に把握できていた従来のシステムでは便利なライセンス形態でした。しかし、弾力性の高いクラウドの登場により、このモデルが通用しなくなりました。では、クラウドのユーザーはソフトウェア使用に対するライセンス費用をどのように払うのでしょうか。ISVは、クラウドでもソフトウェアの使用量によって費用を請求する必要があり、そのため一般的に使用量についての主要指標を利用して料金を計算しています。クラウドで一般的に使用される指標には以下のようなものがあります。

- ネットワークスループット、ストレージ量、その他の物理コンポーネント。使用されたネットワークトラフィック量、ストレージのギガバイト（GB）数、その他CPU以外のハードウェアに関する指標により、使用量を測定して請求します。

- ホストごと。クラウドにおいてもサーバーインスタンス数の考え方はまだ人気があり、今後も長く用いられると思われます。ソフトウェアによっては、ホストごとの料金を請求するだけで、ソフトウェアの使用量を十分正確に測定できる場合があります。時間単位（何時間使用したか）で請求することで、柔軟性を持たせます。CPUの数には関連付けられません。

- クラウドベンダーの支出の一定割合。監視やエンドポイントセキュリティなど、クラウドランドスケープ全体で使用されるソフトウェアについては、ベンダーは、ユーザーに提供するクラウド全体の支出額の一定割合を請求することがあります。これにより、拡大や縮小の効果を弾力的にISVへの支払いに反映させることができます。

- トランザクション単位。ISVによっては、トランザクションレートが非常に高く、個々のトランザクションのサイズは非常に小さい場合があります。このような場合は、トランザクション数を測定し、トランザクションごとに少額の費用を請求することで、ユーザーに対して弾力的に従量課金モデルを適用できます。

▶クラウドベンダーの価格モデル

テクノロジーサービスを購入する場合は、購入対象それぞれについての価格設定指標を十分に理解する必要があります。特に、ごく最近登場したばかりのサービスや、価格設定の難しいサービスに複雑な価格モデルを設定しているクラウドベンダーを利用する場合は、十分理解しておくことが重要です。クラウドベンダーが提供するテクノロジーサービスの多くは、新しいものであったり、従来の機能が新しい形で提供されたりするものなので、価格設定メカニズムが従来とは大きく

90

異なり、サービスの使用量を正確に把握することが求められるようになっています。サービスの使用量を把握することで、想定外の金額が請求されるのを防ぐことができます。仮想インスタンスやBLOB ストレージなどの基本的なインフラストラクチャサービスでは、価格設定指標は時間ごと、または月ごとで計算され、サイズが大きくなるごとにレートが高く設定されています。しかし、マネージドクラウドサービスでは、価格がさらに複雑になることがあります。以下に、クラウドネイティブなマイクロサービスアーキテクチャで使用される人気の AWS サービスから、AWS Lambdaと Amazon DynamoDB の例を示します。

　価格体系が複雑で多くの選択肢があるので、設計チームはアーキテクチャにおいてこれらのサービスをどのように使用するかをよく把握しておかなければなりません。システムのスケーラビリティが非常に高いと、トランザクションのサイズ、関数の実行時間、その他の要素が少し変わっただけで請求金額が大きく増える危険性があります。

例 - AWS Lambda の価格

　ここに示す AWS Lambda の価格例は、AWS のサービス価格ページから直接引用したものです。追加の詳細情報については、価格ページ[2]をご覧ください。

　Lambda では、コンソールからのテスト呼び出しを含め、イベント通知または呼び出しに対して実行を開始した回数をリクエストとしてカウントします。すべての関数の合計リクエスト数に対して請求が行われます。

　実行時間はコードの実行が開始された瞬間からコードが返されるか中止されるまでで計算され、100 ミリ秒単位で切り上げられます。料金は関数に割り当てたメモリ量によって異なります。

　以下の表に、無料利用枠の秒数と、さまざまなメモリサイズにおける 100 ミリ秒ごとのおおよその価格を示します（米国東部・バージニア北部のレート）。

メモリ（MB）	1 か月の無料利用枠の秒数	100 ミリ秒単位の価格（$）
128	3,200,000	0.000000208
192	2,133,333	0.000000313
256	1,600,000	0.000000417
320	1,280,000	0.000000521
...	...	...
512	800,000	0.000000834
...	...	...
1024	400,000	0.000001667
...	...	...
2,816	145,455	0.000004584
2,880	142,222	0.000004688
2,944	139,130	0.000004793
3,008	136,170	0.000004897

※ 2　https://aws.amazon.com/jp/lambda/pricing/

第４章 ｜ テクノロジースタックの選択方法

価格例１：

関数に512MBのメモリを割り当て、１か月に300万回実行し、毎回の実行時間が１秒間だった場合、料金は以下のように計算されます。

- １か月のコンピューティング料金
  - １か月のコンピューティング価格は1GB・１秒につき $0.00001667 で、無料利用枠は 400,000 GB
  - 合計コンピューティング（秒）= 3,000,000 ×（１秒）= 3,000,000 秒
  - 合計コンピューティング（GB）= 3,000,000 × 512 MB / 1024 = 1,500,000 GB
  - 合計コンピューティング - 無料利用枠 = １か月の請求コンピューティング GB 1,500,000 GB - 400,000 GB の無料利用枠 = 1,100,000 GB
  - １か月のコンピューティング料金 = 1,100,000 × $0.00001667 = $18.34

- １か月のリクエスト料金
  - １か月のリクエスト料金は 100 万件のリクエストにつき $0.20 で、無料利用枠は１か月に 100 万件
  - 合計リクエスト - 無料利用枠 = １か月の請求リクエスト
  - 3,000,000 件のリクエスト - 1,000,000 件の利用無料枠のリクエスト = 2,000,000 件の請求リクエスト
  - １か月のリクエスト料金 = 2,000,000 × $0.2 / 1,000,000 = $0.40

- 合計月額料金
  - 合計料金 = コンピューティング料金 + リクエスト料金 = $18.34 ＋ $0.40 = $18.74 / 月

例 - Amazon DynamoDB の価格

ここに示す Amazon DynamoDB の価格例は、AWS の価格ページから直接引用したものです。追加の詳細情報については、価格ページ※3 をご覧ください。

メモリ、CPU、その他スループットに影響を与えるシステムリソースを考慮する必要があった従来の NoSQL 展開とは異なり、DynamoDB では目標とする利用率と、テーブルで必要な最低容量と最大容量を指定するだけです。DynamoDB は、目標とする読み込み容量／書き込み容量の使用率を実現するために自動的にリソースをプロビジョニングし、実際の使用状況に基づいて容量を自動的にスケーリングします。テーブルのスループットを手動で管理したい場合は、読み込み容量／書き込み容量を直接指定することもできます。

以下の表に、DynamoDB の価格設定の主な概念についてまとめます。

※3 　https://aws.amazon.com/jp/dynamodb/pricing/

4.2 クラウドにおける調達

リソースのタイプ	詳細	月額料金
プロビジョニングされた スループット(書き込み)	1 書き込み容量単位(WCU:Write Capacity Unit)は、最大で 1 秒あたり 1 回の書き込みを提供。1 か月に 250 万回の書き込みが可能	1WCU あたり $0.47 から
プロビジョニングされた スループット(読み込み)	1 読み込み容量単位(RCU:Read Capacity Unit)は、最大で 1 秒あたり 2 回の読み込みを提供。1 か月に 520 万回の読み込みが可能	1RCU あたり $0.09 から
インデックス化された データストレージ	DynamoDB は、テーブルが消費するディスク領域について、1GB あたりの 料金を 1 時間ごとに請求	1GB あたり $0.25 から

[**手動でのプロビジョニングの例**] 米国東部(バージニア北部)リージョンで実行しているアプリケーションが、DynamoDB テーブルで 1 日に 500 万回の書き込みと、500 万回の結果整合性のある読み込みを実行する必要があり、8 GB のデータを保管するとします。計算しやすいように、ワークロードは 1 日を通して比較的一定に保たれ、テーブル項目のサイズは 1 KB を超えないとします。

- **書き込み容量単位(WCU)**:1 日あたり 500 万回の書き込みは、1 秒あたり 57.9 回に相当します。1 WCU では 1 秒あたり 1 回の書き込みを処理できるので、ほぼ 58 WCU が必要になります。1 WCU は 1 か月あたり $0.47 なので、58 WCU の場合は 1 か月あたり $27.26 となります。

- **読み込み容量単位(RCU)**:1 日あたり 500 万回の読み込みは、1 秒あたり 57.9 回に相当します。1 RCU では 1 秒あたり 2 回の結果整合性のある読み込みを処理できるので、ほぼ 29 RCU が必要になります。1 RCU は 1 か月あたり $0.09 なので、29 RCU の場合は 1 か月あたり $2.61 となります。

- **データストレージ**:テーブルは 8 GB のストレージを占有します。1 GB は 1 か月あたり $0.25 なので、テーブルの料金は $2.00 となります。

書き込みのプロビジョニングされたスループットが $27.26、読み込みのプロビジョニングされたスループットが $2.61、インデックス化されたデータストレージが $2.00 で、1 か月の合計の料金は $31.87 となります。

▶オープンソース

従来から使用されているオンプレミス環境と同様に、クラウドネイティブに向けた取り組みを始めるにあたって選択肢となるソフトウェアが数多くあります。すでに説明したように、使用するソフトウェアを決める前にライセンスの考慮事項について把握しておくことが重要です。クラウドではオープンソースのソフトウェアが非常に役立ちます。テクノロジー全体の重大なギャップを埋めるため、オープンソースのソフトウェアがよく利用されます。Apache Foundation の優れたプロジェクトなどで提供されているソフトウェアなど、さまざまなオープンソースのソフトウェアを利用できるので、これらについて検討する必要があります。

たとえば、非常に人気のあるセキュリティ情報イベント管理(SIEM)ソリューションに、ISV の Splunk が提供する Splunk プラットフォームがあります。このソリューションを使用すると、ロ

第4章 | テクノロジースタックの選択方法

グの集約およびイベント管理を大規模に実行できます。Splunk プラットフォームは、この種の
ソリューションとしては最善のものと考えられていますが、他にも ELK スタック（Elasticsearch、
Logstash、Kibana の頭文字をとったもの）などの類似のオープンソースプロジェクトを代わりに使
用できます。どちらを使用しても同じような結果を得られますが、それぞれが異なる価格モデルを
用意しており、異なるユーザーのニーズに適しています。オープンソースの選択肢を使用すると、
コミュニティによる力強いサポートを利用できる一方で、コンフィグレーションモデルがあまり洗
練されていないため、効果的に設定して実行するためのテクノロジースキルがユーザーに求められ
ます。

　また、オープンソースソフトウェアを使用する場合、ソフトウェアは無料ですが、使用した物理
リソース（仮想インスタンス、ストレージ、ネットワークなど）に関連するコストが生じる点には注
意が必要です。

4.3　クラウドサービス

　クラウドプロバイダーは多くのサービスを提供しており、イノベーションが加速しています。そ
のため、ビジネス上の問題を解決できる適切なサービスをどのように選べばよいかを理解するのは
簡単ではありません。大手クラウドプロバイダーは、単独のサービスだけでは解決できない問題で
も、ビルディングブロックのようにサービスを組み合わせて問題を解決できるように設計を行って
います。そのため、ユーザーの設計チームは、試行錯誤やフェイルファストといった要素をプロジェ
クトに取り入れ、既存の考え方にとらわれない独創的な設計を行えます。この場合、どのようなサー
ビスが実際に利用できるかを理解することが鍵となります。基盤となるインフラストラクチャサー
ビスは、かつてはクラウドの成長をけん引する要因でしたが、成熟度が高まり、今ではデフォルト
で決定されることが多いほどです。特定のネットワークアドレス、サブネット、セキュリティグルー
プ、経路を持つランディングゾーンは、整合性のある承認済みモデルを使用して、コードとしての
インフラストラクチャによってセットアップされます。しかし、特にオペレーティングシステムに
ついては、いくつかの重要かつ基本的な考慮事項があります。

　大手パブリッククラウドベンダーは、サービススタックの上位の部分で差別化を図っていま
す。提供されるサービスはプロバイダーによって異なっており、マネージドデータベースプラット
フォームから、完全にトレーニング済みの機械学習による顔認識まで、さまざまなサービスがあり
ます。クラウドネイティブに向けた取り組みで把握すべき重要なことは、「これらのサービスのク
ラウドネイティブ戦略への適合性」「大規模に使用する場合の価格モデル」「アーキテクチャのニー
ズを満たすよりニッチな機能を持つ代替の選択肢があるかどうか」です。

94

4.3.1　クラウドサービス―ベンダー管理と自己管理

　初期のクラウドでは、基盤となるインフラストラクチャサービスがあることが、新しいワークロードをクラウドで開発するための十分な理由となりました。しかし、これらのサービスが成熟度を高め、クラウドベンダーがイノベーションを加速させるにつれて、ユーザーが使用してきた既存のソフトウェアはマネージドサービスとして開発されるようになります。このようなサービスが開発される理由は簡単です。大手クラウドプロバイダーは、ユーザーに代わってイノベーションを推進し、環境の管理という「他との差別化につながらない重労働」を減らして、ユーザーがビジネス要件に集中的に時間とリソースを振り向けられるようにすることを目標にしているからです。このように開発された初期のマネージドサービスとして、データベースがあります。大手クラウドベンダーは、人気のあるデータベースプラットフォームのマネージド版を提供しており、ユーザーはこれらのマネージドサービスを利用できます。では、ユーザーはクラウドのマネージド版を使用すべきでしょうか、それとも自身で展開して管理すべきでしょうか。この疑問を解決する鍵は、企業がそのテクノロジーにコアコンピテンシーを持っており、クラウドベンダーよりも安価かつ迅速に展開して管理できるかどうかにあります。自社でソフトウェアを管理する場合でも、そのサービスの最新のソフトウェアの開発ペースに遅れないように、開発サイクルをスピーディーに反復できることが必要です。そのサービスについてクラウドベンダーがイノベーションを進めるペースに遅れないようにするためです。

▶自己管理型アプローチ

　適切なディスクタイプやネットワーク要件への対応を含め、データベースをセットアップする作業は簡単ではありません。場合によっては、クラスターやその他の高可用性手法を導入する必要もあります。長年の間、このような作業を正しく行うには、非常にスキルが高く、経験豊富な専門家（DBA と呼ばれるデータベース管理者）を必要としていました。クラウドにおいてもこのことは変わりません。データベースプラットフォームのインストール、設定、管理には DBA が必要です。初期のクラウドでは、企業はクラウドにワークロードを移行したり、クラウドでワークロードを開発したりする際、このようにソフトウェアを自己管理していました。経験豊富な専門家が仮想インスタンスや ISV のソフトウェアを活用することで、ほとんどのワークロードをオンプレミスと同じようにクラウドで実行できます。

　企業が現在でも自社でソフトウェアを管理する理由の 1 つは、最新テクノロジーを利用するためにオープンソースパッケージを使用することです。クラウドベンダーのイノベーションのスピードは速いですが、最新のテクノロジーを製品版としてリリースするまでには一定の時間がかかります。そのため、そのような最新テクノロジーを迅速に市場に投入するため、クラウドのユーザー側が展開して管理することがあります。また、特定のパッケージやパターンについて強いコンピテンシーを持っているという自信があり、そのソフトウェアを自社でセットアップして管理する場合もあります。ただし、ソフトウェアパッケージの複雑度が増し、よりミッションクリティカルなものになると、それを管理することが難しくなり、管理のためのリソースのコストもかさむことになります。

第4章 | テクノロジースタックの選択方法

▶マネージドクラウドサービス

　ベンダー管理型のクラウドサービスを利用すると、"テクノロジーの運用を管理する"という「他との差別化につながらない重労働」を行うことなく、必要なテクノロジーを使用できます。クラウドベンダーは、企業がオンプレミスで管理するのと同等またはそれ以上のサービスを設計するために多くの時間とリソースを投入しています。たとえば、クラウドベンダーが提供するデータベースサービスを導入すると、人気のあるデータベースプラットフォームを利用できるだけでなく、複数のデータセンターにわたる自動的な設定、増分バックアップ、自動的な調整、障害発生時のフェイルオーバーや自己復旧、といった機能も利用できます。こうしたサービスでは、通常、自動化によっていつでもユーザーのためにそれらの多くの機能を実行でき、運用のあらゆる側面をクラウドベンダーが担います（オペレーティングシステム、ソフトウェアへのパッチの適用、バックアップなど）。

　クラウドベンダーが成熟度を高めるにつれ、ベンダーが管理するサービスがますます多く提供されるようになるので、ユーザーはこれらのサービスの利用を検討する必要があります。成熟度の高いクラウドネイティブな組織は、ベンダー管理型サービスやサーバーレステクノロジーをできるだけ多く利用して、ビジネス上の価値を生み出す開発作業にリソースを集中させます。

▶ベンダーによる囲い込み

　IT業界の歴史を通して、ベンダーは、自社製品への定着率を高め、他社製品に乗り換えられないようにすることを目指してきました。これは、一見ユーザーの要求に応えるためのように思えますが、ユーザーの視点から見ると、一度ベンダーを選んでしまうと、より新しいテクノロジーに切り替えようとしても、他社に乗り換えることが不可能ではないにしても難しくなることを意味します。古くからある、専用のコードやストアドプロシージャを使用するデータベースベンダーが良い例です。大規模なデータベースの場合、専用のコードやストアドプロシージャに多額の投資が必要であり、またアプリケーションにとっては非常に重要な要素となります。イノベーションが順調に進んでいる間は、ベンダーが新機能をリリースするとユーザーはすぐにそれを取り入れることができます。しかし、ベンダーのイノベーションのスピードが低下したり、使用中のプラットフォームからベンダーが軸足を移してしまったりして、必要とするペースでイノベーションが進まなくなったらどうなるでしょう。そのデータベースの仕様に合わせて記述されたストアドプロシージャやコードにすでに多額の投資を行ってしまっており、速いペースでイノベーションが行われている別のプラットフォームにすぐには移行できません。

　その点、クラウドなら状況が異なります。ITがコストセンターとなり、自社のサーバーやハードウェアを使用してソフトウェアパッケージのセットアップや管理を行っていた従来の方法とはもはや決別するときです。クラウドネイティブな企業は、従来のモデルに頼っていては自社のサービスを市場で差別化できず、競合他社のなかで埋もれてしまうということを学んでいます。そうならないために、ITサービス管理という「他との差別化につながらない重労働」をクラウドベンダーに任せて、ビジネス要件にリソースを集中させる必要があります。クラウドベンダーは、常にあらゆる分野でイノベーションを推進しており、その歩みを止める気配はありません。セキュリティや最先

96

4.3 クラウドサービス

端のサービスに多くの労力とリソースを投入しているので、単独の企業でこのペースについていくことはできません。クラウドネイティブな組織は、これらのマネージドクラウドサービスを取り入れています。これをクラウドベンダーによる囲い込みと考える人もいるかもしれませんが、これが新しいビジネスのやり方であることを、成熟度の高い企業は理解しているのです。

ただし、このような新しい考え方を取り入れていたとしても、不測の事態が生じた場合に他のクラウドベンダーを利用できるように準備しておかなければなりません。そのために考慮が必要な事項がいくつかあります。

- 出口戦略を策定します。ミッションクリティカルな意思決定には、必要なときに撤退または移行するための出口戦略が欠かせません。どのアプリケーションを迅速に移行できるか、そのアプリケーションにはどのデータが関連するか、どのように移行を行うかについて把握しておきます。

- 緩く結合され、コンテナー化されたアプリケーションを設計します。12のプラクティスから成るアプリケーションや、その他のクラウドネイティブの設計原則に従い、緩く結合されたアプリケーションを設計します。これにより、問題の影響範囲を狭めつつ、簡単に移行を行えるようになります。

- 重要なデータを整理して、注意深く管理します。どのようなデータがあるか、それがどこにあるか、そしてその分類と暗号化要件について正確に把握します。これにより、別のクラウドへの移行を決断した場合に、データに対する操作をどの順番で行えばよいかがすぐにわかります。

- すべてを自動化します。コードとしてのインフラストラクチャやその他の DevOps の考え方を用いると、自動化の仕組みにわずかな変更を加えるだけで、別のクラウドをサポートできます。自動化は、クラウドネイティブな企業へ変わるための鍵となるものです。

4.3.2　オペレーティングシステム

一般的に、基盤となるインフラストラクチャサービスには、クラウドの仮想インスタンスが含まれます。これらのインスタンスの実行にはオペレーティングシステムが必要です。クラウドの場合、Linux のいずれかのものか、または Windows のいずれかのバージョンを選択することになります。仮想インスタンスに加えて、コンテナーでも、コードおよびコードを実行するフレームワークを展開するための（スリム化されたバージョンの）オペレーティングシステムが必要になります。成熟度の高いクラウドネイティブ・アーキテクチャであっても、サーバーレスやその他類似のテクノロジーを使用できないさまざまなタスクや、境界的なケースを処理するためのインスタンスが使用されることがよくあります。したがって、当面はクラウドにもオペレーティングシステムが存続し、オペレーティングシステムの選択が重要になります。

▶ Windows と Linux

Windows か Linux のどちらを選ぶかは古くからある問題で、ほとんどのユーザーがいつかは答えを出さなければなりません。しかし、大規模に展開されるクラウドでは、さまざまな Windows や Linux が混在して使用されます。したがって、どのバージョンが必要で、どのバージョンがクラウドベンダーによって提供されているかを把握することが重要です。通常、クラウドベンダーはそれぞれのオペレーティングシステムの多くの異なる種類を用意しています。ライセンス費用が必要なものもあれば、無料で使えるものもあります。オペレーティングシステムの価格が積み上がって多額の料金となる可能性があるので、完全にクラウドネイティブに移行するユーザーは、オペレーティングシステムの使用を最小限に抑えるか、無料のオペレーティングシステムを使用する必要があります。

▶オペレーティングシステムの今後

はたしてオペレーティングシステムは今後も重要な検討要素となるのでしょうか。答えは「はい」であり、「いいえ」でもあります。マイクロサービスの開発ではコンテナーのテクノロジーが一般的に使用されており、オペレーティングシステムは必要といえるでしょう。しかし、アーキテクチャの成熟度が高まるにつれて、マネージドクラウドサービスがますます使用されるようになり、クラウドネイティブ・アーキテクチャの中核としてサーバーレスが利用されるようになります。そのため、オペレーティングシステムの重要性は低くなると思われます。オペレーティングシステムの運用とライセンスの管理はすぐに積み上がって負担となるため、成熟度の高いクラウドネイティブ企業はオペレーティングシステムの使用をレガシーワークロードや、特定のライブラリをインストールする必要がある部分のみに制限します。

クラウドは API 駆動型の環境なので、オペレーティングシステムの定義は少し変化しています。もちろん、仮想インスタンスやコンテナーでは引き続きオペレーティングシステムが必要となります。しかし、フルスケールのクラウド環境自体が、一種のオペレーティングシステムのようになってきています。マイクロサービス、イベント、コンテナー、ベンダー管理型サービスは、API によるサービス呼び出し、オブジェクトストレージ、その他の分離型テクノロジーを通して相互に通信するようになっています。クラウド、およびクラウドに展開されるクラウドネイティブなワークロードを、大きなオペレーティングシステムととらえるこの傾向は、今後広がりを見せるでしょう。

4.4 まとめ

本章では、どのテクノロジースタックを選ぶかを決定する際に生じる疑問について答えました。次の章では、クラウドアーキテクチャのスケーラビリティと可用性について説明します。

CHAPTER 5 :
Scalable and Available

スケーラビリティと可用性

第 5 章

　これまでの章では、クラウドネイティブ・アーキテクチャについて定義し、このアーキテクチャが人、プロセス、テクノロジーに与える影響について説明してきました。クラウドネイティブなシステムを構築する取り組みは簡単ではなく、長い時間がかかります。企業の組織や文化が成熟度を高め、クラウドネイティブのポテンシャルを最大限に発揮できるまでに、数年かかることもあります。スキルセットや問題解決に対するアプローチも、時間とともに変えていく必要があります。試行錯誤しながら知識や経験を蓄え、システムを進化させていくのです。また、クラウドネイティブに向けた取り組みを定義するためのフレームワークについても紹介しました。この取り組みは、ビジネス、人、ガバナンス、プラットフォームのセキュリティ、運用に影響します。どの程度取り組みを進めているかによって、それぞれのアプリケーションや企業の成熟度は異なります。この取り組みについての理解を深められるように、本書ではクラウドネイティブ成熟度モデルについて定義しました。このモデルを使うと、「組織、アプリケーションスタック、システムが現時点で取り組みのどの段階にあるか」「クラウドネイティブの成熟度を高めるために必要な機能は何か」を把握できます。さらに、クラウドネイティブ・アプリケーションの**ソフトウェア開発ライフサイクル (SDLC)** についても紹介し、ユースケースに合わせて最適なテクノロジースタックを選択する方法について学びました。

　本書の以降の 4 つの章では、クラウドネイティブ設計の主な柱について定義します。これらの設

計の柱は、システムをクラウドネイティブにする際に中心となる機能であり、それらの機能自体は、クラウドアプリケーションやクラウドシステムに特有のものではありません。しかし、これらの機能をすべて提供できるのはクラウドプラットフォームだけです。以降の章では、これらの柱について1つずつ紹介します。それぞれの柱について、アーキテクチャおよび展開の指針となる設計上の中心理念を説明します。アプリケーションスタックの各レイヤーにこれらの理念を適用する方法について、具体的なユースケースを取り上げて検討します。また、これらの目的をサポートする、ツール、オープンソースプロジェクト、クラウドネイティブ・サービス、サードパーティのソフトウェアソリューションについて説明します。

　本章では、現代のクラウドプロバイダーが運用を行うスケールについてまず説明します。通常のスケール（経験豊富なIT専門家が慣れ親しんでいるデータセンターのスケール）とハイパースケールには明確な差があります。ハイパースケールのクラウドインフラストラクチャは、本章で説明する要素やアプローチの多くを最初から備えています。次に、スケーラブルで可用性の高いクラウドシステムの中心理念についても説明します。アーキテクチャに関し十分な情報に基づいた意思決定に役立つでしょう。最後に、回復性の高いクラウドネイティブ・アーキテクチャの基礎となる、自己修復的インフラストラクチャの構築に使えるツールについて説明します。

　本章では、以下のトピックについて説明します。

- グローバルなクラウドインフラストラクチャと一般的な用語
- クラウドインフラストラクチャの概念（リージョンとアベイラビリティゾーン）
- 自動スケーリンググループとロードバランサー
- VMのサイジング戦略
- Always On アーキテクチャ
- ネットワーク冗長性およびコアサービスの設計
- 監視
- コードとしてのインフラストラクチャ
- イミュータブルな展開
- 自己修復的インフラストラクチャ
- スケーラブルで可用性の高いクラウドシステムの中心理念
- サービス指向アーキテクチャ
- スケーラブルで可用性の高いアーキテクチャのためのクラウドネイティブ・ツールキット

5.1 ハイパースケールクラウドインフラストラクチャの概要

システムやスタックをクラウドに展開する場合、大手クラウドプロバイダーが運用を行っているスケールを理解することが重要です。最大手のクラウドプロバイダー 3 社は、世界中のほとんどすべての地域にわたってデータセンターを展開しています。また、広帯域幅の光ファイバーによる幹線ネットワークを世界中に張り巡らせ、グローバルに展開されたデータセンター群で実行されるシステムが低遅延かつ高スループットで接続できるようにしています。これら最大手のクラウドプロバイダー 3 社の運用スケールは他と比較にならないほど大きいため、新たに「ハイパークラウド」という用語が業界で使用されるようになりました。以下の図は、総コンピューティング能力で世界最大のクラウドプロバイダー（Gartner の推定）である AWS のグローバル展開の様子を示しています。

図 5.1：本書執筆時点の AWS のリージョンとアベイラビリティゾーン

この図で、丸数字の部分は自律的なリージョンを示しており、中に書いてある数字は、アベイラビリティゾーン（AZ）の数を表しています。丸内に数字のないものは、設置予定であると発表されているものの、まだ利用できないリージョンです。ただし、上記の図は本書執筆時点の情報であり、リージョンやアベイラビリティゾーンの数が変更されています[※1]。

ハイパークラウドプロバイダーは、世界各地にデータセンター群を建設して管理しています。さらに、各データセンタークラスター間のトラフィックを効果的に管理するために、広帯域幅の大

※1　本書の翻訳時点（2019 年 9 月）では、22 のリージョンと 69 のアベイラビリティーゾーンが存在している。
　　　https://aws.amazon.com/jp/about-aws/global-infrastructure/

洋／大陸横断ファイバーネットワークを展開しています。このネットワークのおかげで、各プラットフォームのユーザーは、非常に低遅延かつ低コストで複数の地域にわたる分散アプリケーションを構築できます。

　AWSの全世界のデータセンターおよび幹線ネットワークのインフラストラクチャについて示した図を見てみましょう[※2]（このグローバル展開図は、2016年11月に開催されたAWSの年次開発者会議 AWS re:Invent で、AWSの副社長であり名高いエンジニアである James Hamilton<ジェームス・ハミルトン>氏が初めて公開したものです）。

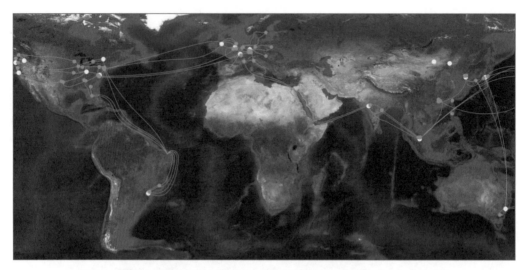

図5.2：AWSの全世界のデータセンターおよび幹線ネットワーク（2016年11月）

　Google Cloud Platform（GCP）および Microsoft Azure も同様の地域をカバーしています。3つのハイパークラウドプラットフォームはすべて、**リージョン**と呼ばれるインフラストラクチャの抽象化レイヤーから中核的なクラウドサービスを提供します。リージョンは、遅延やパフォーマンスに関する厳しい要件に従ってグループとして運用される、一連のデータセンターを指します。クラウドプラットフォームのユーザーは、遅延やパフォーマンス低下を気にせずに、リージョンを構成する複数のデータセンター間にワークロードを分散させることができます。AWSでは、リージョン内でワークロードを分散させるこの仕組みを**アベイラビリティゾーン（AZ）** と呼びます。GCPでは単に**ゾーン**と呼びます。

[※2]　グローバルインフラストラクチャの最新情報は下記URLを参照。
　　　https://aws.amazon.com/jp/about-aws/global-infrastructure/
　　　https://www.infrastructure.aws/

クラウドネイティブ・アーキテクチャのベストプラクティス

スタックの可用性を高め、ハードウェアまたはアプリケーションコンポーネントの障害が発生しても運用を継続できるように、リージョン内の複数のゾーンにワークロードを分散させます。多くの場合、ゾーンの導入に追加の料金は発生しませんが、複数の独立したデータセンターにコンピューティングノードを分散させることによって、運用上の大きなメリットが生まれます。

以下の図は、1つのリージョンに3つの異なるAZを配置した例を示しています。

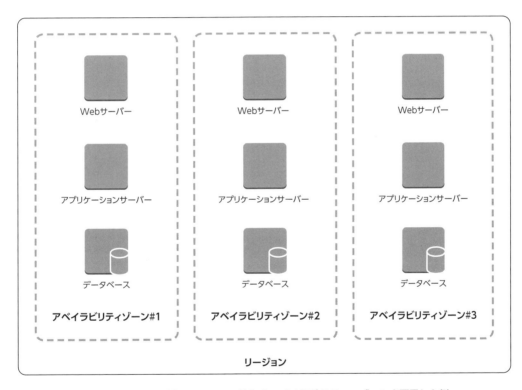

図5.3：1つのリージョンに3つの異なるアベイラビリティーゾーンを配置した例

この図に示されているように、コンピューティングワークロードをリージョン内の複数のAZに分散させることで、サービスの中断（アプリケーションやマシンの障害）が発生した場合でも、その問題が影響する範囲を狭くすることができます。AZは、高いパフォーマンスを維持しつつ、リージョン内で相互に拡張可能なようにあらかじめ設計されているので、通常は追加のコストが発生しません。

クラウドネイティブ・システムを設計する場合には、「問題の影響範囲」という概念を理解し、こ

の範囲をできるだけ狭くすることが重要になります。問題の影響範囲とは、「中核的な設計コンポーネントで障害が発生した場合に影響を受ける可能性があるアプリケーションまたは付随的なシステム」と定義されます。この概念は、データセンターや単一のマイクロサービスにも適用されます。この概念を用いることで、アーキテクチャ内の依存関係を把握し、リスク選好度を評価し、問題の影響範囲を最小限に抑えた場合のコストへの影響を定量化して、それらのパラメーターの範囲内でスタックを設計することができます。

　リージョンやゾーンを使用して効果的に分散型の設計を行うことが、クラウド内で問題の影響範囲を最小限に抑えるための主要な作業になります。主要なプロバイダーは、このような設計を効果的に行うためのサービスとして、ロードバランサーと自動スケーリンググループを提供しています。

　ロードバランサーはクラウドに特有の機能ではありませんが、すべての主要なプラットフォームでは、この機能をネイティブに提供するサービスが用意されています。クラウドユーザーによって運用される単一のVM上で動作する仮想的なロードバランサーとは異なり、これらのネイティブなサービスは多数のマシン上で動作するので、非常に高い可用性を提供します。

クラウドネイティブ・アーキテクチャのベストプラクティス

　可能な限り、クラウドプロバイダーが用意するネイティブなロードバランサーを使用します。それにより、これらのメンテナンスはクラウドサービスプロバイダーに任せることができます。ロードバランサーのアップタイム（稼働時間）や正常性の維持を気にする必要はありません。これらはクラウドサービスプロバイダーが管理するからです。ロードバランサーは、一連のコンテナーまたはすべてのVMに対して実行されます。つまり、ハードウェアやマシンで障害が発生しても、ユーザーに一切影響を与えずにバックグラウンドでシームレスに対処できます。

　IT業界で働くすべての人が、ロードバランサーの概念をよく理解しておかなければなりません。ロードバランサーの概念をさらに拡張させるのが、負荷分散と組み合わせてDNSサービスを提供できるクラウドサービスです。これらを組み合わせることで、任意の地域にシームレスに拡張可能な、世界中で利用できるアプリケーションを構築できます。AWSプラットフォームのAmazon Route 53のようなサービスを使用することで、レイテンシベースルーティングのルールや地域制限を設計し、エンドユーザーを最もパフォーマンスの高いスタックに接続したり、逆にエンドユーザーの場所に基づいてそれらのサービスを利用できなくしたりします。このような例として、法的な制裁措置に従う目的で、イラン、ロシア、北朝鮮のユーザーがアプリケーションにアクセスできないように制限する場合があります。

クラウドネイティブ・アーキテクチャのベストプラクティス

クラウドネイティブな**ドメインネームシステム(DNS)**サービス(AWS Route 53、Azure DNS、または GCP Cloud DNS)を使用します。これらのサービスは、各プラットフォームの負荷分散サービスとネイティブに統合できます。**レイテンシベースルーティング(LTR)**などのルーティングポリシーを使用して、複数のリージョンで稼働する、世界中で利用可能なパフォーマンスの高いアプリケーションを構築します。Geo DNSなどの機能を使用して、特定の国または地域からのリクエストを、特定のエンドポイントにルーティングします。

クラウドネイティブなツールボックスで重要なもう1つのツールとして、**自動スケーリンググループ(ASG)**の展開があります。これは、さまざまなアラームやフラグに基づいて、アプリケーションのVMを動的に複製／拡張できる、新しいサービス抽象化レイヤーです。ASGを展開するには、標準化されたアプリケーションのイメージをあらかじめ設定し、保存しておく必要があります。アプリケーションユーザーからのトラフィックを、ASGに登録された一連の利用可能なノードのうち、パフォーマンスが高いコンピューティングノードにインテリジェントにルーティングする必要があるので、ASGを効果的に使用するには、ロードバランサーと組み合わせることが欠かせません。これには、ラウンドロビン方式の負荷分散や、キューイングシステムを導入するなどの方法があります。以下の図に、2つのAZを使用した基本的な自動スケーリング設定を示します。

第 5 章 │ スケーラビリティと可用性

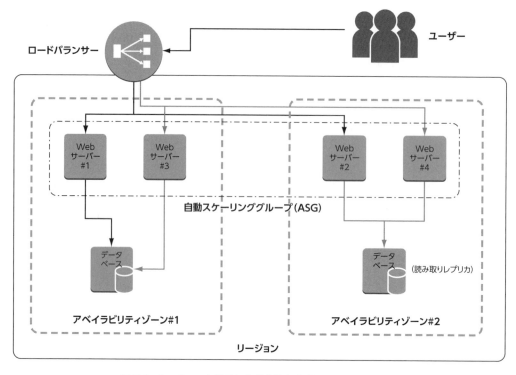

図 5.4：2 つの AZ を使用した基本的な自動スケーリング設定

　この図の ASG は、各アベイラビリティゾーン内の Web サーバー #1 と Web サーバー #2 という最小限の 2 つの VM に対して設定されています。これらのノードへのトラフィックは、黒い線で描かれています。アプリケーションにアクセスするユーザー数が増えると、複数の AZ にわたってASG にサーバーが追加で展開されます（Web サーバー #3 と Web サーバー #4）。追加のトラフィックは灰色の線で描かれています。
　ここまでに負荷分散、自動スケーリング、マルチ AZ/ リージョン展開、グローバル DNS といった、回復性の高いクラウドシステムで重要になる要素について紹介しました。このスタックにおける自動スケーリング機能は、コンテナを弾力的に拡大／縮小する機能を使用して複製することもできます。

クラウドネイティブ・アーキテクチャのベストプラクティス

　スタックを設計する場合、ロードバランサーの背後でサイズの小さい VM を多数使用するほうがコスト効率が高くなります。これにより、コストの粒度を細かくし、システム全体の冗長性を上げることができます。また、ステートレスなアーキテクチャも推奨されます。ステートレスにすることで、特定のアプリケーション VM に依存することがなくなり、障害発生時のセッションの復旧がはるかに容易になります。

異なる VM サイズでの自動スケーリンググループを比較した図を見てください。

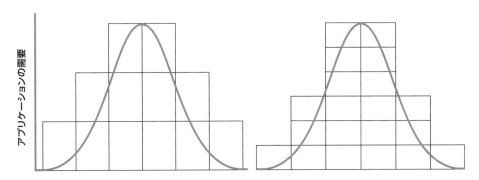

図 5.5：異なる VM サイズでの自動スケーリンググループを比較

サイズの小さな VM を使用して自動スケーリンググループを作成するほうがメリットがあります。このグラフ上の曲線は、特定のアプリケーションの需要／トラフィックを表しています。それぞれのブロックは、1 台の仮想マシンを表しています。左側の自動スケーリンググループ展開の VM は、多くのメモリを搭載して、コンピューティング能力が高く、1 時間あたりのコストも高くなっています。右側の展開の VM は、メモリが少なく、コンピューティング能力が低いので、1 時間あたりのコストも低くなっています。

このグラフは、ASG 内でサイズの小さいコンピューティングノードを使用するメリットを示しています。各ブロックで、曲線よりも上のスペースは、料金を支払ったにもかかわらず無駄になったリソースを示しています。つまり、システムのパフォーマンスがアプリケーションの需要に応じて理想的に調整されておらず、アイドル状態のリソースが発生していることを意味します。VM を最小限の仕様にすることで、大幅にコストを削減できます。さらに、VM のサイズを小さくすることで、アプリケーションスタックが分散される効果もあります。1 台の VM またはコンテナーで障害が発生しても、グループ内にフェイルオーバー可能な VM が数多くあるので、スタック全体の正常性が損なわれません。

「自動スケーリンググループ」「動的ルーティング」「可用性とパフォーマンスの高い DB サービスを利用したステートレスなアーキテクチャ」「複数のゾーン（データセンターのグループ）間での分散」とともに、ロードバランサーサービスを使用することで、成熟度の高いクラウドネイティブ・アーキテクチャを構築できます。

第5章 | スケーラビリティと可用性

5.2 Always On アーキテクチャ

　アーキテクトは、長年の間、システムの可用性と回復性（しばしば障害復旧と呼ばれます）という2つの大きな問題に頭を悩ませてきました。これらは、リソースに制限のあるオンプレミスインフラストラクチャに展開されたシステムにおいて、避けて通れない問題です。オンプレミスインフラストラクチャでは、有限個の物理または仮想リソースが、非常に限定的な機能を実行したり、特定のアプリケーションをサポートしたりします。これらのアプリケーションは、複数のマシンにわたって分散して実行できない設計になっています。このような枠組みにおいては、1つのネットワークインターフェイス、仮想マシンまたは物理サーバー、仮想ディスクやボリュームなど、数多くの単一障害点がシステム全体に存在することになります。

　こうした障害点が避けられないため、アーキテクトはシステムの有効性を測定するために、2つの指針となる評価方法を策定しました。システムが継続して稼働し、機能を実行できる能力が可用性です。システムで障害が発生した場合の回復性は、次の2つの指標で測定します。

- **目標復旧時間 (RTO)**：障害発生後、許容可能な機能状態までシステムが回復するのに必要な時間

- **目標復旧地点 (RPO)**：停止中にシステムでデータが失われても許容される過去の期間

　完全にクラウドネイティブなアーキテクチャでは、これらの古い枠組みを変え、新しい枠組みを与える重要な要素がいくつかあります。

- **クラウドでは、事実上無限のコンピューティング能力とストレージ容量を利用できます。** 最新のシステムの規模とカバー範囲は、本章で説明した大手クラウドプロバイダーによるハイパースケールなインフラストラクチャを見るとわかります。

- **クラウドプラットフォームが提供するサービスは本来的にフォールトトレラントであり、高い回復性を備えています。** これらのサービスをスタックに組み込んで利用することで、自社開発ツールで可用性の高いスタックを構築する場合とは比較にならないレベルの可用性を実現できます。たとえば、**Amazon Simple Storage Service (S3)** は、99.999999999% の持続性を維持する、フォールトトレラントで非常に可用性の高いオブジェクトストレージサービスです（つまり、オブジェクトが完全に失われてしまう確率はごくわずかです）。S3標準の**サービスレベルアグリーメント (SLA)** における可用性は 99.99% です。S3 にアップロードしたオブジェクトは、リージョン内の他の2つの AZ に自動的に複製され、冗長性が確保されます。追加の料金はユーザーに請求されません。ユーザーは、**バケット**と呼ばれる論理的なストレージ領域を作成し、オブジェクトをバケットにアップロードします。アップロードしたオブジェクトは後で取得できます。物理マシンおよび仮想マシンのメンテナンスと管理は AWS が行います。自社開発を行い、AWS と同レベルの可用性や持続性に近づけようとすると、膨大な開発作業と時間、投資が必要になります。

108

- **システムの正常性を維持するためにアーキテクトや開発者が監視、フラグ設定、アクションを行う際に役立つネイティブなサービスや機能が用意されています。** たとえば、AWS の監視サービス Amazon CloudWatch は、スタック内の仮想マシンのパフォーマンスと正常性に関する指標を提供します。CloudWatch の指標を自動スケーリンググループやインスタンスの復旧と組み合わせることで、システムが自動的にパフォーマンスレベルを維持できます。アーキテクトは、このような監視サービスとサーバーレス関数を組み合わせることで、システムが指標に自動的に反応して対処する環境を作成できます。

このようなクラウドの機能を利用したクラウドアーキテクチャという新しい枠組みは、**Always On**（「常にオン」の意味）というパラダイムをもたらします。このパラダイムでは、稼働停止が発生した場合に備えて、一切のユーザーの介入なく自己修復を行い、軌道修正を行うシステムを設計できます。このレベルの自動化を備えたシステムは、クラウドネイティブ成熟度モデルにおける成熟度が非常に高いといえます。

人手による作業は、いつかは失敗したり、ミスをしたり、何らかの要因で妨げられたりするものです。クラウドでの作業も例外ではありません。このことを理解する必要があります。将来の出来事を予知することはできません。また、IT の機能は常に進化し続けているので、いずれは何らかの問題が生じることは避けられません。この事実を理解し、受け入れることが Always On パラダイムの核心です。問題が生じた場合に備えることが、問題を回避したり、その影響を軽減したりするための唯一の確実な方法となるのです。

5.3　Always On - アーキテクチャの主要な要素

クラウドネイティブ・アーキテクチャには、技術的な回復性を備えた Always On のアーキテクチャを実現する特長があります。これらの特長は 0 か 100 かという性質のものではなく、多くのアーキテクチャはこれらの特長をいくつか兼ね備えたものになっています。今から説明するすべての特長を一気にアーキテクチャに組み込む必要があると思い込んでひるんでしまう必要はありません。反復的で漸進的なアプローチにより、これから説明する主要な設計要素を徐々に組み込んでいくことができます。Amazon の CTO である Werner Vogels（ワーナー・ヴォゲルス）氏は、「この世に失敗しないものはない」と述べています。将来問題が発生する可能性を想定しておくことで、問題を回避できるシステムの設計が可能になります。

5.3.1　ネットワーク冗長性

クラウドへの接続、および環境全体における接続では、高い可用性が求められ、冗長構成が必要です。このことは、クラウドにおいて 2 つの意味を持ちます。1 つ目は、オンプレミス環境／ユーザー

からクラウドへの物理的な接続です。すべてのハイパークラウドプロバイダーは、ISP パートナーとならんで、高速プライベートネットワーク接続を提供しています（AWS Direct Connect、Azure ExpressRoute、GCP Cloud Interconnect など）。プライマリの広帯域幅接続のフェイルオーバーには、別の物理リンクを利用したバックアップ（別のプライベート接続またはインターネットを通したVPN トンネル）を用意することがベストプラクティスとして推奨されます。

クラウドネイティブ・アーキテクチャのベストプラクティス

物理的に独立した 2 つの異なるネットワークファイバー接続を使用して、クラウド環境へのネットワーク接続に冗長性を持たせます。特に、ビジネスクリティカルアプリケーションでクラウド環境を利用している企業では、冗長構成が重要になります。小規模な展開や、重要性が低い展開では、軽量版の冗長構成として、プライベートファイバー接続とVPNの組み合わせ、あるいは 2 つのVPNリンクの組み合わせが可能です。

また、（クラウド環境とオンプレミス環境の両方での）物理および仮想エンドポイントの冗長性もあります。クラウドのエンドポイントはそれぞれ「サービスとしての」ゲートウェイコンフィグレーションとして提供されるので、事実上問題となりません。これらの仮想ゲートウェイは、複数のデータセンターにわたる複数の物理マシンで、クラウドプロバイダーのハイパーバイザー上で実行されます。見落とされがちなのは、クラウドネイティブの考え方をクラウド側だけではなくユーザー側のエンドポイントにも適用する必要があるということです。エンドユーザーにとってのシステムのパフォーマンスや可用性を妨げることがないように、ユーザー側でも単一障害点を除去する必要があります。したがって、クラウドネイティブのアプローチは、ユーザーのオンプレミスネットワーク接続にも適用されます。つまり、クラウドプロバイダーが物理データセンターの接続性を構築するのと同様に、オンプレミスでも複数の冗長なアプライアンスと並列ネットワークリンクを利用する必要があります。

クラウドネイティブ・アーキテクチャのベストプラクティス

エンタープライズ環境やビジネスクリティカルな環境では、クラウド接続の端点として、ユーザー側（オンプレミス）でも 2 台の別々の物理デバイスを利用します。ユーザー側に存在するハードウェアの単一障害点によりクラウド環境への接続が妨げられると、クラウド側で Always On 設計を行っても意味がなくなります。

クラウドプロバイダーと企業のデータセンターとの間の接続を示す以下の図を見てください。

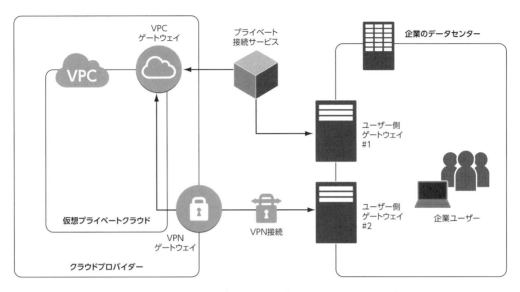

図5.6：クラウドプロバイダーと企業のデータセンターとの間の接続例

　企業のデータセンター、オフィス、ユーザーサイトからクラウド環境に接続する際に冗長構成の接続経路を使用することで、クラウド環境の可用性を維持します。アプライアンスの障害、物理ファイバーの停止、サービスの中断が発生した場合にいつでも冗長経路を利用できるようにしておきます。冗長構成では、コストもパフォーマンスも高いメインの回線と、コストもパフォーマンスも低いセカンダリの回線（インターネットを通したVPN）を組み合わせてもかまいません。

5.3.2　冗長なコアサービス

　ITスタックで利用される主なサービスやアプリケーションを冗長構成にすることも、クラウドネイティブ・アーキテクチャの設計において重要な要素です。企業には、まだクラウドネイティブ・モデルに適応し始めたばかりのレガシーサービスが数多く残っています。これらのアプリケーションをクラウドに移行するときに、新しい環境で信頼性を高められるよう、再設計またはリファクタリングを行うことが重要です。

　このようなサービスの例として、**Active Directory (AD)** があります。ADは、ほとんどの企業で業務効率化のために重要なコンポーネントとなっています。ADは、人、マシン、サービスを認証し、それらのアクションを認可することにより、人、マシン、サービスに対するアクセス権を管理／付与します。

　クラウドネイティブの成熟度に応じていくつかのレベルでADサービスを立ち上げることができます。最も成熟度が低い方法では、企業は単純にネットワークをクラウドに拡張して、オンプレミスに存在している従来と同じADインフラストラクチャを利用します。このパターンは最もパフォー

マンスが低く、クラウドが提供するメリットをほとんど享受できません。より高度なパターンになると、**ドメインコントローラー (DC)** または**読み取り専用ドメインコントローラー (RODC)** をクラウドネットワーク環境に展開して、フォレスト（1つ以上のドメイン階層構造から成る最大の管理単位）をクラウドに拡張します。このパターンでは、高い冗長性とパフォーマンスを実現できます。主要クラウドプラットフォームは、現在、真にクラウドネイティブな AD を展開できるネイティブなサービスを提供しています。このサービスを利用することで、自社で物理または仮想インフラストラクチャを管理する場合と比べて大規模に、かつ低コストで、フルマネージド AD サービスを展開できます。

AWS はいくつかのタイプのサービスを提供しています（AWS Directory Service、AWS Managed Microsoft AD、AD Connector）。Microsoft は Azure AD を、Google Cloud は Directory Sync を提供しています。以下の図は、ドメインコントローラーをホストする場所に応じて、パフォーマンスが最も低いものから最も高いものまで（オプション #1 からオプション #3 まで）、3つの異なる AD オプションを示しています。

さまざまな AD の展開方法を以下の図に示します。

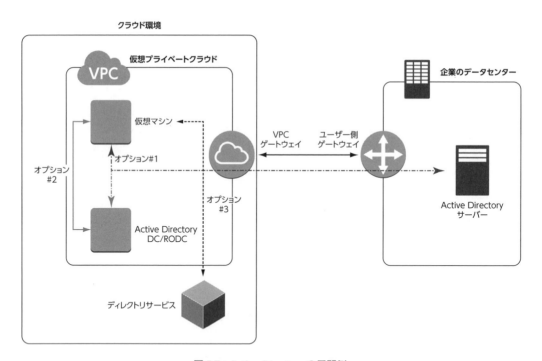

図 5.7：Active Directory の展開例

1番目のオプションでは、オンプレミスの AD サーバーに接続して、AD の認証と認可を行います。2番目のオプションでは、クラウド環境に DC または RODC を展開します。3番目の最もクラウドネイティブな方法では、この「他との差別化につながらない重労働」をネイティブクラウド・サービ

5.3 Always On - アーキテクチャの主要な要素

スにオフロードします。クラウドサービスによって AD インフラストラクチャが展開／管理される
ので、クラウドユーザーはこれらの作業を行う必要がありません。3 番目のオプションを使用する
ことで非常に高いパフォーマンスと可用性を実現できます。このサービスは自動的に複数の AZ に
展開され、数クリックでスケールアウトを実行してドメインコントローラーの数を増やすことがで
き、オンプレミスの AD 展開で必要とされる高度な機能（シングルサインオン、グループに基づく
ポリシー、バックアップなど）をサポートします。

さらに、クラウド AD サービスは他のクラウドサービスとネイティブに統合できるので、VM の
展開も容易になります。VM を非常に簡単にドメインに追加でき、クラウドプラットフォームへの
アクセス自体を、AD の ID やユーザーに基づいて連携できます。また、（すべてではありませんが）
これらのクラウドサービスの多くは**ライトウェイトディレクトリアクセスプロトコル (LDAP)** をサ
ポートしているので、OpenLDAP、Samba、Apache Directory など、Microsoft AD 以外の選択肢も
使用できます。

ドメインネームシステム (DNS) も AD と同様、展開モデルに応じてさまざまなクラウドネイ
ティブ成熟度のオプションがあります。最高レベルの可用性とスケーラビリティを実現するには、
Amazon Route 53、Azure DNS、Google Cloud DNS などの主要クラウドサービスを利用します。こ
れらの内部サービスでサポートされるホストゾーン（パブリックおよびプライベート）により、単位
コストあたりで最大のパフォーマンスを実現できます。AD や DNS 以外にも、ウイルス対策（AV）、
不正侵入防止システム（IPS）、不正侵入検知システム（IDS）、ログなどのサービスがあります。これ
らについては、第 6 章で詳しく説明します。

企業が利用するコアサービス以外に、ほとんどの大規模なアプリケーションスタックでは、ス
タックを流れる大規模で複雑なトラフィックを管理するためのミドルウェアやキューを必要としま
す。アーキテクトが展開するスタックで使用できる 2 つの主なパターンがあります。ここまで読み
進められた読者の皆さんは、もうお気づきかもしれません。1 つ目は、独自のキューシステムをク
ラウドの仮想マシンに展開して管理する方法です。クラウドユーザーは、マルチ AZ 展開を設定し
て高い可用性を維持する作業を含め、展開するキュー（Dell Boomi や MuleSoft の製品など）の運用
面を管理する必要があります。

2 つ目のパターンとして、クラウドプラットフォームが提供するキューまたはメッセージバス
サービスを使用する方法があります。「他との差別化につながらない重労働」はクラウドサービス
プロバイダーが管理します。アーキテクトやユーザーは、サービスを設定して利用するだけです。
主なサービスに、**Amazon Simple Queue Service (SQS)**、**Amazon MQ**、**Amazon Simple
Notification Service (SNS)**、Azure Storage キューと Service Bus キュー、GCP Task Queue があ
ります。

クラウドベースのキューサービスは冗長インフラストラクチャ上に展開されているので、メッ
セージの配送が保証されます。**先入先出法 (FIFO)** がサポートされるサービスもあります。これら
のサービスは高いスケーラビリティを備えているので、多くの送信側および受信側がメッセージ
キューに同時にアクセスできます。そのため、分離型のサービス指向アーキテクチャ (SOA) の中心
機能として使用するのに最適です。

113

5.3.3 監視

クラウドネイティブ・アプリケーションにとって、監視は身体の神経系のようなものです。シグナルに従って、自動スケーリンググループを拡大／縮小したり、インフラストラクチャのパフォーマンスやエンドユーザーのエクスペリエンスを最適化したりする機能は、監視を行わないと実現できないものです。監視をスタックのあらゆる階層に導入するようにして最大限のフィードバックを取得し、インテリジェントな自動化をサポートし、どの領域にリソースと予算を集中させればよいかIT部門の責任者が判断できるようにする必要があります。「測定できないものは管理できない」という合言葉を、あらゆるアーキテクトやエンジニアが胸に刻む必要があります。

クラウドネイティブ環境における監視は、主に以下の4つの領域に分けられます。

- **インフラストラクチャの監視**：スタック内で利用されるホスト、ネットワーク、データベース、その他の中核的なクラウドサービスのパフォーマンスを収集してレポートします（クラウドサービスであっても、障害やサービスの中断が発生することがあるので、正常性やパフォーマンスの監視が必要です）。

- **アプリケーションの監視**：アプリケーションランタイムをサポートするローカルリソースの使用状況、およびクラウドネイティブ・アプリケーション固有のアプリケーションパフォーマンス（クエリが返されるまでにかかる時間など）を収集してレポートします。

- **リアルタイムのユーザー監視**：Webサイトやクライアントでのあらゆるユーザー操作を収集してレポートします。ユーザー操作を監視すると、システムで障害が発生したり、サービスが低下したりする予兆をとらえることができます。

- **ログの監視**：あらゆるホスト、アプリケーション、セキュリティデバイスが生成したログを収集してレポートします。収集したログは、拡張可能なリポジトリに保存して一元管理されます。

クラウドネイティブ・アーキテクチャのベストプラクティス

あらゆる監視のユースケースで、可能な限り過去のデータの証跡を保存しておくことをお勧めします。これらの履歴データのセットから、注意が必要な新たな使用パターンが見つかることがあります。それらの情報は、先手をとってスケーリングを行ったり、問題やパフォーマンス低下が見られるサービスコンポーネントを特定したりするのに役立ちます。

クラウドでは、先ほど説明した4つすべてのユースケースで、ログの作成／取り込み／保管がネイティブにサポートされます。各プラットフォームで提供されるネイティブサービスの例として、Amazon CloudWatchおよびAWS CloudTrail、Azure Monitor、Google Cloud Stackdriver

Monitoring、IBM Monitoring and Analytics[※3]があります。

以下の図は、ハイブリッド環境（クラウドおよびオンプレミス）で作成されるログのさまざまな情報源（ソース）を示しています。

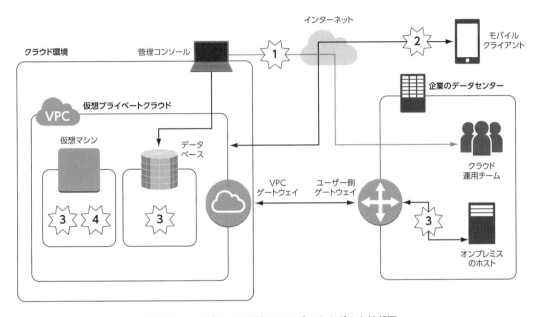

図5.8：ハイブリッド環境でのログのさまざまな情報源

以下のようなソースがあります。

- **ソース1**：ITチームやマシンによって環境の設定やコンフィグレーションを変更するために実行されたAPI呼び出しのログ

- **ソース2**：モバイル版およびデスクトップ版Webクライアントが生成したエンドユーザーのログ

- **ソース3**：クラウドおよびオンプレミスのリソースが生成したインフラストラクチャのパフォーマンスログ

- **ソース4**：スタックの全体的な正常性において、特有で関連性があると判断される、アプリケーションが生成したカスタムのログ

※3　翻訳時点ではIBM Monitoring and Analyticsが廃止され、IBM Cloud Availability Monitoringに代わっている。

第5章 | スケーラビリティと可用性

　ほとんどの場合、クラウドネイティブなサービスや、クラウドのコンピューティングリソース上に展開して管理するサードパーティ製品、あるいはその両方を組み合わせたものなど、さまざまなソリューションの選択肢があります。Splunk、Sumo Logic、Loggly、Dynatrace などが提供するソリューションが企業でよく利用されます（ただし高価な場合があります）。これらのサードパーティのソリューションは、4 つすべてのユースケースで生成された大量のデータを収集／保管／分析できる豊富な機能を備えています。また、データソースを構築し、製品にネイティブに入力するための標準 API も利用できます。

　クラウドサービスプロバイダーは、プラットフォームの他のサービスとネイティブに統合できる独自のログサービス／監視サービスを提供するほか、継続的に機能を充実させており、それらのサービスを利用することもできます。このようなサービスの例として、AWS CloudTrail と Amazon CloudWatch があります。これらは、プラットフォーム上でネイティブにログ機能を提供する、成熟度の高いターンキーサービスです。いずれも AWS が提供する他のサービスと簡単に統合できるので、ユーザーにとって有用です。

　AWS CloudTrail は、各アカウントのすべての操作をログに記録することで、AWS 環境のガバナンス、コンプライアンス、運用、リスクに関する監査を実現します。CloudTrail では、アカウントに関するすべての基本的なイベント（ユーザーまたはマシンによって開始される設定の変更）は API 呼び出しによって行われるという事実を利用しています。これらの API リクエストが、CloudTrail を通してキャプチャ、保存、監視されます。運用チームとセキュリティチームは、この情報を使用して、**誰がいつ何を変更したか**を完全に把握できます。Amazon CloudWatch は、「プラットフォームからの指標」「アプリケーションレベルで生成されたカスタムソースからの指標」を収集して追跡できる、補足的なサービスです。CloudWatch では、カスタムダッシュボードを作成し、運用チームの関心が高い指標を集約することでシンプルなレポートを利用することもできます。また、CloudWatch では、特定のリソース条件（CPU 使用率が高くなった、プロビジョニングされた DB 読み込み容量が足りなくなったなど）が満たされたときに自動的にイベント（SMS や電子メールの通知を送信するなど）をトリガーするアラームを設定できます。

　以下に、CloudWatch を使用して作成されたサンプルのカスタムダッシュボードの画面を示します。

116

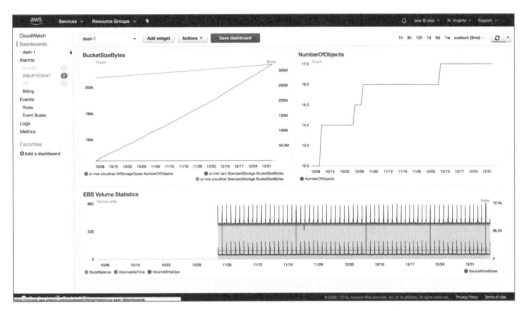

図 5.9：CloudWatch を使用して作成されたカスタムダッシュボード

画面の各グラフはカスタマイズ可能なウィジェットとなっており、プラットフォーム上の他のサービスから収集された多種多様な指標を表示できます。カスタムの指標をサービスに取り込んで監視することもできます。

AWS 以外のクラウドサービスプロバイダーも同様のサービスを提供しており、優れた機能を次々に追加しています。業界内では、クラウドサービスプロバイダーが充実させているサービスによって、サードパーティパートナー (3PP) の提供サービスが常に脅かされていると話題になっています。このような競争の激しい環境が、業界全体のイノベーションの推進につながっており、クラウドユーザーにとっては望ましい状況といえます。

クラウドネイティブ・アーキテクチャのベストプラクティス

複数のダッシュボードを作成し、それぞれが 1 つのアプリケーションスタック、または関連する運用グループに関する情報を表示するようにします。このようにダッシュボードとスタックを 1 対 1 で対応させることで、1 つの自律的スタックに関連するあらゆるデータを簡単かつ迅速に確認でき、トラブルシューティングやパフォーマンスチューニングを大幅にシンプルにできます。また、レポートもシンプルになります。

図 5.8 に基づいて、個々のユースケースに応じてサービスを具体的に導入した様子を以下の図に示します。

第 5 章 ｜ スケーラビリティと可用性

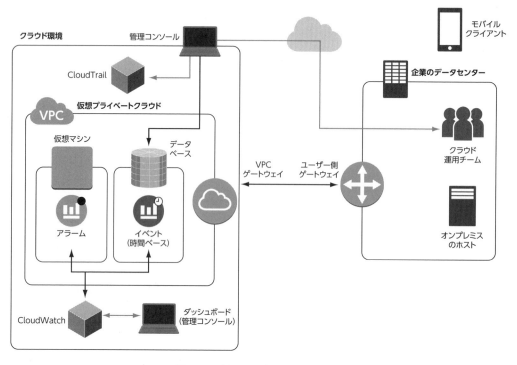

図 5.10：監視サービスを導入した例

　AWS CloudTrail は、クラウド環境に対するすべての API 呼び出しの監査証跡となります。これにより、責任者は、誰がどのリソースにどのような操作を行っているかを完全に把握できます。また、Amazon CloudWatch は、ネイティブな指標の収集／レポート機能を提供します。これらのカスタムダッシュボードでは、オンプレミスのホストやシステムからログを収集してレポートすることもできます。

　CloudWatch や CloudTrail などのサービスをインスタンス化し、自身がサポートする使用環境やアプリケーションに基づいてカスタムダッシュボードを作成することが、クラウドネイティブな環境やアプリケーションをセットアップするための重要な第一歩となります。

5.3.4　コードとしてのインフラストラクチャ（IaC）

　クラウドの性質上、クラウドユーザーと、ユーザーがプロビジョニングして利用するリソースとは物理的に離れています。そのため、デバイスでパフォーマンスの低下や障害が発生しても、実際にその場所に行ってトラブルシューティングすることができません。そこで、これまではリソースがある場所で操作していたようなあらゆる機能をデジタル化する必要が生じます。これだけが理由ではありませんが、クラウドの初期段階において機能のデジタル化は、設計上の主要な必須要件で

した。クラウドサービスプロバイダーのプラットフォームは、新たに作成し直されたものです。このプラットフォームのサービスと機能は、定義済みのAPIのセットをプログラムから呼び出すことで利用／設定／操作できます。各クラウドサービスプロバイダーは、APIの構文／説明／**コマンドラインインターフェイス (CLI)** ／使用例を、すべての人に無料で公開し保守しています。そのため、誰でもAPIについて調べて利用できます。

　ソフトウェアによる設定が定着すると、IT環境やスタック全体をコードで表せるようになりました。**コードとしてのインフラストラクチャ (IaC)** という概念が誕生した瞬間です。開発者によるコラボレート／アプリケーションテスト／展開で使用していたものと同じ概念、アプローチ、ツールの多くを、そのままインフラストラクチャ（コンピューティングリソース、データベース、ネットワークなど）で使用できるようになりました。IaCにより、インフラストラクチャのアーキテクトが開発者と同じ俊敏性をもって反復的にシステムを進化できるようになりました。そのため、IaCはITシステム全般の急速な発展に最も貢献した要素の1つといえるでしょう。

　可用性、スケーラビリティ、回復性の高いアプリケーションを作成するには、現在ソフトウェア開発の中核となっている原則の多くを、クラウドのアーキテクトが導入する点が重要になります。より詳しくは第8章で説明しますが、IaCによってもたらされたこの革新的なアプローチは、スタックの成熟度(可用性、スケーラビリティ、回復性)を高める推進力となっています。クラウドネイティブ・アプリケーションで、最初から高い成熟度や回復性を実現できると考えてはいけません。効率性やフェイルオーバーの新しい手段を日々取り入れ続ける必要があります。この革新的なアプローチは、クラウド導入の取り組み（業界用語で「クラウドジャーニー」と呼ばれることもあります）を成功に導くために非常に重要な要素となります。

クラウドネイティブ・アーキテクチャのベストプラクティス

　1つの大規模なモノリシックIaCスタックを構築するのではなく、分割された複数のIaCスタックを管理するようにします。よく使用されるのは、中核となるネットワーク設定およびリソースを1つのスタックとして分離する方法です（通常は時間とともに変化することがほとんどない1回限りの設定で、すべてのアプリケーションで共通して使用されるリソースです。そのため、専用のスタックを設けます）。アプリケーションは、独自のスタックまたは複数のスタックに分離します。アプリケーション間で共有されるリソースを単一のアプリケーションのスタックに組み込むことはほとんどありません。独立したスタックで管理することで、別々のチームが異なる変更を組み込み、不整合が生じる事態を防止できます。

　図5.6に基づいて、クラウドネットワークインフラストラクチャ全体をコードテンプレート（ネットワークスタックと呼びます）として定義できます。以下の図を見てみましょう。

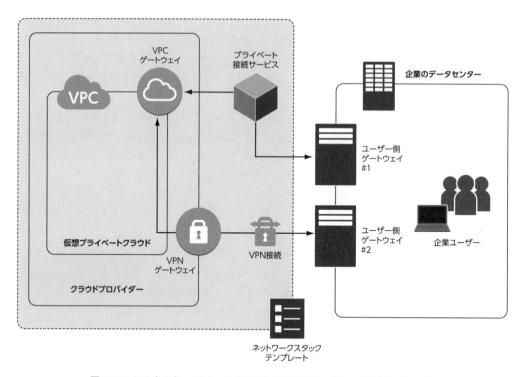

図 5.11：クラウドネットワークインフラストラクチャとコードテンプレート

　点線で囲まれた灰色の部分すべてが、ネットワークスタックテンプレート内でコードとして定義されます。ネットワークスタックで必要となる変更は、テンプレート内のコードを変更して管理できます。

　図 5.4 をもとに、IaC でアプリケーションを管理する方法の例を見てみましょう。Web サーバー設定、自動スケーリンググループ、弾力性の高いロードバランサーが Web スタックテンプレートに定義／管理されます。データベースの設定とリソースは、データベーススタックテンプレートで管理されます。この様子について、以下の図に示します。

5.3 Always On - アーキテクチャの主要な要素

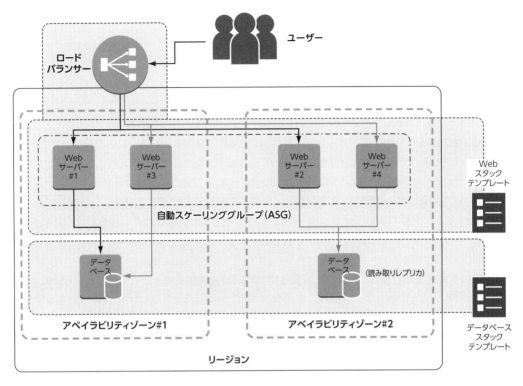

図5.12：IaCでアプリケーションを管理する方法の例

　これらはクラウドネイティブなサービスと、サードパーティのツールを使用できます。クラウドサービスプロバイダーが提供するネイティブなサービスの例として、**AWS CloudFormation**、**Azure Resource Manager (ARM)**、**Google Cloud Deployment Manager** があります。多くの場合、コードは、**JavaScript Object Notation (JSON)** または **Yaml Ain't Markup Language (YAML)** で記述できます。YAMLは、以前は Yet Another Markup Language として知られていました。

　よく使われるサードパーティのツールに、HashiCorpによるTerraformがあります。Terraformは、すべての主要なクラウドとオンプレミスで利用できるので、ハイブリッドインフラストラクチャ環境全体で統一されたIaCランドスケープを作成できます。Terraformは、terraform形式と呼ばれる設定用の独自フォーマット（テンプレート）をサポートしていますが、JSONも使用できます。厳密にはIaCではありませんが、設定を管理できるVagrant、Ansible、Chef、Puppetなどのツールが多くあります。

　AWSにおける成熟度の高い展開の例として、CloudFormationと、Chefなどの設定管理ツールの両方を利用して、自動化を実現し、展開のエラーを減らす方法があります。

第5章 | スケーラビリティと可用性

5.3.5 イミュータブルな展開

イミュータブルとは、時間とともに変化しないもの、または変更できないものを意味します。イミュータブルな展開とは、アプリケーションスタックを一度展開して設定した後、その状態が固定されるような手法です。変更が必要な場合は、アプリケーションスタック全体またはスタックの要素を再展開します。

クラウドのVM自体は、オンプレミスのマシンと比べて信頼性や持続性が高いわけではありません。VMの主なメリットは、標準化されているため、簡単に置き換えられる点にあります。たとえば、複雑なLEGOの組み立てセットを組み立てているとします。4x2のサイズの黄色いブロックが壊れたとしましょう。その場合でも、ブロックを修理せずに組み立て作業を続けられます。バケツから同じブロックを探して、そのブロックを使って組み立て続けるだけです。クラウドリソースもこのように扱えます。忌憚なくいえば、「リソースは、ペットのようにではなく、家畜のように扱え」ということになります。役に立たなくなった家畜は処分して、もっと健康な家畜のために牧場を利用すべきということです。

LEGOのたとえを続けると、完成した構造物（お城など）全体をイミュータブルとして扱うことで、いくつかのメリットがあります。お城に変更を加えたい場合（たとえば、跳ね橋を追加する場合）、2つ目のお城を組み立てて跳ね橋を追加し、テストします。テストが終わり、跳ね橋を追加した新しいお城を昇格させる準備が整うまでの間、1つ目のお城を使い続けることができます。

アプリケーションスタックをこのように扱い、システム全体を毎回できるだけ低いレベルからいっせいに置き換えることで、次のようなメリットがあります。

- できるだけ低いレベルからシステムを置き換えることで、各展開ステップの自動化を進めることができます。

- 新しいスタックのテストが終わり、準備が整うまでの間、正常性が保たれている古いスタックが稼働し続けるので、前のバージョンへのフェイルバックが必要な場合も簡単です。稼働中のスタックを更新して必要な変更を組み込むローリングアップデートでは、フェイルバックが難しくなります。失敗した場合はアップデートをロールバックする必要がありますが、すべての変更内容をうまく戻せる保証はありません。ローリングアップデートとロールバックを行うたびにシステムのダウンが発生します。イミュータブルな展開ではこのようなことはありません。

- 自動化を進めることで、すべての変更をスクリプトとして用意することになります。どのサーバーも同じように扱われ、いつでも使用停止したり再稼働したりできるようになるので、手作業での変更を続けているチームにとっては学ぶことが多いでしょう。

- すべてをスクリプトとして記述するため、コードを数行変更するだけで、非常に簡単に本番環境に似たシステムを開発したり、テスト用に構築したりできます。

- 最も重要な点として、新しいインフラストラクチャを分離してテストでき、本番環境のスタックにリスクが生じません。ビジネスクリティカルなアプリケーションでは、収益を上げるシステムに影響が生じないことが最優先の条件となります。

122

展開をイミュータブルとして扱うことは、何かの設定を変更するといったレベルの話ではなく、組織の考え方や文化を変えることを意味します。クラウドがもたらす新しい機能、特にIaC（AWS CloudFormation、Azure ARM、Terraformなど）の登場により、イミュータブルな展開が可能となりました。

他にも、さらなる自動化や、展開の負担軽減に役立つクラウドツールがあります。AWS Elastic Beanstalkなどのクラウドサービスは、運用における展開の負担を軽減し、ユーザーがアプリケーションコードの開発と管理に集中できるようにします。ユーザーは、コードをサービスにアップロードするだけで、後の処理はElastic Beanstalkに任せることができます（いくつかの設定パラメーターを指定する必要があります）。Elastic Beanstalkなどのサービスはイミュータブルな展開の考え方を主軸としているので、たとえば古いバージョン1.0のスタックとともに新しいバージョン2.0のスタックをプロビジョニングできます。バージョン2.0のテストを行いつつ、徐々にユーザートラフィックをバージョン2.0に移行可能です。バージョン2.0のスタックを本番環境に移行する準備が整ったら、カットオーバーを完了できます。新しいスタックで障害が発生した場合は、すぐに元の環境にフェイルバックできます。フェイルバックの処理は、ロードバランサーの設定を変更して、トラフィックを古いスタックと新しいスタックの間で切り替えるだけです。

さらに、設定を厳格に管理し、イミュータブルな状態を維持できるようにするクラウドサービスもあります。AWS Configなどのサービスを使用すると、経時的な設定の変更を追跡できるので、リソースの変更を監視し、状態を確認できます。これらの指標をAPIから使用し、独自の通知／修復システムに情報を入力したり、Configルールを使用してリソースの変更に基づいて特定のアクションを自動的に実行したりできます。

イミュータブルは、クラウドネイティブの成熟度を高める取り組みにおいて導入すべき重要な設計パラダイムです。できるだけ低いレベルからいっせいにリソースを置き換えるように展開の変更を管理することで、自動化を進め、アプリケーションの可用性を高めることができます。

5.4　自己修復的インフラストラクチャ

スケーラビリティと可用性に関連して、クラウドネイティブ・アプリケーションで導入すべき別の重要なパラダイムに、自己修復的インフラストラクチャがあります。自己修復的インフラストラクチャとは、既知の一般的な障害に自動的に対応できる、スマートな展開のことです。アーキテクチャが回復性を備え、障害の内容に応じて、エラーを修復するための適切な措置を実行します。

自己修復機能は、アプリケーション、システム、ハードウェアのレベルで導入できます。「ハードウェアの自己修復」については、クラウドがすべての責任を負います。厳密には、壊れたハードディスクや熱暴走したCPUを自動的に修理したり、寿命が来たRAMを人手を介さずに交換したりすることは、現在の技術ではできません。しかし、クラウドのユーザーには、このような理想的な未来が実現されたかのようなサービスが提供されます。クラウドサービスプロバイダーが、ユー

第5章 | スケーラビリティと可用性

ザーから見えないところで、障害のあるハードウェアリソースを迅速に修理／交換しているからです。ハードウェアの修理や交換は人手を介して行われるので、厳密な定義からすると自己修復的な物理インフラストラクチャとはいえません。ですが、クラウドのユーザーは物理的なレイヤーから分離されているので、物理的なリソースの障害を気にする必要がありません。

システムとアプリケーションのレベルでは、自己修復的インフラストラクチャとクラウドネイティブなアプリケーションを構築するための多くの方法が用意されています。以下にいくつかの例を示します。使用するツールについては、本章で後ほど説明します。

- **自動スケーリンググループ**：自動スケーリンググループ（ASG）は、自己修復的システムの良い例です。ASG は、通常はスケーラビリティと関連した機能と考えられていますが、ASG をうまく調整して使用すると、正常性が損なわれた VM を破棄して新しい VM を再プロビジョニングすることができます。この機能を使用するにあたっては、カスタムの正常性指標またはハートビートを監視システムに送信することが鍵となります。また、アプリケーションをステートレスな設計にすることも重要です。ステートレスにすることで、ASG 内の VM 間でセッションを移行しても処理を続けられるようになります。

- **DNS ヘルスチェック**：クラウドプラットフォームで利用できます。ユーザーは、特定のリソースの正常性、ネイティブな監視サービスのステータス、その他のヘルスチェックの状態を監視し、その内容に応じてアクションを実行できます。スタックの正常性に基づいて、インテリジェントかつ自動的にトラフィックの経路を変更できます。

- **インスタンス (VM) の自動復旧**：これは AWS のようなクラウドサービスプロバイダーが提供する機能で、基礎となるハードウェアで障害が発生したときに、正常性が損なわれたインスタンスを自動的に復旧します。ネットワーク接続の切断、システムの電源喪失、物理ホスト上のソフトウェアの問題、物理ホスト上のネットワーク接続に影響するハードウェアの問題などが発生すると、AWS はインスタンスを複製して、ユーザーに通知します。

- **データベースのフェイルオーバーまたはクラスター**：これらの機能は、主要クラウドサービスプロバイダーのマネージド DB サービスを通して利用できます。AWS RDS（リレーショナルデータベースサービス）などのサービスでは、マルチ AZ 展開をプロビジョニングできます。これらのサービスでは、SQL Server のデータベースミラーリング、Oracle、PostgreSQL、MySQL、MariaDB のマルチ AZ 展開、Amazon の独自 DB エンジン Aurora のクラスタリングなどを使用して、可用性の高い DB スタックコンポーネントをサポートしています。障害が発生した場合、DB サービスは同期されたスタンバイのレプリカに自動的にフェイルオーバーされます。

5.5　中心理念

　クラウドネイティブ・アプリケーションは、スケーラブルで、高い可用性を備えている必要があります。回復性の高いクラウドシステムを構築してこの目標を達成するには、本章で説明したさまざまな概念を利用しなければなりません。クラウドネイティブ・アプリケーションを構築する際に従うべき中心理念を以下に改めてまとめます。

- **コンピューティングを分散させ、アプリケーションをステートレスにする**
  - 複数のゾーンや地域に分散させます。ハイパークラウドプロバイダーのスケールをフル活用し、システムを複数のゾーンまたはリージョンに分散させます。
  - ステートフルアプリケーションは、各セッションについてのデータをマシンに保存し、セッションが有効な間そのデータを使用します。一方、ステートレスなアプリケーションは、セッション状態のデータをサーバーやホストに保存しません。代わりに、セッションデータはクライアントに保存され、必要に応じてサーバーに渡されます。そのため、必要に応じてコンピューティングリソースを交換してもセッションを続行できます（ASG によってグループ内のコンピューティングリソース数が拡大／縮小された場合など）。

- **ストレージを非ローカルかつ分散型にする**
  - データに冗長性をもたらす設計となっているクラウドストレージサービスを利用します。Amazon Simple Storage Service（S3）や Elastic Block Store（EBS）などのサービスを使用すると、複数の AZ やハードディスクにわたって自動的にデータが複製されます。
  - Redis や Memcached などの分散型キャッシュソリューションを利用すると、ステートレスなアプリケーションアーキテクチャをサポートできます。これにより、共通するデータやオブジェクトを、弾力性の高い Web およびアプリケーションのレイヤーから、共通のデータストアにオフロードできます。
  - データを分散させ、ハードウェアやノードの障害に耐性のあるデータベースソリューションを使用します。マルチ AZ データベース展開や、Amazon DynamoDB などのフルマネージド NoSQL DB サービスにより、冗長性と回復性を備えたアーキテクチャにすることができます。

- **物理的な冗長性を備えたネットワーク接続を作成する**
  - ネットワーク接続が切断されてしまい、フェイルオーバー計画が用意されていなければ、どんなに先進的なアプリケーションを作っても障害が発生してしまいます。既存のデータセンターやネットワーク接続点からクラウドへのネットワーク接続へ、冗長性を持たせた設計にすることで、深刻な障害が発生した場合でもアーキテクチャの運用を継続可能にします。この考え方は、オンプレミスのネットワークハードウェアにもあてはまります。プライベートリンクとその冗長 VPN 接続の終端が同じネットワーク機器とならないようにします。2つ以上の物理的に異なるリソースを利用できるようにします。

第 5 章 | スケーラビリティと可用性

- **広範囲かつ網羅的に監視する**
  - インテリジェントな監視を徹底的かつ継続的に行わないと、スケーラブルで可用性の高い システムは構築できません。スタックのあらゆるレベルを監視することで、自動化を導入 し、自己修復的インフラストラクチャを実現できるとともに、一般的な故障モードを検出 できます。
    さらに、運用を続けてシステムの動作についての履歴レコードが蓄積されると、いくつか のパターンを割り出すことができます。たとえば、トラフィック増加が予想されるパター ンを検出した場合に事前にスケーリングを行うことで、システムパフォーマンスのボトル ネックに対応できます。

- **IaC を使用する**
  - スタックをコードとして表現することで、アジャイルなソフトウェア開発方法論のあらゆ るメリットを、IT システムの展開と管理に適用できます。IaC なしでは、本章で紹介した いくつかの概念が実現できないので、クラウドネイティブ・アプリケーションを構築する 際に IaC は重要なポイントとなります。

- **すべての展開をイミュータブルにする**
  - できるだけ低いレベルからいっせいにシステムの変更を導入するポリシーを適用します。 アプリケーションにアップデートやパッチを適用する必要がある場合は、新しいイメージ に基づく新たに更新された VM を展開するか、または更新されたアプリケーションを含む 新しいコンテナーを起動します。これは、組織にとって技術面での変化であるとともに、 文化面での変化も意味します。

- **可能な限り、自己修復的インフラストラクチャを設計／実装する**
  - 自己修復可能なリソースやシステムを展開して構築することで、運用のオーバーヘッドを 減らします。クラウドでも、障害は発生するものと考えなければなりません。クラウドサー ビスプロバイダーのサービスや仮想マシンでもハードウェアやネットワークの障害が発生 することがあり、100% のアップタイムを期待してはいけません。このことを考慮に入れ、 複数のゾーンに分散して展開します。

- **展開のアンチパターンを自動的に報告／防止する**
  - スタックを IaC として扱い、イミュータブルな展開を導入することで、スタックに対する あらゆる変更を監視／検査できます。変更を防止するために、環境に設定のチェックと ルールを組み込みます。パイプラインにコードのチェックを組み込んで、ルールに従って いないシステムが見つかった場合は、展開する前にフラグを設定します。より詳しくは、 第 8 章で説明します。

- **運用コントロールプレーンを作成／管理する**
  - 運用するアプリケーションやシステムに合わせたカスタムのダッシュボードを作成しま

す。クラウドに組み込まれているログサービスとカスタムの指標を組み合わせ、重要なデータを 1 つのビューに集約します。さらに、通常の動作を超えた指標が検出された場合のフラグを設定したり、管理者に通知を行ったりするルールを作成します。

- **スケーラビリティと弾力性の点で違いを理解して適切な設計を行う**
    - クラウドが備えるスケーラビリティにより、ユーザーはほぼ無限の容量を使用してアプリケーションを拡張できます。アプリケーションのスケーラビリティ要件は、ユーザーの場所、グローバル展開への意欲、必要なリソースの種類に応じて異なります。弾力性とは、設計とシステムへの組み込みが必要なアーキテクチャ上の機能のことです。つまり、システムをユーザーの需要に応じて拡張／縮小できる機能です。これにより、パフォーマンスとコストを最適化できます。

5.6　サービス指向アーキテクチャとマイクロサービス

　主要なクラウドサービスプロバイダーがクラウド開発を始めた経緯には、モノリシックなシステムを管理する作業の負担が大きいことがありました。各プロバイダーの事業（Amazon.com での小売事業や、Google.com での Web インデックス構築事業）が急成長するにつれ、従来の IT システムでは成長のスピードを支えられなくなり、必要なイノベーションを実現するスピードを保てなくなりました。AWS と GCP の両方で同じような背景がありました。このことについては、一般向けに文書としてまとめられています。これらのサービスに関連する社内システムは、最初は社内の製品開発チームにのみ提供されていましたが、成熟度が増すにつれて、Amazon が外部のユーザーにも従量課金モデルで提供するようになりました。

　今では、多くの企業やアーキテクトがこのような分離型のプロセスにメリットを見出しています。完全分離型のこのような環境は、**サービス指向アーキテクチャ（SOA）**と呼ばれます。SOA は、「環境を構成する各システムが最低限のアプリケーション機能を提供し、それらのシステムが独立して実行され、API のみを介して相互にやり取りを行うようなデジタル環境」と定義されます。実務的には、各サービスが独立して展開／管理されることを意味します（スタックが IaC で管理されることが理想です）。サービスは他のサービスに依存することもできますが、データの交換は API によって行われます。

　SOA とマイクロサービスは、スケーラビリティと可用性の面で、CNMM における最も成熟度の高い形態です。アプリケーションまたは IT 環境を分離型にするには長い時間と高度な専門知識が要求されます。

第 5 章 ｜ スケーラビリティと可用性

5.7 クラウドネイティブ・ツールキット

ここまで、スケーラブルで可用性の高いシステムを設計するための戦略について説明しました。この節では、これらの戦略を実装するのに役立つツール、製品、オープンソースプロジェクトについて紹介します。これらのツールは、CNMM の「自動化」と「アプリケーション中心の設計」の基軸において、成熟度の高いシステムを設計するのに役立ちます。

5.7.1 Simian Army

Simian Army（モンキー軍団）は、Netflix が GitHub でオープンソースプロジェクトとして公開している一連のツールです。Army（軍団）は、Chaos Monkey（カオスモンキー）、Janitor Monkey（お掃除モンキー）、Conformity Monkey（適合性モンキー）などのさまざまなモンキー（ツール）で構成されています。それぞれのモンキーは、サブシステムをダウンさせる、使用頻度の低いリソースを除去する、事前に定義されたルール（タグ付けなど）に従っていないリソースを除去するなどの特定の目的に特化しています。エンジニアや管理者がスタンバイし、システムが Simian Army（モンキー軍団）の攻撃に屈したら修正作業を行います。Simian Army ツールを使用することで、Gameday イベントに参加しているような感覚でシステムをテストできます。Netflix では、エンジニアが設計の有効性を常にテストできるように、これらのツールを業務時間中に定期的に実行しています。サブシステムが軍団によってダウンさせられると、アプリケーションの自己修復機能が試されることになります。Simian Army は下記 URL の GitHub サイトから入手できます。

■ Simian Army
https://github.com/Netflix/SimianArmy

5.7.2 Docker

Docker はソフトウェアコンテナープラットフォームであり、Docker ではあらゆる依存関係や必須のライブラリと一緒にアプリケーションを独立したモジュールとしてパッケージ化できます。これにより、アーキテクチャ設計の重心が、ホスト /VM から、コンテナー化されたアプリケーションに移ることになります。コンテナーを使用すると、非互換性が生じるリスクや、アプリケーションとその実行基盤の OS との間でバージョンの競合が生じるリスクを取り除くことができます。さらに、異なるマシン上の Docker の間では簡単に移行が可能です。

クラウドネイティブ・アプリケーションとの関係でいえば、コンテナーは実行用アプリケーションをパッケージ化する効果的な方法であると同時に、バージョン管理に役立ち、効率的な展開の運用を可能にします。Docker はコンテナーの分野をリードするソリューションであり、**Community Edition (CE)** は無料で利用できます。

Docker に加えて、Docker を最大限活用してクラウドネイティブ・システムを作成するのに役立つ、

5.7 クラウドネイティブ・ツールキット

いくつかの注目すべきオープンソースプロジェクトがあります。

- **Infrakit** は、インフラストラクチャのオーケストレーションのためのツールキットです。イミュータブルなアーキテクチャのアプローチを中心に据えており、自動化と管理プロセスを小さなコンポーネントに分類できます。Infrakit は、高レベルのコンテナーオーケストレーションシステム向けにインフラストラクチャサポートを提供し、インフラストラクチャを自己修復的なものにします。Swarm、Kubernetes、Terraform、Vagrant などの他の人気のあるツールやプロジェクト用のプラグインが多数用意されており、AWS、Google、VMware 環境をサポートします（https://github.com/docker/infrakit）。

- **Docker Swarm (kit)** は、Docker Engine 1.12 以降向けのクラスター管理およびオーケストレーションツールです。Docker コンテナー展開でサービスの調整、負荷分散、サービス検出、組み込みの証明書のローテーションをサポートできます。Docker Swarm はスタンドアロン版でも利用できますが、Swarmkit（https://github.com/docker/swarmkit）が人気を博すようになってスタンドアロンでの開発は行われなくなっています。

- **Portainer** は、Docker 環境用の軽量版管理 UI です。使いやすく、任意の Docker エンジン上で稼働できる単独のコンテナーとして実行されます。運用コントロールプレーンを構築する場合は、環境とシステムのマスタービューをまとめ上げるために Portainer のような UI が欠かせません。詳しくは、https://github.com/portainer/portainer および https://portainer.io/ をご覧ください。

5.7.3 Kubernetes

2010 年代半ばに Docker が成功を収め、人気を高めると、Google はコンテナー化のトレンドに乗り、その普及に大きく貢献しました。Google は、Borg という社内システムインフラストラクチャのオーケストレーションシステムを基盤とし、Docker コンテナーのオーケストレーションシステムとして Kubernetes をゼロから設計しました。Kubernetes は、数多くの機能を備えており、強力なオープンソースのツールです。それらの機能を挙げると、ストレージシステムのマウント、アプリケーションの正常性のチェック、アプリケーションインスタンスの複製、自動スケーリング、アップデートの展開、負荷分散、リソースの監視、アプリケーションのデバッグなどがあります。Kubernetes は今後も自由に使用でき、活発なコミュニティによるサポートが行われるよう、2016 年に Cloud Native Computing Foundation に寄贈されました（https://kubernetes.io/）。

5.7.4 Terraform

Hashicorp による Terraform は、コードとしてのインフラストラクチャ（IaC）の構築／変更／バージョン管理を行える人気のツールです。AWS CloudFormation や Azure Resource Manager（ARM）

第5章 | スケーラビリティと可用性

などのクラウドネイティブなプラットフォームサービスと異なり、Terraform はさまざまなクラウドサービスプロバイダーおよびオンプレミスのデータセンターに対応します。そのため、ハイブリッド環境でインフラストラクチャリソースを扱う場合に特に威力を発揮します（https://github.com/hashicorp/terraform）。

5.7.5　OpenFaaS（サービスとしての関数）

OpenFaaS は、すでに説明したいくつかのツール（Docker、Docker Swarm、Kubernetes）と組み合わせて、サーバーレス関数を簡単に構築できるオープンソースのプロジェクトです。このフレームワークは、関数および指標の収集をサポートする API ゲートウェイの展開を自動化するのに役立ちます。このゲートウェイは需要に応じてスケーリングされ、監視用 UI も用意されています（https://github.com/openfaas/faas）。

5.7.6　Envoy

もともと Lyft により開発された Envoy は、クラウドネイティブ・アプリケーション用に設計された、オープンソースのエッジおよびサービスプロキシです※4。プロキシサービスは、サービス指向アーキテクチャ導入の鍵となります。成熟度の高いサービス指向アーキテクチャを設計することで、最高レベルのスケーラビリティと可用性を実現できます（https://www.envoyproxy.io/）。

5.7.7　Linkerd

Linkerd も、Cloud Native Computing Foundation がサポートするオープンソースプロジェクトの1つです。Linkerd は、人気のあるサービスメッシュプロジェクトです。すべてのサービス間通信に対して、サービス検出／負荷分散／障害対応／スマートルーティングを透過的に追加することで、SOA アーキテクチャをスケーラブルにします（https://linkerd.io/）。

5.7.8　Zipkin

Zipkin は、Google の研究論文「Dapper, a large-scale distributed systems tracing infrastructure（インフラストラクチャをトレーシングする大規模分散システム Dapper）」に基づくオープンソースプロジェクトにおいて、この論文のアイデアを実現したものです。アーキテクトは、Zipkin を使用してスパンデータを非同期的に収集し、UI を通してこのデータを論理的に解釈して、マイクロサービスアーキテクチャでトラブルシューティングを行い、遅延時間を最適化できます（https://zipkin.io/）。

※4　Envoy は翻訳時点で Cloud Native Computing Foundation のプロジェクト（Graduated Projects）である。

130

5.7.9　Ansible

Red Hat が提供する人気のソフトウェア Ansible は、オープンソースの設定管理とオーケストレーションのプラットフォームです。ノードおよびコントロールノード間のエージェントレスな通信を利用します。アプリケーションインフラストラクチャスタックの自動化と展開を行うための Playbook（プレイブック）がサポートされています（https://www.ansible.com/）。

5.7.10　Apache Mesos

Mesos は、基本的にはクラスターマネージャーであり、単一の VM または物理マシンを超えてアプリケーションをスケーリングできます。Mesos を使用すると、共有リソースのプールを使用した分散システムを簡単に構築できます。すべての分散システムが必要とする共通機能（障害検出、タスクの分散、タスクの開始、タスクの監視、タスクの終了、タスクのクリーンアップなど）を提供しており、Hadoop を使用したビッグデータの展開もサポートしていることから人気の選択肢となりました。Mesos はカリフォルニア大学バークレー校の AMPLab で作成され、2013 年には Apache ソフトウェア財団のトップレベルプロジェクトになりました（http://mesos.apache.org/）。

5.7.11　SaltStack

もう 1 つのオープンソースの設定管理／オーケストレーションプロジェクトである SaltStack プロジェクトは、大規模なクラウドネイティブ展開の管理に使用できます。展開で主に Linux ベースの OS ディストリビューションを使用している場合は、Salt の使用を検討します。Salt は Thomas S Hatch（トマス・S・ハッチ）氏によって記述され、2011 年に最初にリリースされました（https://github.com/saltstack/salt）。

5.7.12　Vagrant

Hashicorp のオープンソースプロジェクトである Vagrant は、仮想環境の一貫性のある設定を可能にするソフトウェアです。Vagrant は、自動化ソフトウェアとともに使用することで、すべての仮想環境でスケーラビリティとポータビリティを実現します。Vagrant の最初のリリースは、Mitchell Hashimoto（ミッチェル・ハシモト）氏と John Bender（ジョン・ベンダー）氏が 2010 年に記述しました（https://www.vagrantup.com/）。

5.7.13　OpenStack プロジェクト

OpenStack は、小規模なオープンソースプロジェクトをまとめた、包括的なオープンソースのプ

ロジェクトです。OpenStack を構成する各プロジェクトは、今日の主要なクラウドサービスプロバイダーが提供するあらゆるサービスと類似のサービスを提供します。OpenStack プロジェクトは、コンピューティング、ストレージ、ネットワーク、データと分析、セキュリティ、アプリケーションサービスなど多岐にわたります。

- **コンピューティング：**
  - Nova…コンピュートサービス：https://wiki.openstack.org/wiki/Nova
  - Glance…イメージサービス：https://wiki.openstack.org/wiki/Glance
  - Ironic…ベアメタルプロビジョニングサービス：https://wiki.openstack.org/wiki/Ironic
  - Magnum…コンテナーオーケストレーションエンジンのプロビジョニング：https://wiki.openstack.org/wiki/Magnum
  - Storlets…ユーザー定義コードの実行を可能にするツール（Swift 拡張ツール）：https://wiki.openstack.org/wiki/Storlets
  - Zun…コンテナーサービス：https://wiki.openstack.org/wiki/Zun

- **ストレージ、バックアップ、復旧：**
  - Swift…オブジェクトストア：https://wiki.openstack.org/wiki/Swift
  - Cinder…ブロックストレージ：https://wiki.openstack.org/wiki/Cinder
  - Manila…共有ファイルシステム：https://wiki.openstack.org/wiki/Manila
  - Karbor…サービスとしてのアプリケーションデータ保護：https://wiki.openstack.org/wiki/Karbor
  - Freezer…バックアップ、復元、障害復旧：https://wiki.openstack.org/wiki/Freezer

- **ネットワークとコンテンツ配信：**
  - Neutron…ネットワーキング：https://docs.openstack.org/neutron/latest/
  - Designate…DNS サービス：https://wiki.openstack.org/wiki/Designate
  - DragonFlow…Neutron プラグイン：https://wiki.openstack.org/wiki/Dragonflow
  - Kuryr…コンテナープラグイン：https://wiki.openstack.org/wiki/Kuryr
  - Octavia…ロードバランサー：https://wiki.openstack.org/wiki/Octavia
  - Tacker…NFV オーケストレーション：https://wiki.openstack.org/wiki/Tacker
  - Tricircle…複数リージョン展開のネットワーク自動化：https://wiki.openstack.org/wiki/Tricircle

- **データと分析：**
  - Trove…サービスとしてのデータベース：https://wiki.openstack.org/wiki/Trove
  - Sahara…ビッグデータ処理フレームワークのプロビジョニング：https://docs.openstack.org/sahara/latest/
  - Searchlight…インデックス作成と検索：https://wiki.openstack.org/wiki/Searchlight

- **セキュリティ、ID、コンプライアンス：**
  - Keystone…ID サービス：https://wiki.openstack.org/wiki/Keystone
  - Barbican…キー管理：https://wiki.openstack.org/wiki/Barbican
  - Congress…ガバナンス：https://wiki.openstack.org/wiki/Congress
  - Mistral…ワークフローサービス：https://wiki.openstack.org/wiki/Mistral

- **管理ツール：**
  - Horizon…ダッシュボード：https://wiki.openstack.org/wiki/Horizon
  - Openstack Client…コマンドラインクライアント：https://docs.openstack.org/newton/user-guide/common/cli-install-openstack-command-line-clients.html
  - Rally…ベンチマークサービス：https://rally.readthedocs.io/en/latest/
  - Senlin…クラスタリングサービス：https://wiki.openstack.org/wiki/Senlin
  - Vitrage…根本原因分析サービス：https://wiki.openstack.org/wiki/Vitrage
  - Watcher…最適化サービス：https://wiki.openstack.org/wiki/Watcher

- **展開ツール：**
  - Chef Openstack…OpenStack 用の Chef Cookbook（クックブック）：https://wiki.openstack.org/wiki/Chef、https://docs.openstack.org/openstack-chef/latest/
  - Kolla…コンテナー展開：https://wiki.openstack.org/wiki/Kolla
  - OpenStack Charms…OpenStack 用の Juju Charm（チャーム）：
  - https://docs.openstack.org/charm-guide/latest/
  - OpenStack-Ansible…OpenStack 用の Ansible Playbook（プレイブック）：https://wiki.openstack.org/wiki/OpenStackAnsible
  - Puppet OpenStack…OpenStack 用の Puppet モジュール：https://docs.openstack.org/puppet-openstack-guide/latest/
  - Tripleo…展開サービス：https://wiki.openstack.org/wiki/TripleO

- **アプリケーションサービス：**
  - Heat…オーケストレーション：https://wiki.openstack.org/wiki/Heat
  - Zaqar…メッセージングサービス：https://wiki.openstack.org/wiki/Zaqar
  - Murano…アプリケーションカタログ：https://wiki.openstack.org/wiki/Murano
  - Solum…ソフトウェア開発ライフサイクルの自動化：https://wiki.openstack.org/wiki/Solum

第5章 | スケーラビリティと可用性

- **監視と測定：**
  - Ceilometer…測定およびデータ収集サービス：https://wiki.openstack.org/wiki/Telemetry
  - Cloudkitty…請求とチャージバック：https://wiki.openstack.org/wiki/CloudKitty
  - Monasca…監視：https://wiki.openstack.org/wiki/Monasca
  - Aodh…アラームサービス：https://docs.openstack.org/aodh/latest/
  - Panko…イベント、メタデータインデックス作成サービス：https://docs.openstack.org/panko/latest/

　オープンソースだけではなく、非オープンソースを含め、他にも多くのツールを利用できます。今後の発展が期待される進行中のプロジェクトも多くあります。ここに示したリストは、すべてのツールを網羅した完全なものではありません。本書執筆時点で使用されている人気のあるツールをいくつか選んで紹介しました。重要な点は、自動化と自由度が鍵となることです。クラウドネイティブな運用のためのツールの選択と管理について詳しくは、第8章で説明します。

5.8　まとめ

　本章では、ハイパースケールのクラウドについて紹介し、コンピューティングリソースがハイパースケールで組織的に集約されることで、ITユーザーにどのようなメリットがあるかについて説明しました。ハイパースケールクラウドプラットフォームのグローバルなスケール／整合性／カバー地域は、スケーラブルで可用性の高いシステムについての従来の考え方を改めさせるものです。

　次にAlways Onアーキテクチャの概念と主要な要素について説明しました。ネットワーク冗長性、冗長なコアサービス、広範囲な監視、IaC、イミュータブルな展開は、すべてクラウドネイティブ・システムの設計に組み込むべき重要な要素です。

　このAlways Onのアプローチをもとに、自己修復的インフラストラクチャの概念について説明しました。大規模でクラウドネイティブな展開においては、システムの復旧修復の自動化は重要な機能となります。これにより、システムは自力で復旧できるようになります。さらに重要な点として、大切な人的資源をシステムの改善に振り向けることができるようになり、アーキテクチャを進化させることにつながります。

　本章の最後に、アーキテクトやIT専門家が現在利用できる人気のツールについていくつか紹介しました。これらのツールは、設定管理、自動化、監視、テスト、マイクロサービスメッシュの管理など、あらゆるユースケースを網羅します。

　次の章では、クラウドアーキテクチャのセキュリティについて説明します。

CHAPTER 6:
Secure and Reliable

セキュリティと信頼性

第 6 章

　企業で新しいテクノロジーを導入するときにほとんどの意思決定者が最初に考慮する基準が、セキュリティです。安全に展開でき、展開後はセキュリティ上の脅威から保護できて脅威に対処できることが、成功にとって最も重要な条件となります。このことは、コンピューターシステムが登場して以降変わっていませんし、今後も当面続くと予想されます。顧客データの流出、漏えい、不適切な管理はビジネス上の損失を生じるリスクがあるため、IT システムの全体的なセキュリティはますます重要性を増していくでしょう。一方で、セキュリティ事件を起こして事業に行き詰まった企業の例は、過去 10 年だけでも数十件に上ります。

　かつてインターネット検索の分野で圧倒的なシェアを誇った Yahoo は、Verizon との買収交渉中に攻撃の被害に遭っていたことを発表しました。このハッキングによって、2014 年に 5 億人のユーザーの実名、電子メールアドレス、生年月日、電話番号が流出しました。数か月後、Yahoo はさらに 10 億件のアカウントとパスワードが漏えいするセキュリティ事件が生じていたことを発表しました。これらの事件により、Verizon による Yahoo の買収価格が 3 億 5,000 万ドル低下したとされています。

　Yahoo と類似した事例は数十件にもおよび、不適切な管理、不十分な対応、低品質のアーキテクチャ設計などの原因で、企業に同様の被害が生じています。2014 年、eBay は 1 億 4,500 万件のユーザーアカウントが不正アクセスされる被害に遭いました。Heartland Payment Systems は 2008 年

第6章 | セキュリティと信頼性

に1億3,400万人のユーザーのクレジットカード情報を盗まれ、Targetは2013年に最大で1億1,000万人の顧客のクレジット／デビットカードと連絡先の情報を盗まれています。このような例は枚挙にいとまがありません。セキュリティ侵害事件が発生すると、企業は数百万ドル単位の罰金を科され、顧客の信頼を失い、多額の収益低下に見舞われることになります。

　すべてのITシステムにセキュリティが重要であることは誰もがわかっているにもかかわらず、これらの企業が事件を引き起こしてしまったのはなぜでしょう。どうしてこうなってしまったのでしょうか。セキュリティ対策を行うリソース、労働力、意志がなかったとは考えられません。この疑問に対する答えが、クラウドネイティブなセキュリティの方法論につながります。

　クラウドが登場する以前、IT資産は一元管理されたオンプレミスの場所に設置されていました。最も良い環境においては、これらのデータセンターへの物理的なアクセスが管理／監視されていました（ただし、管理が手薄なこともよくありました）。最も悪い環境では、コンピューティングリソースが複数の場所に分散し、物理的資産の追跡と監視は適切に行われていませんでした。整合性のないハードウェア、不適切なアクセス制御、不十分なオーバーヘッド管理により、セキュリティ体制が脆弱になっていました。

　一般的なセキュリティ対策として、これらのリソースの外側を、堅牢な殻で覆う方法があります。セキュリティ境界を安全に保てば、ITシステム全体のセキュリティを確保できると考えられていました。この考え方では、内部で生じる脅威や、いったんこの殻を破られたときの脅威に対処する方法は考慮されません。多くの場合、重要なネットワーク接続点に配置されたファイアウォールがこの殻の役目を果たし、すべてのトラフィックを監視します。同様にしてIDS/IPS（侵入検出システム／侵入防止システム）も導入されます。しかし、セキュリティ保護が施されたネットワーク接続点を脅威がくぐり抜けてしまうと、ファイアウォールの背後で実行されているスタック全体が攻撃面となります。保護された境界の内部に侵入した攻撃者は、自由に脆弱性を突くことができるため、それを止めることはほとんど不可能になります。さらに、保護用の殻の内側で生じる脅威に対して守ることはほとんどできません。

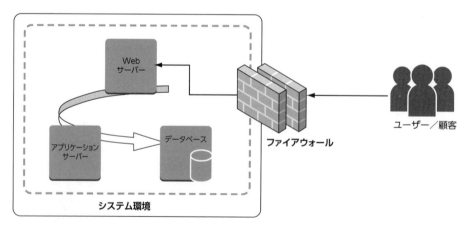

図6.1：ネットワーク接続点にファイアウォールを配置する従来のセキュリティ対策

6.1　クラウドネイティブな環境でのセキュリティ

　多くの場合、このような時代遅れのセキュリティ体制には、時代遅れのセキュリティ運用と組織モデルがつきものです。さまざまなマネージャーが指揮する複数のセキュリティチームがあり、開発チームやインフラストラクチャチームと異なる目標を設定して業務を行っています。通常、セキュリティチームの目標は、ビジネスの最終的な目標（マーケットシェアの拡大、収益の向上、インフラストラクチャのコスト削減など）に合わせたものとなっていません。それどころか、セキュリティチームは開発やイノベーションの足かせとなってしまっており、企業においてもそのような認識が一般的です。

　この認識は、現実からそれほどかけ離れているわけではありませんが、それはセキュリティエンジニアが悪いということではありません。セキュリティエンジニアが開発者やインフラストラクチャのアーキテクトと適切に連携して作業できるような組織モデルとなっていないために、このような軋轢が生じています。同じ目標に向かって働くパートナーではなく、敵対的でゼロサム的な関係となっているのです。仕事を早く進めたいのに、セキュリティエンジニアのせいで俊敏性が妨げられると不満を言うことが、アーキテクトや開発者の「はやり」のようになっています。開発者が持つ「フェイルファストとイノベーション」の考え方は、セキュリティ組織の「管理体制の変更とレビュー」の考え方と対立するものと考えられています。

6.1　クラウドネイティブな環境でのセキュリティ

　セキュリティが開発の阻害要素ではなく**推進要素**となるようにチームを再編成／再構成できたとしたらどうでしょう。パブリッククラウド・プラットフォームは、このような進化を次のようなさまざまな方法でサポートします。

- プラットフォームネイティブなセキュリティ製品やサービスを、広範に提供します。
- ネイティブなセキュリティ機能を API として公開します。
- コア IT サービス（ネットワーク、ID とアクセス管理、暗号化、情報漏洩防止 [DLP] など）にセキュリティ機能を統合します。
- さらに、クラウドにもともと備わっている以下のメリットもあります。
    - セキュリティの責任共有モデルにより、セキュリティに関する責任をクラウドプロバイダーとユーザーのセキュリティチームが分担できます。
    - クラウドプロバイダーが、大規模で幅広いセキュリティ機能を提供します。
    - サービスに対して、更新や機能が継続的に組み込まれます。

　各ハイパークラウドプロバイダーは、数千人におよぶ世界レベルのセキュリティ専門家のチームを擁しています。彼らは日々、存在する無数の脅威に対応し、クラウドユーザーにこれらの脅威の影響がおよばないようにしています。クラウドプロバイダーは、セキュリティスタックで提

第6章 | セキュリティと信頼性

供するサービスを時間とともに確実に向上させてきました。当初は、**ID とアクセス管理 (IAM)**、ファイアウォール、**Web アプリケーションファイアウォール (WAF)** が提供されました。その後、Amazon Inspector や Azure Security Center などのエージェントベースの OS セキュリティ、Amazon Macie などの**情報漏洩防止 (DLP)** が提供されるようになっています。

6.2　各レイヤーへのセキュリティの導入

　データセンターやクラウド環境で利用できる数多くのファイアウォールや VPN アプライアンスがあります。何を導入するかを検討する場合、どのセキュリティ製品を選ぶかではなく、どのように展開されるか、どのような機能（アクセス制御、認証、認可機能など）を利用できるかが重要となります。ネットワークのセキュリティだけに頼るのではなく、アプリケーションレイヤーにもセキュリティ機能を確実に組み込む必要があります。アプリケーションレベルでセキュリティを実装することで、スケーラブル、ポータブル、かつイミュータブルなアクセス制御を実現できます。また、人手でまとめた情報ではなく、アプリケーションや（マイクロ）サービスの実際の ID に基づいたアクセスの統合管理を実施できます。

　クラウドネイティブ・アプリケーションは、セキュリティが保護されたものでなければなりません。セキュリティ保護が組み込まれたシステムは、論理的な延長として、信頼性が高いシステムであることが必要です。アプリケーションコードはパッケージ化され、複数のクラウドリージョンにわたって展開され、さまざまなコンテナーで実行されて、数多くのクライアントや他のアプリケーションからアクセスされます。そのため、各マイクロサービスにセキュリティを組み込むことがますます重要となります。アプリケーションが複数の地域に分散されて、継続的にスケールアップやスケールダウンを繰り返しているという事実からだけでも、自動化されたきめ細かいセキュリティのアプローチが必要となります。

　企業にとって、セキュリティのコードを記述する作業はほとんどが楽しいものではなく、ビジネスロジックよりも重要性が低いと考えられてきました。多くの場合、セキュリティ関連の作業は開発サイクルの最後の段階になるまで放置され、製品のセキュリティ機能で深刻なトレードオフを生じさせていました。大量の処理をサポートするようにスケーリングでき、さまざまな地域で実行でき、セルフプロビジョニングを行えるようにクラウドネイティブなソリューションを構築する場合、主任となるアーキテクトは、アーキテクチャの中心的なビルディングブロックの 1 つとしてセキュリティを組み込む必要があります。

　セキュリティは、開発の最後に取り付けるものではなく、設計の基礎部分から組み込まれるようになりました。では、セキュアなクラウドネイティブ・スタックに必須の機能として、どのようなものがあるか考えてみましょう。

138

6.2　各レイヤーへのセキュリティの導入

- **コンプライアンス**：自動化によって、システムのコンプライアンスを維持し、監査証跡を保存します。(GxP※1やFFIEC※2などに対応した)コンプライアンスレポートに使用できる変更ログを生成して構築します。不正な展開パターンを防止するルールを導入します。

- **暗号化**：機密データをネットワークで送信する場合や、ストレージに保存する場合は、暗号化が必要です。IPsecやSSL/TLSなどのプロトコルは、複数のネットワークを経由するデータフローのセキュリティ保護に欠かせません。

- **スケーラブルで可用性の高い暗号化リソース**：単一の暗号化リソースだけを利用して暗号化機能を実行してはいけません。あらゆるクラウドネイティブな設計パターンと同じく、複数の暗号化リソースを分散配置する必要があります。分散させることでパフォーマンスが向上し、単一障害点を取り除くことができます。

- **情報漏洩防止 (DLP)**：PII(個人識別情報)または機密データを、ログやその他の許可されていないターゲットに書き込んではいけません。ログは比較的セキュリティのレベルが低く、多くの場合、情報がプレーンテキストで含まれています。ログストリームは、侵入者が非常に容易に標的とすることができます。

- **セキュアな資格情報とエンドポイント**：サービス資格情報およびソース／ターゲットエンドポイントをメモリ内に保持してはいけません。付与する権限を最小限に抑えるとともに、ネイティブなトークン化サービスを使用して、問題発生時の影響範囲を最小限に抑えます。人間のオペレーターの資格情報を作成する場合は、IDとアクセス管理(IAM)ルールを作成して、分離特化されたポリシーで運用します。使用状況を絶えずレビュー／監視します。

- **キャッシュ**：クラウドネイティブ・アプリケーションは、複数のインスタンスにわたってスケールイン／スケールアウトされます。ステートレスな設計をサポートするために、アプリケーションでは外部キャッシュ(MemcachedやRedisなど)を利用するようにします。また、リクエストの実行時に必要とされる時間を超えて、メモリに情報を保持してはいけません。キャッシュを使用することで、いずれかのマシンで障害が発生した場合でも、アプリケーションサーバー群に含まれる別のマシンにリクエストを簡単に移すことができます。

※1　GxPはGood x Practiceの略称であり、各団体で制定されている基準を総称したもの。臨床試験の実施基準(GCP：Good Clinical Practice)、医薬品等の製造品質管理基準(GMP：Good Manufacturing Practice)などがある。

※2　連邦金融機関試験評議会(FFIEC：Federal Financial Institutions Examination Council)によって制定された金融機関向けの各種基準。

第6章 | セキュリティと信頼性

6.3 クラウドのセキュリティサービス

　これまでの章で説明したように、クラウド環境で開発を行うメリットの1つは、環境に簡単に統合できる多数のサービスを、クラウドネイティブ開発者が利用できる点です。この点は、セキュリティにおいて特に重要な意味を持ちます。クラウドプラットフォームには、ユーザーが利用できる、そして利用すべき多くのセキュリティ機能が組み込まれているからです。ここでは、現在利用できるサービスや機能について説明します。

6.3.1 ネットワークファイアウォール

　セキュリティグループおよび**ネットワークアクセス制御リスト**は、クラウドネットワークプレーンにある仮想マシン向けのファイアウォールとして機能します。セキュリティグループはマシンの**ネットワークインターフェイス**で動作し、日常的な展開でより柔軟に使用できて便利です。セキュリティグループは臨機応変に変更でき、ルールはグループ内のすべてのネットワークインターフェイスに伝播されます。デフォルトで、セキュリティグループはすべての受信トラフィックを禁止し（ただし、同じセキュリティグループ内の他のマシンからのトラフィックは例外）、すべての送信トラフィックを許可します。ネットワークアクセス制御リストも同様ですが、ネットワークアクセス制御リストはサブネット全体に適用され、デフォルトですべてのトラフィックを許可します。

　以下に、セキュリティグループとネットワークアクセス制御リストを詳細に比較した表を示します。

セキュリティグループ	ネットワークアクセス制御リスト
インスタンスレベルで動作（防御の第1レイヤー）	サブネットレベルで動作（防御の第2レイヤー）
許可ルールのみをサポート	許可ルールと拒否ルールをサポート
ステートフル：ルールにかかわらず、戻りトラフィックは自動的に許可	ステートレス：戻りトラフィックは明示的にルールで許可する必要あり
トラフィックを許可するかどうかを決定する前に、すべてのルールを評価	順番にルールを処理して、トラフィックを許可するかどうかを決定
インスタンス起動時にセキュリティグループを指定した場合、または後でインスタンスにセキュリティグループを関連付けた場合にインスタンスに適用	ネットワークアクセス制御リストに関連付けられているサブネット内のすべてのインスタンスに自動的に適用（防御のバックアッププレイヤーなので、適切なセキュリティグループが指定されているかには依存しない）

　以下の図に示すようにセキュリティグループは、トランスポート層（第4層）の通信に対して、類似のポートを使用するインスタンスのグループに適用する必要があります。一方、ネットワークアクセス制御リストは、2つの大きなサブネットマスク間の接続を禁止する場合に使用します。

140

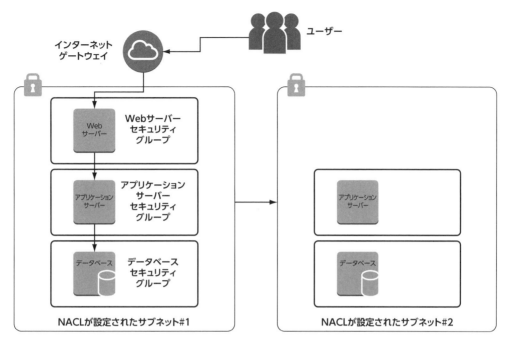

図 6.2：ネットワークアクセス制御リストの例

　この例では、ユーザーにインターネット経由でサブネット #1 に接続させますが、サブネット #2 には接続させません。このようにサブネットレベルでルールを適用する場合は、ネットワークアクセス制御リストが適しています。特定のアプリケーションポートについては、セキュリティグループのレイヤーで設定します。

　展開でセキュリティグループやネットワークアクセス制御リストをどのように利用するかを判断する場合、設計段階で以下の要素について考慮します。

- **ネットワークプレーン全体において、サブネットのパターンはどのようになるか**：［例］インターネットから非 Web アプリケーションを隔離するには、プライベートサブネットとパブリックサブネットが必要です。

- **共通のサーバーが特定のサブネットにグループ化されるか**：［例］Web 層、アプリケーション層、DB 層がサブネットにグループ化されます。

- **プライベートネットワークプレーン外部に接続しない VM クラスターまたはサブネットはどれか、接続するものはどれか**：完全にフラットなネットワークプレーンであっても、特定の VM のトラフィックパターンが似ている場合は、それらをグループ化できます。

- **アプリケーションで使用されるポートとプロトコルは何か**：アプリケーションの一般的なトラフィックパターンを把握することは、適切なファイアウォールのルールを作成するのに役

第6章 | セキュリティと信頼性

立ちます。

● **パブリックネットワーク空間の接続先はあるか**：パッチやアップデートを取得するためにパブリックドメインに接続する必要のあるアプリケーション、およびその接続先を把握します。

　これらの要素を明らかにすることで、セキュリティやネットワークのエンジニアは、クラウド環境用にスケーラブルでセキュアなファイアウォール体制を実現するための、強固な基礎を築くことができます。

6.3.2　ログと監視

　クラウドプラットフォームでは、いくつかの種類のネイティブなログサービスが提供されています。それらのサービスにより、ユーザーが監査と監視のために幅広く詳細なログストリームを作成できます。多くのサービスが提供されており、日々その種類が増えていますが、それでもまだギャップが存在しています。特に、アプリケーションログの領域でギャップがあります。オープンソースまたはサードパーティのソリューションを使用して、これらのギャップに対応する方法について後ほど説明します。

▶ネットワークログ

　ネットワークログを使用すると、プライベートクラウドのネットワークプレーン内のネットワークトラフィックを確認できます。AWS VPC フローログ、Azure フローログ、GCP Stackdriver Logging は、各クラウドプラットフォームで実行されるネイティブなサービスであり、ネットワークのログ／分析ツールを提供します。

　これらのフローログには、以下のような多様な情報が含まれています（ただしこれらに限りません）。

● ソースと接続先の IPv4 または IPv6 アドレス
● ソースと接続先のポート
● IANA プロトコル番号
● パケット数
● サイズ（バイト数）
● キャプチャ期間の開始時刻と終了時刻
● アクション／ステータス（ファイアウォールのルールによって許可されているトラフィックかどうか）

6.3 クラウドのセキュリティサービス

- アカウント ID
- インターフェイス ID（トラフィックの仮想ネットワークインターフェイスの論理識別子）

これらのログはネイティブクラウドサービス内で保持されますが、他のストレージにエクスポートすることができます。クラウドユーザーは、エクスポートしたさまざまなログソースをまとめて、1つの一元化されたリポジトリに取り込むことができます。

▶監査ログ

監査証跡ログにより、クラウド環境内で管理されているすべての管理／論理イベントを取得して保存できます。AWS CloudTrail、Azure アクティビティログ、GCP Cloud Audit Logging はすべて、ユーザーがクラウド環境をどのように操作しているかを理解できる、管理者向け監査証跡を提供するネイティブサービスです。

各種基準（GxP や HIPAA）に適合した環境を構築する場合でも、単にスケーラブルで持続可能な企業クラウド環境を維持する場合でも、クラウド環境を操作する多くのユーザーのアクションを追跡することが非常に重要です。ネイティブな監査ログにより、この機能を実現できます。

すべてのクラウドプロバイダーのサービスは、スケーラブルな API を基盤として構築されているので、クラウド環境に対するあらゆる操作は API 呼び出しに帰着します（GUI を使用して行われる変更も、結局のところ API 呼び出しにつながります）。これらの API 呼び出しによって生成されるログには、以下のような多様な情報が含まれています（ただしこれらに限りません）。

- イベントのタイプ／名前／時刻／ソース
- アクセスキー ID
- アカウント ID
- ユーザー名
- リージョン
- ソース IP アドレス
- リクエストパラメーター
- レスポンス要素

これらのログは、保存先となるクラウドストレージ内、またはクラウドサービス自体に保存されますが、エクスポートすることができます。ユーザーは、エクスポートした監査ログと他のログを一元化し、複数のアカウントについての情報を包括的に参照できます。

第6章 ｜ セキュリティと信頼性

▶監視ツール

監視ツールは、クラウドユーザーにとって、クラウド環境の経時的な指標や動作を確認できるダッシュボードとなります。これらのサービスは、他のクラウドサービスとシームレスに統合できる、クラウドインフラストラクチャのネイティブな監視ツールです。Amazon CloudWatch、Azure Monitor、GCP Stackdriver Monitoring は、それぞれのクラウドプラットフォームで実行されるネイティブなサービスであり、同等の機能を提供します。

これらのサービスは、開発サイクルの初期段階で、すでに提供済みだった他のクラウドサービスと統合されました。その後、時間が経って多くの機能が追加されたため、カスタム指標の取り込みもサポートするようになりました。これにより、クラウドユーザーは、監視サービスにアプリケーション指標を設定して、その情報を入力できるようになりました。セキュリティや管理作業に携わる運用チームは、情報を一元的に集約する包括的なスタック監視ソリューションの導入を目指す必要があり、実際にそうした取り組みを行っています。

これらのサービスの重要な機能には以下のものがあります。

- あらゆる瞬間の詳細な監視
- 監視指標が特定のしきい値に達したときのアラームの設定とトリガー
- アラームに基づくアクションの自動化
- グラフや統計情報を表示するカスタムダッシュボードの作成

クラウドの監視サービスには、他の監視ソリューションとは異なる Always On という特長があり、パフォーマンスと可用性に非常に優れています（分散型で実行され、クラウドプロバイダーが管理するサービスだからです）。これらのサービスは他のクラウドサービスと統合できるので、相互運用性が高まります。ログファイルは攻撃対象として最も狙われやすいものですが、そのログファイルを暗号化できるので攻撃のリスクも軽減できます。

6.3.3 設定管理

クラウド環境内で行われるあらゆる管理作業は、GUI と CUI のいずれを使用した場合でも、API 呼び出しによって実行されるので、設定の状態や変更を追跡できるようになります。AWS Config などのサービスを使用すれば、展開パターンを監視し、設定状態を保持して、経時的なクラウドリソースに対する変更を監視できます。

このような機能を用いることは、セキュリティを考えるうえで大きなメリットがあります。クラウドリソースや VM 上のソフトウェアの設定の一覧を作成することで、ユーザーは安心してセキュリティ体制を維持し、設定に逸脱が生じているかどうかを追跡できます。何らかの変更が行われると、通知メカニズムがトリガーされ、管理者にアラートが送信されます。他に、クラウド環境のコンプライアンスの監査／評価を行えるというメリットもあります。

144

6.3.4 ID とアクセス管理

ID とアクセス管理 (IAM) は、クラウド環境のセキュリティに関して最も基礎的で重要なサービスといえるでしょう。クラウドユーザーはユーザー、マシン、その他のサービスに対するアクセス権を IAM でプロビジョニングすることで、スケーラブルかつセキュアにクラウドサービスを管理／変更／運用できます。すべての主要クラウドプロバイダーは、AD やその他の LDAP ID ソリューションと統合できる堅牢な IAM サービスを提供しています。

IAM サービスの基礎的な要素は、以下の主な概念に分類できます。

- **ユーザー**：人物またはサービスを表すために作成されるエンティティであり、これらの人物またはサービスがクラウド環境を操作する際に使用します。ユーザーは、名前によって定義され、一連のクラウドアクセス資格情報（シークレット情報とアクセスキー）が関連付けられます。

- **ロール**：個人、マシン、サービスが必要とするアクセスパターンの種類を表すエンティティです。ロールはユーザーと似ていますが、ロールに含まれる権限を必要とする任意の人物やサービスが利用するものです。

- **ポリシー**：ポリシーとは、クラウドのサービス、リソース、オブジェクトへのアクセス権を明示的または暗黙的に付与／拒否するコードステートメントです。ポリシーはロールやユーザーに関連付けられ、権限を付与したり制限したりすることで、それらのロールやユーザーが環境内で実行できる内容について定めます。

- **一時的セキュリティ認証情報**：IAM サービスによって認証／認証連携される IAM ユーザーに対して、一時的で限定的な権限の資格情報を付与するサービスです。

クラウドプロバイダーは同様に、モバイルアプリケーションのユーザーに対して認証／認可を行う堅牢なサービスを開発しています（AuthN および AuthZ と呼ばれます）。このようなサービスの例として、Amazon Cognito、Azure Mobile App Service、GCP Firebase があります。これらのサービスを利用して、開発者はスケーラブルで可用性の高い AuthN ／ AuthZ サービスをモバイルアプリに組み込み、バックエンドのクラウド環境とシームレスに統合できます。

6.3.5 暗号化サービス／モジュール

ハイパークラウドは、暗号化キーを生成して管理するフルマネージドサービスを提供しています。他のクラウドサービスに取り込まれて保管されるデータの暗号化にはこれらのキーを使用できます。また、アプリケーションレベルで保存されたデータを暗号化するために、それらのキーを呼び出せます。キーの物理的なセキュリティ、ハードウェアのメンテナンス、可用性はサービスとして管理されているので、ユーザーは、キーを使用してデータを適切に保護する作業に集中できます。

第6章 | セキュリティと信頼性

AWS Key Management Service（KMS）、Azure Key Vault、GCP Cloud Key Management Service などのサービスがあります。

キーは、アメリカ国立標準技術研究所（NIST）が定めた Advanced Encryption Standard 256 ビット（AES-256）の仕様に従って生成されます。これらのクラウドネイティブなサービスは連邦情報処理基準（FIPS）Publication 140-2 などの高度な基準も満たしているので、高度な暗号化によるセキュリティを必要とする機密情報も暗号化できます。クラウドにおいてスケーラブルでコンプライアンスに適合したアーキテクチャを実現するには、これらのサービスを使用することが鍵となります。これについては後の章でも触れることにします。

6.3.6　Web アプリケーションファイアウォール

すぐに使用が開始できる Web アプリケーションファイアウォール（WAF）機能を提供するクラウドネイティブ・サービスが存在します。これらのサービスを使用すると、IP アドレス、HTTP のヘッダーとボディ、カスタム URI を含む条件に基づいて Web トラフィックをフィルタリングするルールを作成できます。展開するカスタムまたはサードパーティの Web アプリケーションの脆弱性を悪用しようとする攻撃に対し、スケーラブルかつ高い可用性で簡単に保護を展開できます。これらのサービスを使用することで、SQL インジェクションやクロスサイトスクリプティングなどのよくある攻撃のリスクを軽減するためのルールを手間なく作成できます。GeoIP（IP から地理情報を確認できるサービス）に基づいてブロックするルールを設定し、攻撃元としてよく知られている地域（中国やロシアなど）からのアクセスを制限することもできます。

ユーザーが設定できるカスタムルールセットに加えて、ネイティブな WAF サービスが用意するマネージドルールセットを使用することもできます。これらのマネージドルールセットは、脆弱性情報データベースの 1 つ CVE（Common Vulnerabilities and Exposures）に追加された新たな脅威や、クラウドプロバイダーのセキュリティチームが発見した新しい脅威に対応するために毎日更新されています。マネージドルールセットも併用することで、自社のセキュリティチームの能力だけでなく、クラウドプロバイダーが擁するグローバル規模で専門性の高いセキュリティチームの能力も活用できます。

AWS WAF および Azure WAF は、両方ともこれらの機能を各プラットフォーム上でネイティブに提供します。AWS WAF は API による完全なサポートも提供しているので、DevSecOps プロセス全体に組み込み、今までにない高度なセキュリティを実現できます。

6.3.7 コンプライアンス

　コンプライアンスは全体としてのセキュリティ体制から派生するものです。一般的に、コンプライアンスに適合していれば、特定のデータセットや環境に対する使用／保守／運用について定められたベストプラクティスに従うことになるため、セキュアな環境になるといえます。コンプライアンスを実現するには、管理者はコンプライアンスを認定する第三者の監査人に対して、文書と監査証跡を提供し、運用管理方法について示す必要があります。クラウド環境では、クラウドプロバイダーとクラウドユーザーのそれぞれがセキュリティについて責任を分担するので、コンプライアンスを実現するためには相互に協力する必要があります。クラウドプロバイダーは、セキュリティモデルのうちクラウドプロバイダーが担当する部分について、コンプライアンスを評価してコンプライアンスレポートを生成する自動化ツールを提供します。AWS Artifact や、Microsoft Trust Center、GCP コンプライアンスでは、さまざまなコンプライアンス認証のコピーを表示／ダウンロードできる、アクセス容易なポータルを提供しています。認証を取得したコンプライアンスレポートは、次のとおりです。ISO 27001（セキュリティ管理基準）、ISO 27017（クラウドサービスセキュリティ）、PCI DSS（PCI データセキュリティスタンダード）、SOC 1（監査管理報告書）、SOC 2（コンプライアンス管理報告書）、SOC 3（全般管理報告書）、ITAR（国際武器取引規則）、各国固有の個人情報保護法やプライバシー法、FFIEC（米国連邦金融機関検査協議会）、CSA（クラウドセキュリティアライアンス）が定める管理、CJIS（犯罪司法情報サービス部）。その他にも多くのものがあり、その数は増え続けています。

6.3.8　自動化されたセキュリティ評価と DLP

　クラウドプロバイダーは、従来のような「サービスとしてのインフラストラクチャ」（IaaS：Infrastructure as a Service）だけでなく、さらにスタックの上位階層にも注力するようになり、ユーザーが展開するコードのセキュリティについて構築や評価に役立つツールも多数提供しています。これらのサービスを使用すると、展開前、または展開中に、セキュリティのベストプラクティスから逸脱しているアプリケーション部分を特定できます。また、サービスを DevOps プロセスに統合し、展開パイプラインを進める際に自動的に評価レポートを生成することもできます。Amazon Inspector、Azure Security Center の Qualys クラウドエージェント、Google Cloud Security Scanner は、すでに述べた機能の一部またはすべてを備えています。

　クラウドサービスは、スタックのさらに上位の階層において、クラウド環境に保存されている機密データをネイティブに検出／分類／保護できる機能も提供します。これらのサービスでは機械学習を使用し、人間が監視を行うことなく大規模に分類を実行しています。クラウド環境を継続的に監視することで、ビジネスクリティカルなデータ（PII［個人識別情報］、PHI［保護対象保健情報］、API キー、シークレットキーなど）が自動的に検出され、通知に基づいて適切なアクションが実行されます。AWS Macie、Azure Information Protection、Google Cloud Data Loss Prevention API により、ユーザーは環境内の機密データを検出しマスキングできます。

6.4　クラウドネイティブなセキュリティパターン

　ここまでの説明で、クラウドで利用できるネイティブなセキュリティツールについて幅広く理解できました。ここからは、よく見られる展開を設計して構築する方法について、いくつかの例を紹介します。各ユースケースですべてのセキュリティツールを利用しているわけではないこと、それぞれのセキュリティパターンが同じではないことを理解してください。さまざまな問題に対する異なるアプローチを提示することで、読者がさまざまなソリューションを選択して組み合わせることができるようにすることを目指します。

　1つ目の例として、3層Webアプリケーションについて考えます。

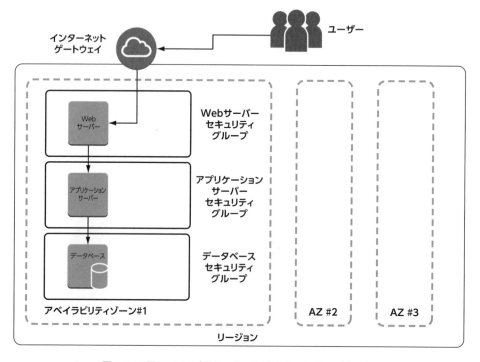

図6.3：3層Webアプリケーションのセキュリティパターン

6.4 クラウドネイティブなセキュリティパターン

　この図に示すように、3層Webアプリケーションのスタック内の階層を分離するためにセキュリティグループを使用する必要があります。各層には独自のセキュリティグループがあり、各グループにはリスクを生じる攻撃ベクトルを最小限に抑えるための独自のルールが設定されます。

　セキュリティパターンの1つ目の例では、基本的な3層Webアプリケーションを使ってみましょう。このパターンを構成する3つの層とは、Web層、アプリケーション層、データベース層です。インターネットからルーティングされたユーザーは、アプリケーション層やデータベース層に直接接続や相互作用はしません。データベース層は、Web層と相互作用しません。このネットワークパターンでは、以下のようなセキュリティグループのルールを作成する必要があります。

セキュリティグループ	方向	プロトコル	ポート	接続先	メモ
Web層の セキュリティグループ	受信	TCP	22、80、443	0.0.0.0/0	SSH、HTTP、 およびHTTPS
アプリケーション層の セキュリティグループ	受信	TCP	22、389	＜企業ネットワーク＞	SSH、LDAP
	送信	TCP	2049	10.0.0.0/8	NFS
データベース層のセ キュリティグループ	受信	TCP	1433、 1521、 3306、 5432、 5439	アプリケーション層のセ キュリティグループ	以下のデフォルトポート： Microsoft SQL、Oracle DB、Amazon RDS for MySQL ／ PostgreSQL、 Amazon Aurora、Amazon Redshift、

　ここでは、3層Webアプリケーションの各層に対応する、3つの異なるセキュリティグループの設定例を示しました。

　層ごとに異なるセキュリティグループを使用することで、各層の機能を実現しつつ、各グループのインスタンスの攻撃面を最小限に抑えることができます。各セキュリティグループを設定し、スタックを運用できるようになったら、本章で説明したようなセキュリティの方法やアプローチを適用する必要があります。セキュアな環境を維持するには、設定が元の構造から逸脱しないように管理することが不可欠です。

　そのためにはサービスの設定管理が重要になります。（各クラウドサービスプロバイダーが提供するAPIを利用した）カスタムのスクリプト、またはAWS Configなどのサービスを利用することで、変更を検出するようにしておき、設定の変更が設定済みの許容範囲を超えた場合に対応を進めることができます。この機能は、本番環境のような環境で多くのユーザーが運用作業を行う場合に重要となります。ポリシーに反する変更が行われることを想定し、そのような変更を検出して、リスクを低減できるツールを導入するわけです。

　3層Webアプリケーションの例でさらに話を進めます。単純なWAFのループ上のレイヤーにいくつかの高度な機能を追加します。自動的な方法で、ハニーポット（URL）を作成しておくことでボットネットを検出し、そのIPを取得してそれらのIPをWAFのルールに追加できるようにします。

149

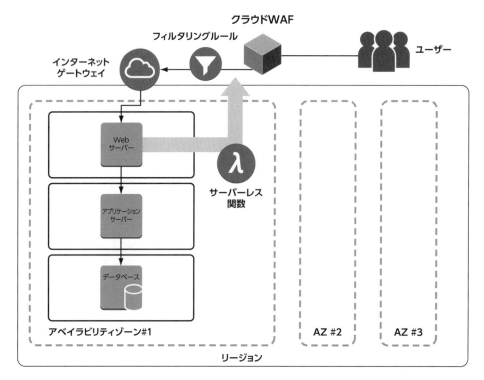

図6.4：Webアプリケーションファイアウォール（WAF）と他のコンポーネント

　この図に示すように、Webアプリケーションファイアウォールは、セキュリティを強化するためのクラウドネイティブな方法です。クラウドプロバイダーが提供するWAFサービスはAPI駆動型となっており、自動化されたハニーポットのシナリオなど、プログラムによるループを構築できます。

　この方法では、通常のユーザーには見えない隠されたURLをパブリックサイトに追加します。このURLは、ボットが使用するスクレイピング処理で検出されます。ボットが隠されたURL（ハニーポット）を検出してアクセスすると、関数によってWebログからIPが取得され、その特定のIPがWAFルールに追加されて、ブラックリストに登録されます。AWSにはLambdaのサーバーレス関数サービスが用意されており、このようなパターンを簡単に実現できます。

　2つ目の例として、別の企業環境の例を見てみましょう。

6.4 クラウドネイティブなセキュリティパターン

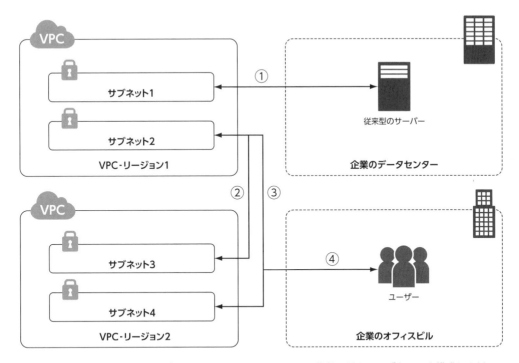

図6.5：2つのクラウドリージョンと2つの事業所にわたって複数の異なるサブネットを構成した例

　企業のIT環境は一般的に、この図に示すようなネットワークトポロジを形成しており、複数の事業所や複数の地域のクラウド環境に分散しています。クラウドネイティブなセキュリティのアプローチでは、複数のレイヤーできめ細かいセキュリティ機能を利用して脆弱性を軽減することが求められます。

　企業環境は通常、複数のサイトやクラウドプロバイダーに分散しています。その理由としては、「ビジネス上のリスクを低減する」「問題の影響範囲を狭める」「オンプレミスで実行しなければならないワークロード（原子炉出力制御アプリケーションなど）をサポートする」「サテライトオフィスをサポートする」などさまざまです。一方で、分散化により、攻撃面が大きくなるため、複数のネットワーク接続点でセキュリティの制御が必要になります。

　利用できるツールとしてまず挙げられるのは、業界経験豊富なIT専門家にはなじみのあるもので、サイト間VPNや、ISPおよびクラウドサービスプロバイダー提供のプライベートファイバー接続（AWS Direct Connectなど）です。また、標準的なネットワークパス以外のすべての通信を禁止するネットワークアクセス制御リストを使用できます。たとえば、上の図では、2つのクラウドリージョンと2つの事業所にわたって複数の異なるサブネットが存在しています。サブネット2でオフィスビジネスアプリケーションを実行している場合、オフィスにいるユーザーのCIDR（Classless Inter-Domain Routing）範囲からのパケットのみを限定的に許可するネットワークアクセス制御リストを有効にできます。DBもサブネット2にあるとします。この場合は、リージョン2で実行されているアプリケーションサーバーと連携できるように、サブネット3と4への接続を許可するルー

151

ルを追加します。

さらに、サブネット1で実行されている**個人識別情報 (PII)** データを利用する**ハイパフォーマンスコンピューティング (HPC)** クラスターは、ネットワークパス1を使用したオンプレミスサーバーとの通信のみを行えるように制限します。ネットワークアクセス制御リストを使用することで、企業のさまざまなサイト間での接続を高度に制御できます。

各 VPC（Virtual Private Cloud）を個別に検討することで、送受信されるトラフィックのタイプを把握できます。トラフィックの把握は、適切なトラフィックを実現するための基礎となります。また、承認されていないパスからの不適切なパケットをキャッチしたり、アプリケーションの動作がおかしい場合にデバッグしたりする際に役立ちます。クラウドサービスプロバイダーは、AWS VPC フローログなどのサービスを提供しています。これらのサービスは、ソース／接続先の IP、パケットサイズ、時刻、その他 VPC の送受信パケットに関する指標を含むログを取得／生成します。これらのログをログ管理ツール SIEM に取り込んで、承認されていない動作や異常な動作を監視できます。

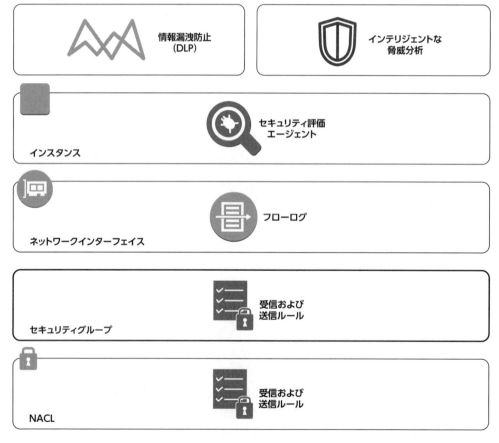

図 6.6：クラウドネイティブなセキュリティワークフロー

6.4 クラウドネイティブなセキュリティパターン

クラウドネイティブなセキュリティのアプローチでは、スタックのすべてのレイヤーにセキュリティサービスを階層的に配置する必要があります。最下層のネットワークレイヤー、ネットワークインターフェイス、インスタンスの OS、環境全体で保存されるデータ、環境全体のユーザーの動作など、あらゆるレベルにセキュリティを導入します。

広範に展開されたネットワークの保護だけでなく、環境を操作する多数のユーザーにどのようにセキュリティを導入できるかも考えなければなりません。どのようにすればユーザーが、キーボードの誤操作によるリスクを低減しつつ、安全で生産的に、かつ責任を持って業務を行えるかを考えます。

6.4.1 ID

クラウドネイティブな ID 管理システムには、3 つの主な目的があります。

- **組織内の個人の生産性向上を実現します。**
  日常業務のパフォーマンス向上を目指します。たとえば、データベース管理者、セキュリティ担当者、開発者の業務の生産性向上です。

- **環境内でマシンが自動的にアクションを実行できるようにします。**
  アクションの自動実行をサポートする関数／アプリケーション／マシンは、環境が大きくなるにつれてますます重要となります。

- **ユーザーが公開サービスに安全に接続できるようにします。**
  ユーザー ID のセキュリティを保護し、認証を行います。

クラウドサービスプロバイダーは、十分な機能を備えた IAM サービス（AWS IAM など）を提供しています。これらのサービスを使用して、クラウド環境内でユーザーが行える操作について規定したカスタムのポリシーを作成できます。これらのポリシーをグループに関連付けることができます。グループは、複数のポリシーを最も制限的となるよう組み合わせて、1 つの管理対象エンティティとしてまとめたものです。また、環境内で作業する各個人に対してユーザーを作成できます。ユーザーには、コンソールアクセスのための一意のログイン情報のほか、環境に対して API を呼び出すための一意のキー／シークレットが設定されます。ユーザーが環境に対して行う操作は、ユーザーが属するグループに関連付けられたポリシーが許可している操作に限られます。

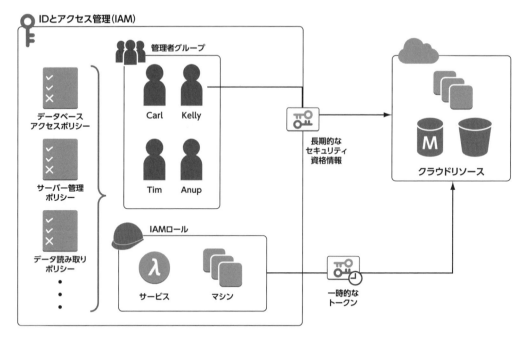

図6.7：ID とアクセス管理

　ポリシーは、ロールとグループの両方に使用できます。また、特定のユーザーに関連付けることもできますが、それはベストプラクティスではなく、推奨されません。サービスやマシンにロールを割り当てることで、クラウド全体の他の部分に対するアクセス権を暗黙的に取得できるので、自動化のパターンを実現できます。
　複数のクラウドアカウントや、他の SaaS（Software as a Service）プラットフォームを使用する場合は、ベストプラクティスとして、スタッフにシングルサインオン（SSO）ソリューションを提供することをお勧めします。SSO により、複数のクラウド環境（Azure、AWS、GCP、Salesforce など）でユーザープロファイルを簡単かつセキュアに切り替えられるようになります。IT 資産が複数のベンダーに広がるにつれて、ユーザーが複数のログイン情報（通常は同じクラウドサービスプロバイダー環境内で）を管理する際にヒューマンエラーが発生しがちになり、非常に大きな問題を引き起こすことがあります。そうでなくても、誤ったプロファイルでログインしてもどかしい思いをすることになります。
　クラウドネイティブ環境では、常に自動化を取り入れることが重要です。すべての IT 現場では、マシンによって自動的にジョブが実行されるようにし、ユーザーはさらなる自動化処理の導入作業に集中できるようにする必要があります。この好循環を安全に推し進めるためには、悪意のあるユーザーによって不正に操作されないようにしつつ、自動化を進められるメカニズムが必要です。IT 環境の管理ツールだけではなく、クラウドサービスを利用するアプリケーションもこのメカニズムを使用することになります。そのため、クラウドをプログラムから操作するすべてのアプリケー

ションにも適用できるメカニズムが求められます。

使用できるメカニズムとしてまず挙げられるのはロールです。ロールは、特定のポリシーを持つサービスおよびマシンに設定されます（これらのポリシーは、グループやユーザーに対して作成したポリシーと同じです）。またこれらのロールは、クラウドサービスプロバイダーによって配置／管理されるエンティティに対する接続を仲介します。キーは、API を呼び出すときに、マシンやサービスにプログラム上で付与されます。

アプリケーションのコードにシークレットを埋め込むと、危険な脆弱性を生むことになります。代わりに、API 呼び出しのための時間限定の資格情報を生成して共有するトークンサービスを利用します。これが 2 つ目のメカニズムです。キーは、あらかじめ設定された時間が経過すると有効期限切れとなり、アプリケーションはトークンサービスに新たなリクエストを送信する必要があります。AWS Security Token Service（STS）は、アプリケーションでシークレットを使用する場合に非常に役立ちます。

6.4.2　モバイルのセキュリティ

Web は、ますますモバイル化が進んでいます。現在では、ほとんどの Web トラフィックがモバイルデバイスからのもので、モバイルアプリの開発が開発作業の多くを占めるようになりました。クラウドネイティブなセキュリティのアプローチでは、モバイルアプリで生成されるデータのセキュリティに加え、クラウドシステムとエンドユーザーとの間のセキュアなデータフローを考慮する必要があります。

これまで、モバイルの開発者は、モバイルアプリのキーの管理にカスタムコードの実装で対応していました。あるいは、ライセンスごとまたはユーザーごとの価格モデルに従って購入したサードパーティのツールを使用していました。そのため、開発チームのオーバーヘッドが増えてしまうだけでなく、新たな脆弱性に対応するためにこのコードを保守／更新し続けなければなりません。クラウドサービスプロバイダーのネイティブサービスを利用することで、バックエンドインフラストラクチャを管理することなく、効率的かつスケーラブルにこれらの機能をアプリケーション内で利用できます。

開発者やアーキテクトは、Amazon Cognito などのサービスを使用して、いくつかの課題に対応できます。まず、アプリを操作するユーザーとグループを定義できます。一意のユーザーを識別するのに必要な属性をカスタマイズして定義可能です。パスワードの複雑さ、長さ、特殊文字の使用、大文字と小文字の区別の有無を簡単に設定し、基本的なセキュリティの水準を維持できます。また、このサービスは電子メールや SMS を使用した多要素認証をサポートしています。SMS メッセージングインフラストラクチャもサービスが担当します。

さらに、これらのクラウドネイティブ・サービスでは、アプリケーションクライアントの統合も簡単です。Amazon Cognito などのサービスは OAuth 2.0 規格をサポートしているので、エンドユーザーにアクセストークンを発行可能であり、アプリケーションのフロントエンドから保護リソースへのアクセスを許可できます。

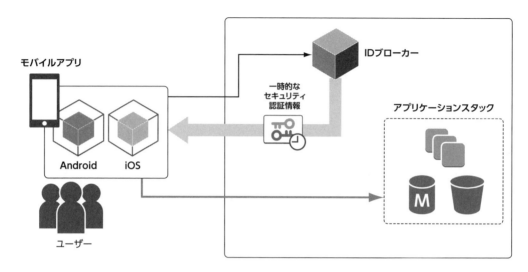

図 6.8：クライアント統合

　クラウドサービスを使用してクラウドネイティブなモバイルアプリケーション ID 管理システムを構築することで、「他との差別化につながらない重労働」を軽減しつつ、スケーラブルでセキュアなサービスを立ち上げることができます。これらのクラウドサービスは、OAuth 2.0 などの共通規格を利用することで、アプリケーションが使用するリソースへのアクセス権の委譲を行います。

6.5 DevSecOps

　業界で最近よく使われるようになった用語に、DevSecOps があります。開発、セキュリティ、運用を集約した概念です。DevOps のプラクティスが一般的になり、テクノロジーのプラクティスとして広く受け入れられるようになりましたが、DevOps によって進められたアジャイルを中心としたプラクティスでは、セキュリティが置き去りにされていました。

　DevSecOps では、「自分で構築して所有する（build it and own it：YBYO）」というアジャイルの考え方をセキュリティにも適用し、継続的インテグレーション／継続的デリバリーに組み込みます。最終的には、特定のリソースのセットや小規模なチームの単位でセキュリティについて責任を負うという考え方です。すべての人がセキュリティについて責任を持ち、開発／展開／運用のライフサイクルのあらゆる段階に、適正なセキュリティのプラクティスを組み込む必要があるというアイデアを究極まで推し進めたものであり、これをサポートするツール／プラットフォーム／考え方が含まれています。

クラウドネイティブなアプローチを構成する DevSecOps の主要なガイドラインがあり、これらは DevSecOps のマニフェストによく示されています。

何でも「ノー」と言うのではなく、**寄り添って**問題解決にあたります

不安、不確実性、疑念を生じさせず、**データとセキュリティのサイエンス**を活用します

セキュリティの視点からだけで要件を決めず、**広く参加を募り、コラボレートします**

セキュリティ制御を義務付けて文書を作るだけではなく、
API を通してユーザーが利用できるセキュリティサービスを提供します

形式的なセキュリティ評価ではなく、
それぞれの**ビジネスに合ったセキュリティスコアリング**を実施します

スキャンや理論上の脆弱性に頼るのではなく、
攻撃側と防御側にチームを分けた実践的なテストを行います

インシデントが報告されてから事後的に対応するのではなく、
24 時間 365 日プロアクティブにセキュリティを監視します

情報を非公開にせず、**共有の脅威インテリジェンス**を用意します

クリップボードにチェックリストを挟んでチェックするだけでなく、
コンプライアンスに適合した運用を実現します

第 5 章で説明した内容と似ていますが、すべてをコードとして定義することでセキュリティにもメリットがあります。これを**コードとしてのセキュリティ（SaC：Security as Code）**と呼びます。これは IaC と同様のアプローチをセキュリティの維持と運用にも適用するものです。アクセス制御、ファイアウォール、セキュリティグループを、テンプレートやレシピに定義できます。これらのテンプレートは、環境を作成する際の土台として組織全体で共有します。また、承認済みのパターンからの逸脱を追跡する際の基準としても使用できます。

6.6　クラウドネイティブなセキュリティツールキット

ここまで、セキュアで信頼性の高いクラウドネイティブ・ソリューションを構築する際のアプローチや戦略について説明してきました。この節では、それらをサポートするツール、製品、オープンソースプロジェクトについて紹介します。ここで紹介するツールを一定のコストを支払って使用することにより、本章で説明した最終目標を簡単に達成できます。もちろん、各社のクラウド利用状況に合わせてこれらの機能を社内開発することが最も望ましいですが、社内で開発することは簡単ではなく、時間がかかる可能性があります。

6.6.1　Okta

　Oktaは、ID関連の各種サービスを充実させていますが、なかでもIaaS、PaaS、SaaSに分散した多数のアカウントのログイン名とパスワードを管理できるシングルサインオンサービスが最も有名です。このサービスを使用することで、非常に効率的にログインできるようになり、ユーザー（特に管理者）が1つのクラウドアカウント内で複数のユーザー／ロールを管理するのに役立ちます（https://www.okta.com/）。

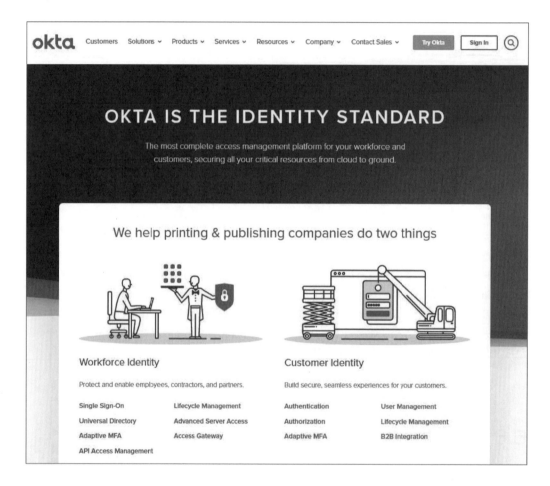

6.6.2 Centrify

　Centrify も、クラウド環境と統合できる ID ／アクセス管理ツールとして人気があります。AD との統合をサポートしており、自動的なアカウントのプロビジョニングが可能です。数十から数百におよぶクラウドアカウントを管理する大企業で、大規模かつセキュアな運用を行うのに非常に役立ちます（https://www.centrify.com/）。

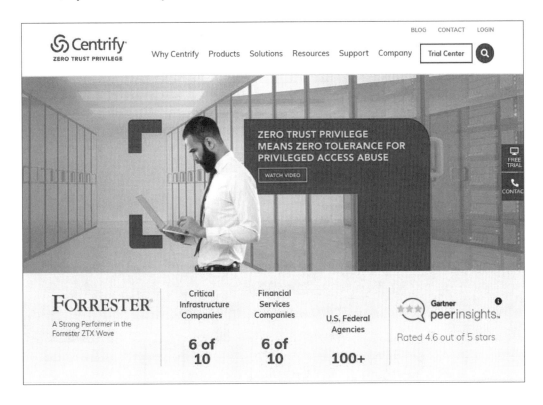

6.6.3　Dome9

　本章で説明したようなセキュリティを大規模に展開すると、トラブルシューティング時に設定状態を完全に可視化して把握することが難しくなります。Dome9を使用すると、セキュリティグループ、ネットワークアクセス制御リスト、マシンの詳細なマップを作成できるので、その問題を解決できます。また、Dome9はDevOpsワークフローと統合し、IaCテンプレート（AWS CloudFormationなど）をスキャンして、アンチパターンが見つかればフラグを設定することができます（https://dome9.com/）。

6.7　まとめ

　本章では、セキュリティをどのようにクラウドネイティブな環境に適応させればよいかについて説明しました。従来のセキュリティ適用プロセスは大部分が時代遅れであり、新しいアプローチが必要となります。すべてのレイヤーにセキュリティを適用する考え方、そしてセキュアなクラウドネイティブ・スタックを構成する重要な機能について説明しました。それらの機能は、コンプライアンスに適合し、スケーラブルで可用性の高い暗号化リソースで暗号化を行えるほか、DLP テクノロジーを利用して自動的にデータの脆弱性に対する防御機能を提供します。また、キャッシュを使用してユーザーデータがアプリケーションのメモリに書き込まれないようにし、ユーザーがスタックを安全に操作できるようにセキュアな資格情報とエンドポイントを提供します。

　次に、クラウドサービスプロバイダーが現在提供している多くのクラウドセキュリティサービスについて紹介しました。具体的には、セキュリティグループ、ネットワークアクセス制御リスト、情報漏洩防止、ID とアクセス管理、ログの生成と収集、監視、設定管理、暗号化サービス／モジュール、Web アプリケーションファイアウォール、自動化されたセキュリティ評価ツールなどのサービスがあります。

　これらすべてのサービスを組み合わせて、セキュアなクラウドネイティブ・スタックを構築できます。IAM 管理、ファイアウォールの設定、モバイルセキュリティ管理など、これらのサービスをさまざまな状況にどのように適用できるかについて、新しい例をいくつか紹介しました。

　最後に、市場で入手できるサードパーティツールをいくつか紹介しました。これらのツールを使用して、現在のセキュリティのアプローチと、本章で説明したクラウドネイティブなアプローチのギャップを埋めることができます

☆MEMO☆

CHAPTER 7:
Optimizing Cost

コストの最適化

第7章

　本章では、クラウドプラットフォームがもたらすコスト上のメリットの枠組みを明らかにします。本章を読むことで、現在利用できるクラウドの価格モデルと、価格の最適化方法についてしっかり理解できます。これらの価格モデルに対する見方は企業によって異なるので、さまざまなビジネスリーダーにとって魅力となりうる側面を説明します。

　価格モデルについて十分に理解した後、クラウドを採用する場合の経済的なビジネスケースの構築について詳しく説明します。いくつかの例を通して、クラウドが備えるコスト上のメリットと柔軟性について説明します。最後に、クラウドネイティブな形でコストの監視／管理／最適化を行うための一般的なツールセットやサービスについて説明します。

　最初に用語について定義しましょう。**コスト**とは、「企業が製品やサービスを市場に投入する際に生じる費用」を指します。**価格**とは、「主体（消費者や企業）が製品やサービスに対して支払う金額」のことです。**機会費用**は、「ある主体（消費者や企業）が、他の行動をするためにあきらめ、受け取ることのできたはずの利益」のことです。言い換えれば、機会費用とは、意思決定を行う際に与えられる選択肢を表します。

第 7 章 ｜ コストの最適化

7.1 クラウド登場前

クラウドネイティブ・アプリケーションを構築するコストについて考える前に、まず、クラウド登場前のオンプレミスシステム時代のインフラストラクチャに話を戻します。企業が IT インフラを構築／拡張する場合、以下のように多くの作業が必要です。

- **物理的な場所**：既存のデータセンター内に拡張のための場所を用意したり、データセンターを構築するための新しい場所を購入／賃借したりする必要があります。

- **電力**：見落とされがちなのが電力です。数多くのサーバーを導入する場合は、多くの電力を供給できる設備が必要になりますが、そのような設備が新しい場所にはなかったり、現在の場所に用意できなかったりする場合があります。また、停電や災害発生時にもクリティカルな運用を継続できるように、冗長電源や予備の発電機が必要になります。

- **物理的なセキュリティ**：データセンターをサポートするハードウェアに対して物理的なセキュリティを導入することは、企業システムの展開にとって最優先事項です。そのためには、キーやバッジを利用した入退室管理、セキュリティ担当スタッフ、カメラ、セキュリティ機器が必要になります。

- **ネットワーク接続**：選択したサイトによっては、ブロードバンド接続が存在しなかったり、データセンターの機能を安定して運用できるだけの十分な帯域幅が用意されていなかったりすることがあります。ほとんどの場合、データセンターではネットワークのフェイルオーバーに対応するため、物理的に冗長性のあるネットワーク接続が求められます。この場合、インターネットサービスプロバイダー (ISP) の側で掘削や埋設などを伴う回線工事が必要になることがあります。工事には、数か月かかる可能性があります (1 本のネットワークケーブルを埋設するにも地方の行政当局による許可が必要となることがあります)。

- **冷却**：コンピューター機器は多くの熱を発生させるので、最適なパフォーマンスを維持するには一定の温度範囲内で稼働させる必要があります。寒冷な気候の場所に建築された最新のデータセンターにはパッシブな冷却システムが備わっていますが、そうではない大半のデータセンターでは、コンピューターからの廃熱を取り除いて冷たい空気を取り込むための大規模な空気ダクトが必要となります。

- **物理ハードウェア**：上記すべての点について対応したら、データセンターがビジネス上の価値を実現できるような、実際のコンピューティング、ストレージ、ネットワーク機器を注文する必要があります。そして、配送された機器を受領し、ラックに設置して接続とテストを行って、稼働させます。これには、多くのデータセンター運用リソースが必要となり、ラック当たり数十時間の工数がかかります。

- **スタッフ**：ここまでに述べた作業を行う際に、上記すべての要素の設計、発注、設置、テスト、運用を行う大勢のスタッフを雇用し、訓練して報酬を支払う必要があります。

当然、データセンターの構築を数か月前、長い場合には数年前から計画しなければなりません。必要なチームやリソースを準備し、データセンターを構築して稼働させるには、多額の設備投資が必要になります。

7.2　クラウドにおけるコストの考え方

　クラウドの登場により、先ほど述べたような制約がほとんどなくなっています。今ではクラウドプロバイダーが、このような「他との差別化につながらない重労働」をユーザーに代わってすべて管理しています。これらのプロバイダーは、データセンターを設置する物理的な場所をあらかじめ購入しており、数百万台ものマシンに対応できるネットワーク、電力、冷却システムを導入しています。物理インフラのセキュリティを管理し、身元調査を行い、職務分掌によってどのスタッフも物理的にも論理的にもシステムにアクセスできないようにしています。また、最新の冷却システムを設計して導入しているほか、多数のデータセンター群の保守を専門とする運用エンジニアを擁しています。クラウドプロバイダーのスケールについて詳しくは、第5章をご覧ください。

　これまでに挙げたすべての点について、クラウドサービスプロバイダーは、まとまった量を扱うことで得られるスケールメリットを生かしてコストを削減しています。AWSやAzureなどのサービスを運用する企業は、セキュリティに費やせるリソースや資金が多く、かつセキュリティ確保に対する意識も高いので、非常にセキュアなシステムの設計に他社よりも時間を費やすことができます。冷却についても、クラウドサービスプロバイダーは、環境に優しく効率的な冷却システムを開発する技術ノウハウの量が業界随一で、これらのノウハウを活用できます。たとえば、Googleはフィンランドで海水を使用したデータセンターの冷却システムを稼働させ、現地の淡水源に負荷を与えたり現地の電力を過度に消費したりすることなく、効率良く冷却を行っています。この冷却システムについて詳しくは、https://www.wired.com/2012/01/google-finland/ をご覧ください。

　クラウドを導入すると、目に見えるメリット以外に、以下のような目に見えないコスト上のメリット（機会費用）もあります。

- **複雑さの低減**：クラウドを導入すると、企業のITインフラを管理するための「他との差別化につながらない重労働」が不要になります。たとえば、クラウドプロバイダーが各ベンダーと一括ライセンス契約について事前に交渉しているので、ライセンス価格の交渉に時間を費やさずに済みます。また、クラウドサービスプロバイダーは、プラットフォーム上でサードパーティ製ソフトウェアのマーケットプレイスを用意しており、その料金がコンピューティングリソースのコストに織り込まれていることもあります。また、クラウドを利用することで、これらの複雑な作業の管理に投入していた人的資源を、ビジネス上重要な作業に集中させることができます。このように複雑さが低減するので、コストが直接的、間接的に削減されます。

- **弾力性の高い容量**：クラウドを導入すると、IT インフラを臨機応変に拡大／縮小できます。これは、従来のオンプレミスインフラでは実現できなかったことです。このような弾力性を備えているため、試行が成功したらすぐさまインフラストラクチャを拡大したり、逆に失敗したら縮小したりすることができます。あるいは、季節によるビジネスニーズや、日々のユーザー状況の変動に応じた拡大／縮小も可能です。何年も前から需要を予測して、その予測をもとに計画する必要はなくなります。すなわち、ビジネスのトレンドに合わせてクラウドを利用し、いつでも必要なときにビジネスを拡大できます。

- **市場投入スピードの向上**：市場でのシェア拡大を目指す企業には、俊敏性が求められます。IT プロジェクトのサポートを受けて製品をより迅速に設計、開発、テスト、発売する能力が、企業の成功を大きく左右します。企業が製品開発サイクルのスピードを上げるには、クラウドネイティブ・アーキテクチャを導入することが重要です。

- **グローバルなビジネス展開**：ハイパースケールなクラウドプロバイダーは、すべてのユーザーが利用できるグローバルなデータセンターネットワークを構築しています。ユーザー企業はその組織規模にかかわらずグローバルネットワークを利用して、わずか数分で製品やサービスを世界中に展開できます。これにより、市場投入までの時間を大幅に短縮するとともに、新しい市場に簡単に進出できます。

- **運用効率の向上**：主要クラウドサービスプロバイダーは、基本的な運用の管理やチェックの時間を削減できるツールを提供しています。これらのツールを使用すると、基本的な運用作業の多くを自動化できます。そうして浮かせたリソース（人員、資金、時間）を、他社との差別化につながる製品の強化に振り向けることができます。また、従業員は有益で取り組みがいのある問題の解決に時間を使えるようになるため、仕事に対する満足度が上がります。

- **セキュリティの向上**：第 6 章で説明したように、クラウドサービスプロバイダーは、セキュリティの責任共有モデルにおける担当部分を管理します。ユーザーもまた、共有モデルの担当部分のセキュリティにリソースを集中できます。クラウドサービスプロバイダーは、プラットフォーム上でネイティブなセキュリティツールを提供することで、責任共有モデルでユーザー側に責任のあるセキュリティ機能を強化／自動化しています。これらのツールは、企業でのセキュリティモデルの作成と運用に大きな影響を与えます。企業はセキュリティを強化して、重要なアプリケーションのセキュリティ向上にリソースを集中できるようになります。

　これらのコスト上の目に見えるメリット、目に見えないメリットは、IT 部門を持つあらゆる組織に大きな利益をもたらします。このことは、2013 年から大企業でのクラウド導入が急速に進んだことからもわかります。クラウドの導入には、多くのメリットがあるものの、デメリットはほとんど見当たらないという認識が大企業の間で共通して芽生えたのです。唯一の例外は、IT インフラへの設備投資を行ってしまったばかりで、その投資からまだ利益を上げていない場合です。たとえば、X 社が 5,000 万ドルを投じて新しいデータセンターを建築し、先月稼働したばかりといったケース

です。X社は、この新しいデータセンターを手放して投資額に相当するサンクコストを取り戻さない限り、次の更新サイクルまではクラウド導入によって利益を得ることができないでしょう（更新サイクルとは、コンピューターおよび関連するコンピューターのハードウェアを交換してから、次に交換するまでの期間を表します）。

7.3　クラウドにおけるコストの計算方法

　多くの企業では、一元化されたIT組織がインフラを管理し、**各事業部門**に提供されたITサービスの価格とその管理コストを各部門に配賦します（チャージバックモデルと呼ばれます）。同等のスタックで比較した場合、このようなチャージバックの価格は、クラウドの価格に相当しないことに注意が必要です。チャージバックモデルで価格を計算する場合、一元化されたIT組織は、施設のコスト、セキュリティ、冷却、水道、電力などの価格を考慮していません。

　クラウドスタックの価格とチャージバックモデルの価格を比較する場合、設備投資（建物および機器）、運用費用（電気、冷却、水道）、人件費、ライセンス（仮想化ソフトウェア、ISV/サードパーティのツールなどのコスト）、施設、間接費、機会費用をチャージバックモデルの価格に**加算**する必要があります。これは、**総保有コスト (TCO)** と呼ばれます。Azure（https://www.tco.microsoft.com/）およびAWS（https://awstcocalculator.com/）ではTCO計算ツールが提供されているので、いくつかの前提条件（人件費、電力、ストレージ、施設など）をもとにTCOを見積もって合理的な判断ができるようになっています。

　これらのTCO分析ツールを使用すれば、現在のオンプレミス展開と、クラウドサービスプロバイダーのプラットフォーム上での相当する環境との間で、目に見えるコストを比較できます。ただし、クラウドプラットフォームを導入することで得られる目に見えないコスト（機会費用など）は含まれていません。

　純粋なクラウドサービスの価格を把握するには、別のツールを利用する必要があります。主要クラウドサービスプロバイダーは、各プロバイダーのプラットフォーム上の特定のアーキテクチャの価格を正確に算出できる価格計算ツールを提供しています（利用する際には、データ使用量、コード実行時間、ストレージのGB数などの前提条件を正確に指定する必要があります）。たとえば、以下の価格計算ツールがオンラインから無料で利用できます。

- AWS Simple Monthly Calculator（https://calculator.s3.amazonaws.com/index.html）
- Microsoft Azure Pricing Calculator（https://azure.microsoft.com/en-us/pricing/calculator/）
- Google Cloud Platform Pricing Calculator（https://cloud.google.com/products/calculator/）

第 7 章 | コストの最適化

7.4 設備投資と運用コスト

クラウドのビジネスケースを構築する場合、経営幹部に対して最も説得力のある主張は、IT の費用を**設備投資 (CapEx)** から**運用コスト (OpEx)** に移行できるということです。設備投資とは、土地、建物、設備などの固定資産の取得や維持にかかる費用として定義されます。それに対し、運用コストとは、サービスや製品の提供のために、あるいは企業やシステムの運営／運用のために、継続的にかかるコストです。

運用コストモデルに移行すると以下のようなビジネスケース上のメリットがあるため、経営幹部に対する説得力が増します。

- **反復的に生じる少額のコストか、大規模な先行投資か**：本章で説明したように、データセンターを建築してコンピューターの計算能力を利用できるようにするには、多くの時間とリソースが必要になります。データセンター建築のための時間とリソースを確保して割り当てるには、膨大なコストがかかります。一方、運用コストモデルでは、大規模な先行投資をすることなく、同じ結果を得ることができます。

- **税務上のメリット**：運用コストは税務上、設備投資とは異なる処理が行われます。一般的に運用コストは、発生した年に損金処理できます。つまり、この費用は、企業の課税対象所得から全額を控除できます。しかし、設備投資は通常、各国政府の税務当局（米国の場合は IRS など）が定めたスケジュールに従い、数年にわたって減価償却することが求められます。一般的には、3 〜 5 年かけて課税対象所得から設備投資費用を控除します。

- **透明性の向上**：クラウドは、コストの透明性を大きく向上させます。そのため、ビジネスリーダーは、正当な根拠に基づいて投資に関する意思決定を行い、結論を出すことができます。クラウドネイティブな環境では、市場テストを確実に実施して、IT 関連支出を増加／減少させることができます（たとえば、X ドルを支出してストレージとコンピューティング時間を Y だけ増やしたら、オンライン収益が Z% 向上したと確実に把握できます）。

- **資本減価**：すでに述べた税務上のメリットと似ていますが、クラウドベースの運用コストモデルを導入することで、先行投資金額の資本減価を回避できます。資本減価とは、企業が所有する資産の価値が徐々に減少することを意味します。IT 業界では、より高性能なサーバー、ストレージデバイス、ネットワークコンポーネントが常に市場に投入されているので、導入済みの機器の価値の低下は避けられません。

- **拡大の容易さ**：クラウドリソースは弾力性を備えているので、運用コストモデルを導入すれば、ビジネスの自然な成長や縮小に合わせた支出になります。固定資産に設備投資をした場合は、アイドル状態のリソースが出てきたり、逆にビジネスの能力に制限がかかったりすることがあります。

- **拘束や囲い込みを受けない**：テクノロジー関連のサービスや製品を購入する際にビジネスリーダーが懸念するのが囲い込み（特定の製品やサービスのみを使うように求める取り決め）

168

です。このような囲い込みは専属サービス契約や、テクノロジーのポータビリティの制約（他社の製品を使用してシステムを変更する場合に非常に多額のコストがかかる障壁）などの形をとります。クラウドには先行して支払うコストがなく、クラウドサービスを利用する期間を義務付けられることもないため、このような制約はほとんどありません（ただし、クラウドサービスプロバイダーは、利用期間に基づく割引契約を提供しています。プラットフォームに対して最低金額の支出で契約したい場合、契約期間［通常は 3 〜 5 年］を通しての高い割引率が提案されるでしょう。ただし、このような契約は義務ではありません）。企業は、何ら制約を受けることなく、プラットフォームでの利用を増加させたり減少させたりすることができます（場合によっては利用を停止することも可能です）。

7.5　コストの監視

　クラウドサービスプロバイダーのプラットフォームは、コストの透明性が高くなっています。ユーザーがプラットフォーム上でシステムの構築を始めるまで気づかないような、隠れた手数料やサービス料金は一切ありません。主要クラウドサービスプロバイダー 3 社の価格はすべて、各社のサイトに掲載され、常に最新の情報に更新されており、アーキテクチャの価格を見積もりたい場合はいつでも参照できます。すでに説明したように、クラウドサービスプロバイダーは価格計算ツールを提供しているため、利用を検討中のユーザーは環境を構築する前に価格を見積もることができます。このようなトレンドは AWS が最初のクラウドサービスをリリースしたときに確立され、現在まで続いています。

　同様に、クラウド上でシステムを構築した後も、サービス使用量と関連コストを監視して詳しく調査できるネイティブサービスが各クラウドプロバイダーから提供されています。**AWS Billing and Cost Management ダッシュボード**がこのようなクラウドネイティブ機能の良い例です。ユーザーは、AWS Cost Explorer などの機能を使用して、毎月の請求料金の詳細や過去の支出を確認し、将来の費用を予測できます。AWS Budgets を使用すると、カスタムの予算を設定して、コストや使用量が制限設定を超えた場合にアラートやアラームを発生させることができます。クラウド管理者はこれらのツールを使用して、クラウドサービスの使用量や関連コストについての信頼できるガードレールを設定できます。

第 7 章 ｜ コストの最適化

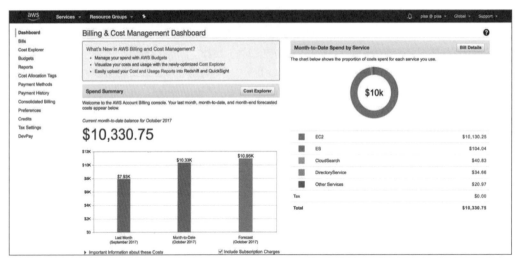

図 7.1：著者の AWS アカウントの Billing and Cost Management ダッシュボード

1 つのシンプルなビューで、前月、今月、翌月のコストを非常に簡単に確認できます。右側には、サービスごとのコストの内訳が表示されます。

クラウドネイティブ・アーキテクチャのベストプラクティス

クラウド管理者は、多要素認証を構築し、セキュアなルート資格情報を設定したら、次のタスクとして、選択したクラウドプラットフォームの Cost Explorer ダッシュボードおよびサービスについて理解する必要があります。

企業がクラウド環境にプロビジョニングする数千から数百万におよぶリソースを適切に管理するために必要となるのが、タグ付けです。タグ付けは、リソースをコストセンター、プログラム、ユーザー、事業部門、目的に割り当てるための基本的な方法です。大規模な組織では、タグ付けを行わずにクラウド環境を適切に維持することはほぼ不可能といえるでしょう。なお、コスト管理に関連したタグ付けのベストプラクティスについては、次の節で説明します。

従来、IT関連予算は、事前に費用を支払う設備投資モデルに従っていました。クラウドでは、これが運用コストモデルへと変わり、運用コストとしてユーザーが柔軟に管理できるようになりました。次の段階として、企業のITシステムの全体または一部で、費用にハードリミットまたはソフトリミットを設定できる機能が登場しました。使用量がこれらのしきい値を超えた場合に管理者にアラートを送信するAPIや通知サービスを通して、プラットフォームでネイティブな予算管理を実現できます。

支出を管理／制限するクラウドネイティブな方法には、次のような例があります。

- AWS Budgets（https://aws.amazon.com/aws-cost-management/aws-budgets/）
- Azureの支出の予算（https://docs.microsoft.com/en-us/partner-center/set-an-azure-spending-budget-for-your-customers）
- GCPの予算アラートの設定（https://cloud.google.com/billing/docs/how-to/budgets）

この機能は、経営陣や予算管理者が特定のグループの活動や支出をすぐに把握することが難しい大企業にとって重要です。

> **クラウドネイティブ・アーキテクチャのベストプラクティス**
>
> 組織内の異なるグループに関連付けられている各クラウドアカウントに対して予算を設定します。これらの予算は、将来再検討して変更できます。より重要な点として、予算によってソフトリミットを設定し、特定の行動を促すことができます。請求金額の上限を設定せず、各チームの裁量に任せるのは好ましくありません。チームに予算の制限を設定することで、優れた運用プラクティスを植え付け、これまでの思考様式にとらわれない独創的な考え方でシステムを設計できるようになります。

予算のしきい値を設定すると、管理者にアラートを送信できます。たとえば、コストが制限を超えた場合、特定のサービス／関数の使用量が制限設定を超えた場合、前払いしたリソース（Amazon EC2 のリザーブドインスタンスなど）の使用量が制限設定を超えた場合です。これらの予算はさまざまな期間（月、四半期、年）で設定できるので、管理者は組織に対して柔軟に制約を適用できます。また、オプションとして、コストが予算の特定の割合に近づいたときにアラートを送信するように通知を設定することもできます。

図 7.2：AWS Budgets で Amazon EC2 の予算を管理

予算を設定することで、クラウドのコストを効果的に監視できます。設定した支出額に近づいた場合、または設定した支出額を超えた場合、システムから自動的に通知が送られます。図 7.3 では、この設定例を示します。

図 7.3：AWS Budgets で予算管理の項目を追加

請求アラームを設定すると、電子メール通知をトリガーできます。これにより、超過支出を最小限に抑え、クラウド環境のコストを最適な状態に維持できます。図 7.4 では、通知の設定を示しています。

第 7 章 | コストの最適化

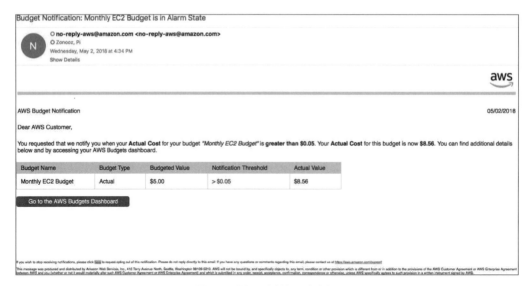

図 7.4：通知設定情報の内容例

　さまざまなクラウドプラットフォームでコストを集計／表示／予測できるサードパーティのツールもあります。これらについては、本章の最後の節「クラウドネイティブ・ツールキット」で紹介します。

　これまでの章で説明したような展開／管理のベストプラクティスを考慮した場合、イミュータブルなアーキテクチャには特有のアプローチが必要になります。各展開では、スタック全体、またはスタックのモジュール式コンポーネントが複製されるので、展開前に価格を見積もることができます。AWS CloudFormation を使用する場合、スタック作成ウィザードの最終確認ページで［予想コスト］リンクからスタックの毎月のコストを確認できます。この後は、あらかじめ値が入力された Simple Monthly Calculator の表示が可能です。

　コードとして記述されたスタックとして展開を管理する場合、展開前に各スタックの価格を見積もることができます。ここで、スタック例の内容を図 7.5 に示しています。

　図 7.6 では、Simple Monthly Calculator の見積もりのサンプルのスクリーンショットを示します。これは、（図 7.5 のスクリーンショットに示した）サンプルの CloudFormation テンプレート展開から生成されたものです。

174

図7.5：スタック例のレビュー画面

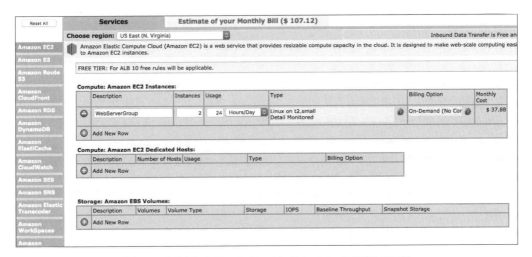

図7.6：生成されたSimple Monthly Calculatorの見積もりの例

7.6　タグ付けのベストプラクティス

　大企業でも小規模なスタートアップ企業でも、コストの透明性を確立するためには、日常的にタグ付けを行うことが最も重要となります。クラウドサービスプロバイダーは透明性の高い請求金額のレポートを作成して表示しますが、主なビジネス機能にコストを割り振るように追跡できなければ、企業やエンドユーザーにとっては価値がありません。

　タグ付けは、すべての主要なクラウドサービスプロバイダーがサポートするネイティブな機能で、カスタマイズもサポートされています。各企業、組織、ユーザーによって独自の内部プロセスや用語があるので、それぞれに適したタグ付け方法を編み出すことが重要です。

クラウドネイティブ・アーキテクチャのベストプラクティス

　最初にタグを指定しておかないと、タグ付け作業がすぐに負担となり、維持できなくなります。開発ライフサイクルが短い場合は、数週間のうちに環境全体でタグがまったく使用されなくなることもありえます（したがって管理できなくなります）。コストが最適化されたクラウドネイティブな環境では、タグ付けされていないリソースが自動的に検出されるか、削除されます。そのため、各チームでタグ付けが重要なアクティビティとして扱われるようになります。

　タグの自動適用は、さまざまな方法で行うことができます。コマンドラインインターフェイスを使用すると、各サービスのタグ付けされていないリソースの一覧を生成できます（Amazon EC2、EBS など）。AWS のタグエディターのようなクラウドサービスプロバイダーのネイティブなツールを使用すると、タグ付けされていないリソースを手動で見つけることができます。AWS Config ルールなどのクラウドネイティブ・サービスでタグ付けを必須とするルールを作成し、自動的に検出するのが、最善のクラウドネイティブな方法です。Config ルールは、必須として指定したタグを環境内で継続的にチェックします。タグ付けされていないことが検出されたら、手動または自動で対処できます。

7.6 タグ付けのベストプラクティス

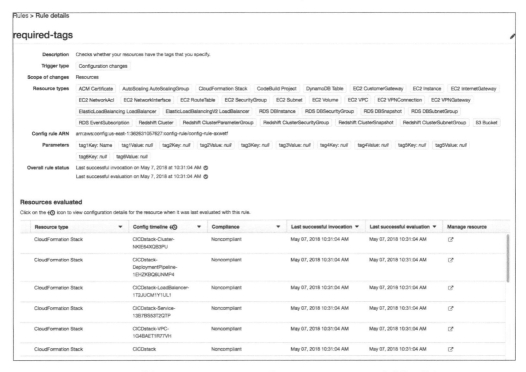

図7.7：タグ付けされていないリソースを AWS Config ルールで自動的に検出

図7.7のスクリーンショットは、AWS Config ルールで、タグ付けされていないリソースを自動的に検出してレポートできる様子を示しています。

図7.8のスクリーンショットは、AWSのタグエディターを使用して、タグ付けされていないリソースを手動で検索できる様子を示しています。ただし、自動的な検出に比べれば手間がかかります（数千ものリソースが活用されている大企業の環境では特に面倒です）。

第 7 章 ｜ コストの最適化

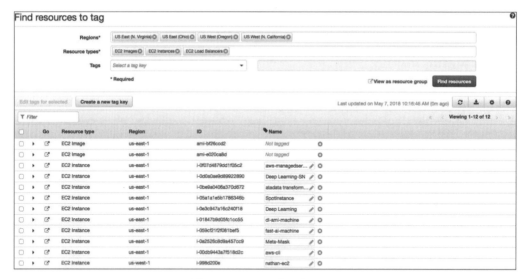

図 7.8：AWS のタグエディター

　十分に成熟した環境では、展開パイプラインを使用して、あらゆる展開がコードとして管理されます。このパイプラインで、テンプレートに適切なタグ付けを実施するゲートを使用します。適切に記述することで、展開時にタグがテンプレートのすべてのリソースに伝播されるようにします。タグ付けの鍵となるのは自動化です。最上位レベルの構成要素（スタックテンプレート）にタグを指定することで、手動で行わなければならない作業を最小限に抑え、タグの精度を高めることができます。

7.7　コストの最適化

　クラウド環境でコストを収集／追跡／確認できる方法がわかりました。では、これらのコストを最適化するにはどうすればよいでしょうか。コストの最適化という場合、2 つの立場があります。一方の立場では最小化（可能な限り減らすこと）を目指し、もう一方の立場では最大化（最大限に活用すること）を目指します。どちらの立場も正しいといえます。際限なく予算を使える IT 組織はなく、予算内に抑えるためにコストを最小化する必要があります。一方で、現在の大手企業は、IT 関連支出に対する見方を変えています。ビジネス上のメリットを最大化するとともに、テクノロジーへの投資をビジネス上の結果につなげることを目指しています。これが、テクノロジーのコストの最大化（最適化）の意味です。最小化では、テクノロジーに関する決定が必要になります。最大化では、技術的な試行錯誤、忍耐力、ビジネス感覚が必要とされます。

7.7.1　コンピューティングの最適化

　通常、クラウド環境では、コンピューティングリソースの適切なサイジングによって最も大きなコスト削減を実現できます。コンピューティングはクラウドのコストの大部分を占めるので、最大のコスト削減効果を得られるのです。**適切なサイジング**とは、特定のアプリケーションに最適なサイズの仮想マシンを選択することです（ここでのサイズとは、マシンに割り当てられたCPUおよびメモリの量を指します）。

　サイジングは、オンプレミスからクラウド環境に移行したばかりの環境で特に問題となります。オンプレミスでリソースのサイジングを行う場合、通常は多くの承認やチームを経由する必要があり、それぞれの層で責任を回避しようと念のために余分なサイズが追加されます。そのため、必要以上にサイズの大きなマシンとなり、クラウドに移行した場合もサイズの大きなVMになってしまいます。

> **クラウドネイティブ・アーキテクチャのベストプラクティス**
>
> 　移行やクラウドネイティブ・アプリケーションの展開が成功したら、各コンピューティングリソースのベースラインのリソース使用量データを収集します。このデータを使用し、必要なパフォーマンスレベルに応じて適切なVMのサイジングを行います。

　クラスターで実行できるステートレスなアプリケーションの場合、多数の小さなインスタンスを使用するとよいでしょう。これにより、需要に応じてクラスターをスケーリングできるので、コスト（およびパフォーマンス）の最適化を進めることができます。AWSおよびAzureでは、あらゆるユースケースに対応できるさまざまなVMサイズから選ぶことができます。GCPでは、ユーザーが利用可能なサイズを設定できるカスタムマシンタイプが用意されています。この方法では、アプリケーションの需要に応じてより柔軟にマシンのリソースを設定できます。

7.7.2　ストレージの最適化

　クラウドのコストとしてコンピューティングの次に大きいのはストレージです。各VMに接続された仮想ディスク／ボリューム、アプリケーション部品や画像／動画／文書をホストするオブジェクトストレージサービス、アーカイブデータサービスの使用、これらデータのバックアップサービスへのバックアップなどのコストがあります。

　あらゆる形態のデータストレージにおいて、できるだけ自動化されたライフサイクルを確立することが重要です。データとバックアップが、このライフサイクルを流れるようにたどり、最終的にコンプライアンス目的でアーカイブされるか、削除されるようにします。コンプライアンス目的で長期的に必要となるデータストアやオブジェクトは、タグで指定しておきます。これらのデータの管理には、スクリプトを利用します。ユーザーによるデータの管理を支援するクラウドネイティブ・

第7章 | コストの最適化

サービスも提供されています。

Amazon Simple Storage Service (S3) は、オブジェクトを保存するための持続性の高いサービスです。S3 はライフサイクルポリシーをサポートしており、「S3 標準」から、より安価でパフォーマンスの低い「標準 -IA (低頻度アクセス)」、「1 ゾーン -IA」、「Glacier (長期的なアーカイブ保存)」への移行を指定できます。移行先となるこれら 3 つのサービスを使用すると、標準 S3 サービスよりもコストを抑えることができます。また、「作成後 X 日経過したら完全にオブジェクトを削除する」というような設定も可能です。これはバケットのレベルで設定でき、バケットに含まれるすべてのフォルダーとオブジェクトが削除されます。

Amazon Elastic Block Store (EBS) のデータライフサイクルマネージャーも、数百から数千におよぶボリュームレベルのバックアップの管理を行うネイティブなソリューションを提供します。大企業でこのような作業を行うには、情報に対してクエリーを実行し、情報を収集して、古くなったスナップショットや有効期限の切れたスナップショットを削除する自動化ツールを作成しなければならず、手間がかかります。AWS が用意するこのサービスを使用することで、ライフサイクルをクラウドネイティブな形で構築できます。

7.8 サーバーレスのコストへの影響

サーバーレスアーキテクチャでは、コストに関して特有の考慮事項があります。コスト最適化作業のほとんどは、効果的なコードを記述してコードの実行時間を減らしたり、必要な実行回数を減らしたりすることに費やされます。このことは、AWS Lambda などのサーバーレスコード実行サービスの価格モデルを見るとよくわかります。これらのサービスでは、実行回数、実行時間、コードを実行するコンテナーに割り当てるメモリ量に基づいて料金が請求されます (https://s3.amazonaws.com/lambda-tools/pricing-calculator.html)。1 回の実行で使用されるメモリ量を追跡することで、メモリのサイズを最適化できます (Amazon CloudWatch で追跡できます)。

Amazon Kinesis や Amazon Athena などの他のサーバーレスクラウドサービスも同様に、データ量に基づく価格モデルを採用しています (Kinesis では時間単位のシャード速度およびペイロードユニットに基づく料金が請求され、Athena ではスキャンされたデータの TB 数に基づく料金が請求されます[1])。これらのサービスはほとんどの場合、自己管理型のコンピューティングノードにホストされる同等のサービス (Apache Kafka や Presto など) と比較して、低いコストで提供されます。

---

[1] Amazon Kinesis と Amazon Athena の料金モデルの詳細は下記 URL を参照。
https://aws.amazon.com/jp/kinesis/pricing/
https://aws.amazon.com/jp/athena/pricing/

7.9　クラウドネイティブ・ツールキット

コストを最適化するクラウドネイティブなツールの多くは、各プラットフォームでネイティブに提供されています。しかし、次の2つの要因により、企業がネイティブではないサービスを利用してコストの最適化を行うことがあります。

- サードパーティベンダーを利用すればコストを最適化できる領域を独立して評価できること
- 2つ以上のクラウド環境（マルチクラウドアーキテクチャ）にわたって処理できること

クラウドサービスプロバイダーは、これらのサードパーティのベンダーが提供する機能の多くを各プラットフォーム上でネイティブに提供することで、この分野にも入り込んでいます。そのため、コストの最適化を提供していた多くのツールが、管理や運用の自動化へと軸足を移すことを余儀なくされています。

7.9.1　Cloudability

現在でも残っているサードパーティのツールに、Cloudability があります。コストの透明性を実現するツールで、クラウド環境から収集した詳細な指標に基づく、詳細な予算や日次のレポートを提供します。Cloudability は現在、主要クラウドサービスプロバイダーと統合して利用できます。

7.9.2　AWS Trusted Advisor

AWS が提供するこのサービスは、本書のいくつかの章で取り上げることもできたほど、AWS のクラウドユーザーにとって非常に有用です。Trusted Advisor は、コストの最適化、セキュリティのリスク、パフォーマンスの最適化、フォールトトレランスについて自動的に提案を行います。また、インスタンスが適切にサイジングされていない場合、リソースがアイドル状態になっている場合、または使用されていない場合に、その他コストを最小限に抑えるための数多くのチェック結果をユーザーに通知します。

7.9.3　Azure Cost Management

Azure Cost Management を使用することで、効果的に Azure 全体の使用状況とコストを追跡できます。Azure Cost Management は買収によって獲得した Cloudyn の後継製品です。インスタンスの適切なサイジングについて提案を行い、アイドル状態のリソースを特定します。

第 7 章 | コストの最適化

7.10 まとめ

本章では、自社でデータセンターを管理している企業の現状のコスト構造について定義し、学習しました。また、クラウド導入のコスト上のメリットを把握して測定するのに役立つ一連の用語を説明しました。

さらに、クラウドの導入によって費用的に大きなメリットやコスト削減がもたらされる理由と、設備投資から運用コストといった価格モデルへの移行について説明しました。レガシーシステムとクラウドネイティブ・システムでは、価格モデルが主な違いになります。

最後に、詳細なコスト分析と追跡を可能にするタグ付け方法について説明しました。これらの方法は、アーキテクチャの最適化に役立ちます。

次の章では、優れた運用について説明します。

CHAPTER 8:
Cloud Native
Operations

クラウドネイティブな運用

第8章

　これまでの章では、クラウドネイティブ・アーキテクチャを従来の IT システムの構築パターンと比較して、その独自性と相違点について説明しました。クラウドネイティブであるとは、システムの中心的なテクノロジーコンポーネントに関してアーキテクチャ上の決定を行うことだけではありません。最大限のメリットを享受するには、クラウドテクノロジーの導入とともに運用も進化させる必要があります。クラウドネイティブな組織でなければ、クラウドのメリットの多くが台無しになってしまいます。

　本章では、クラウドネイティブ環境を設計／構築／保守できる効果的な組織を作り上げる方法について説明します。この方法では、**クラウドネイティブ開発 (CND)** の潜在能力を最大限発揮できるように、プロセス、人、ツールを組み合わせて活用します。

　本章を読むと、以下のことを理解できます。

- クラウドは、一般的な技術者の職務内容にどのような変化をもたらしたか
- 成功を収めたクラウドネイティブな組織とはどのようなものか
- クラウドネイティブのベストプラクティスを適用するメカニズムをどのように構築するか
- 一般的なツールやプロセス

183

第 8 章 ｜ クラウドネイティブな運用

- チームメンバーが成果を上げられる組織をどのように構築するか
- クラウドの文化、およびその重要性

8.1　クラウド登場前

　まずは、全体的な状況を見てみましょう。IT 環境や組織をクラウドネイティブなものに作り変えようと取り組みを始めている場合も、まだ始めていない場合も、現在多くの組織では IT システムがどのように設計／構築／実行されているかを理解する必要があります。

　それでは、顧客に対していくつかの商品（住宅保険、生命保険、自動車保険など）を提供する保険会社の例を考えてみましょう。社内には、保険商品の開発チーム、外交販売チーム、統計の専門家、人事、プログラマー、マーケティング、アクチュアリー（保険数理士）など、商品をサポートするためのいくつかのチームがあります。これらの各チームは、IT チームが提供するサービスを利用します（電子メールサーバー、統計モデルを実行するクラスター、顧客情報を保存するデータベース、一般向けの販売 Web サイトなど）。

　IT チームも、専門分野によっていくつかのグループに分かれています。従来型の組織モデルでは、一般的に、ネットワークチーム、セキュリティチーム、データベースチーム、運用チームなどに分かれています。これらのチームは並行して業務を進め、コード記述のみに専念する開発チームとは分離されています。

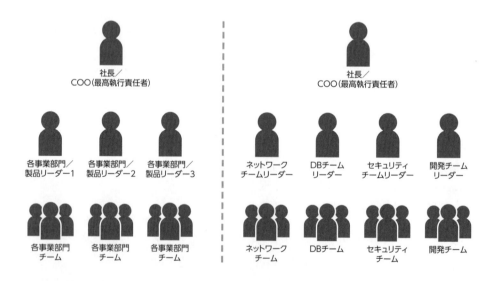

図 8.1：製品を開発する一般的な企業の組織構造

この図は、製品を開発する一般的な企業の組織構造を示しています。テクノロジー分野の専門家と、製品／サービスを担当するチームとは、はっきりと分離されています。

ここでの問題は、基本的にこれらの組織が互いに対立する関係にあることです。CEO の視点から見ると、図の左側は、収益を最大化させて事業や顧客基盤を拡大するグループである一方、図の右側はコストセンターであり、できるだけ小さくスリム化する必要があるグループとみなされる場合が多いものです。

このような考え方は、個人の行動や企業文化、リーダーの心構え、そして 2 つのグループ間での相互協力の取り組みに深く影響を与えています。「非現実的な機能を備えたシステムを、時間もコストもほとんどかけずに構築するよう、理不尽に要求するような、考え方のまったく異なるチームが各事業部門チームである」と IT チームはみなしています。一方、各事業部門チームは、IT チームに対して、「組織としての中心的な目的や、各事業部門が取り組んでいる顧客の問題とは距離を置いている」という印象を抱いています。IT チームはビジネスの目標を理解しようとせず、要望を出してもかたくなな態度を崩しません。

IT チームの側は、専門分野ごとに似たような考えの個人が集まり、別々のチームとして仕事をしているため、さらに状況がこじれます。セキュリティの専門家は、同じセキュリティの専門家どうしで集まって業務を行います。ネットワーク、データベース、運用、アーキテクチャの専門家も同様です。このモデルは、トップダウンの観点からは効率の良いものですが、専門分野外の人間から正当な批判やチェックを受けることがないので、同じような考え方がチーム内で広がり、思考が硬直化しやすくなります。このようなモデルにおいて専門分野ごとにチームにまとまるという方法は、柔軟性を欠き、硬直したものになります。「X はこのように扱います」というアイデアが固まってしまうと、それに対する批判は頭ごなしに否定されます。取り入れられるとしても、例外的な状況として、経営幹部や審査委員会を巻き込んだ長い時間のかかる手続きが必要になります。このようにリソースがサイロ化された状態は、個人にとってもよくありません。他のビジネスチームや技術チームとかかわりを持たないので、他のチームから学び、知識を広める機会が制限されます。

各チーム（セキュリティ、ネットワークなど）のリーダーは自分のリソースを守ることに専念し、組織内で自身のチームの役割を確固たるものにするために、自分たちの独立性を保とうとします。そのため、チームメンバーと他チームのかかわりについて制限やガードレールを設けたり、一定のプロセスを要求したりします。他チームが自チームのリソースを利用する場合は、利用方法や利用場所に関するルールを設け、承認が必要な場合についても指示します。それらの結果、自チームメンバーの業務遂行のペースを低下させるだけでなく、他チームのスムーズな開発作業も妨げることになります。

第8章 | クラウドネイティブな運用

　また、複数のテクノロジーチームのリソースが必要な業務では、厳格なレビューが行われます。複数のチームからの混成チームを結成する際に、各チームのリーダーがレビューを行い、意見を述べ、責任を持って指揮をとりますが、多くの場合、このような混成チームでも、先ほど説明したようなたくさんの障害にぶつかります。従うべき報告体制がある中では、実際に決定を行う前に各チームのリーダーに相談しなければなりません。このような体制は、自分自身で意思決定を行い、製品を繰り返し進化させることのできる独立した自律的チームとは対極にあります。

　このような組織構造や考え方の典型が、**変更承認委員会 (CAB)** です。CAB はモノリシックなシステムに対する変更を管理する必要性から生まれたものです。モノリシックなシステムでは、変更によって下流で多くの影響が生じる可能性があったためです。小さな設定の変更が下流に連鎖的に問題を引き起こし、収益を上げるシステムがクラッシュしたり、重大度 1 の緊急性の高い事象が多く生じたりする結果につながります。

　もともと CAB は、システムが共有のハードウェアリソース上で実行されていて、システム内のサービスが緊密に結合され、システムの（出力レート以外の）全体のパフォーマンスへの可視化がほとんど確保されていなかった時代に必要とされて、誕生しました。テクノロジーやシステムアーキテクチャが進化しても、CAB は過去の遺物として残りました。そして、そもそも CAB を必要とした技術的制約がなくなった今でも、多くの企業の IT 組織に CAB が広く残っています。

　CAB とともに、**変更管理データベース (CMDB)** や設定管理データベースが使用されるようになりました。これらのシステムの目的は次のとおりです。

- モノリシックなシステムに対して計画されている変更を管理して追跡する
- 広範囲に拡大したシステムの現在の状態を追跡する

　これらのシステムはいずれも必要性があって使用されるようになりましたが、クラウドネイティブな環境においては時代遅れです。**変更管理データベース**に保存される情報の妥当性を維持するには、手作業によるプロセスが必要になるためです。これらのデータストアにユーザーの役に立つ高次の情報がほとんど保存されなければ、システムを維持する意味はなくなってしまいます。保存されるデータは定期的に更新して保守しないと、古くなって妥当性を失います。妥当性を維持するには、維持管理に多くの手間をかける必要があります。多くの時間と労力が必要になり、製品を開発して作り上げるという本来の業務の足手まといになります。**変更管理データベース**の後継として利用できるツールについては本章で後ほど説明しますが、自動化、永続性、妥当性が求められます。

　その後、**CAB と変更管理データベース**に加えて、プロジェクトを管理し、スムーズに進めるための重要な要素として電子メールが利用されるようになりました。各専門分野のチームは、意思決定に至るまでの過程を電子メールのやり取りとして残すようになりました。あらゆるやり取り、たとえば直接話せば 5 分で決定できるような簡単な決定事項にも、電子メールが使用されます。電子メールを使えば、ある決定が行われるまでの過程について重要な背景情報を残せますが、決定に至るまでには時間がかかります。直接話せば 5 分で決まることでも、電子メールへの返信が遅れれば 1 日以上かかってしまうこともありえます。

186

8.2　クラウドネイティブな方法

これまでの章では、モノリシックなシステムを、マイクロサービスで構成された可用性の高い分離型アーキテクチャに分解する方法について説明しました。マイクロサービスは、システムの他のコンポーネントとは独立して管理／進化できるように組み込まれます。このようなマイクロサービスを支えるテクノロジーサービスが急速に発展しましたが、これらのシステムを構築した組織自体はモノリシックなままでした。

Amazon などの企業は、骨の折れる試行錯誤を忍耐強く行うことで、最善の方法を編み出しました。この方法では、分離された状態のマイクロサービスを基盤とするシステムを、分離された状態のマイクロチームで構築します。これらのマイクロチームは、マイクロサービスのアーキテクチャを擬人化したものです。小規模な状態で分離されており、自律的であることを特徴とします。Amazon ではこのようなチームを「ピザ 2 枚のチーム」と呼んでいます。チームの食事が 2 枚のピザで十分なほどコンパクトだということです。このチームを CND チーム（クラウドネイティブ開発チーム）とも呼びます。

各 CND チームは、必要なあらゆる人材とスキルを持ち、サービスの設計／構築／デリバリー／運用の責任者を擁しています。CND チームは、特定のマイクロサービスのライフサイクル全体を管理できる、自己完結的な組織単位です。どのツールやフレームワークを使用するかを決定したり、本番環境に新たな変更を導入できるかどうかを判断したりする際に、他の製品の責任者や管理者の承認に頼る必要はありません。

基本的な原則は以下の 2 つにまとめることができます。

1. すべてを API 駆動型とする必要があります。API を外部サービスに対して公開したら、その API は変更してはいけません。API は長期にわたって安定して使える必要があります。

2. 各チームは、設計から稼働まで、全体にわたって製品の責任を負います。これらのチームには、人手による管理を最小限に抑えつつ、安定して稼働できる製品を構築することが求められます。

これらの 2 つの原則を守ることで、システム全体において他のサービスと適切に協調して動作する安定したマイクロサービスを作成できます。不具合やエラーの多いコードを運用チームに押し付けることはできません。なぜならコード記述と運用を同じチームが担当するからです（これがDevOps という言葉の語源です）。チームメンバーは、全員で同意したスケジュールに従い、交代で見張り番をする必要があります。設計や構築が適切に行われていないと対応を迫られるため、必然的に不具合やエラーのないサービスを作成するようになります。重大度 1 のチケットの修正作業やシステムの再設計で徹夜作業が続くとつらい思いをするので、次回の開発サイクルでは自然とシステムに高可用性設計や脆弱性対策を組み込むことになります。

この仕組みにより、同じようなスキルを持った個人が集まる同質的なグループから、サービスの設計から運用までのあらゆる作業で必要なスキルを備えたグループへと、チームのスキルセットが根本的に変化します。各チームでは、分野横断的なスキルを育成する一方で、グループの大きな目

標を実現できる人材を採用します。さらに、すべてのチームメンバーが高い運用スキルを獲得して、より信頼性の高いシステムの構築にそうしたスキルを活用します。CNDチームは多くの場合、フロントエンドとバックエンドの開発者、データベースとセキュリティの専門家、運用の専門家で構成されており、それぞれのメンバーが助け合いながら安定したサービス構築を目指します。

マイクロサービスを管理するCNDチームは小規模なので、メンバー間のコミュニケーションも円滑になります。これらのチームでは、非常に迅速に意思決定を行えます。なぜその決定に至ったかについての多くの背景情報を提供して承認を得る作業は必要ありません。そのため、電子メールの代わりにチャットアプリケーション（Slackなど）を使用して、チームに関連する議論を絶えず追いかけることができます。チャットを使用することで、チームメンバー間での迅速なコミュニケーションと合意形成が可能になります。チームに関連する各種の議論は、分野ごとに別々のチャンネルに分かれて行われます。

CNDチームは、設計から展開までをできるだけ迅速に行えるように、反復可能なプロセスの構築を目指します。つまり、非クラウドネイティブなチームでは手動で行われている多くの定型的な作業を自動化するパイプラインを構築します。そのためのツールや戦略については、本章で後ほど説明します。このプロセスは、本番環境のシステムへの小規模な展開の回数を最大化できるようにするものでなければなりません。

クラウドネイティブな環境では、静的な物理ハードウェアを監視するように設計された**変更管理データベース**は適合しません。クラウド環境では、1時間のうちに数百件にのぼる変更が行われることがあるので、変更や設定の管理は動的に行われる必要があります。そのため、以下を基盤とする継続的検出サービスへの移行が促されます。

- コードとしてのインフラストラクチャとマシンイメージ
- ソースコードを保管するコードリポジトリ
- ゲート付きのプロセスステップ（必要な場合は手動で実行）で構成されたパイプライン。迅速な展開を推進するもの
- API統合機能を備えたチームチャットアプリケーション。変更、要求の承認、停止をチームに通知できる
- AWS Configなどのネイティブなクラウド設定サービス。設定の履歴を表示し、コンプライアンス評価のルールを作成できる

クラウドネイティブな運用では、ガバナンスも動的なものになります。AWS Configなどのサービスと、イベントによる自動的なコードのトリガーとを組み合わせることで、自動的なガバナンスの検出／適用／レポートを実現できます。

8.3 クラウドネイティブ開発チーム

ビジネスの推進要素としてクラウドテクノロジーをフル活用するためには、チームを自律的な組織である CND チームに再編成する必要があります。CND の理念は以下のとおりです。

- 担当するサービスについて完全に責任を持つ
- グループ内の意思決定を効率的なものにする（迅速な合意形成）
- 運用の責任を交代で負う（全員が見張り番をする）
- API を公開し、長期にわたって安定して使えるように保守する
- API を他のサービスとやり取りする唯一の方法とする
- 業務をこなせるツールであればどのツールを使ってもかまわない（サービスに適した言語、フレームワーク、プラットフォーム、エンジンなどはチームで決定する）
- 新機能よりも自動化が重要（自動化を導入することで、長期的にはより多くの機能を迅速にリリースできるようになる）

チームの開発スピードを最大化するには、そのチーム自身で設計と構築の意思決定プロセスに完全な責任を持つ必要があります。チーム外の責任者や経営陣に意思決定を委ねてはいけません。そうした決定が必要とされる背景情報をそのリーダーに説明する作業が必要になり、大きな遅れが生じるからです。

各チームは、どのように意思決定を効率化するか、どのような設計上の決定でより大きなチーム内の議論が必要となるかを自分たちで判断できます。チームメンバーの長所と弱点に応じて、独自の合意形成方法を選択できます。合意形成に加えて、サービスの運用管理方法についても自分たちで決定できます。チームの合意形成メカニズムを利用して、いつ誰が見張り番をするかをチーム内で合意します。

第8章 | クラウドネイティブな運用

　それぞれのサービスが、別のチームに管理された他のサービスやシステムに依存しているのに、どうやって CND チームが効果を発揮できるのか疑問に思うかもしれません。しかし、サービス外とのすべてのやり取りを API 駆動型にするという黄金律を守りさえすれば、このことは問題になりません。公開される API は、長期にわたって安定して使えるように保守されます。そのため、基本となるサービスと統合する外部のシステムは、確固とした不変のプログラムインターフェイスを利用できます。このことは、基本となるシステムが変更されないということではありません。それどころか、基本となるシステム（データベースエンジンやフレームワークなど）はこれまで以上に頻繁に変更される可能性があります。しかし、中身が入れ替えられても、異なるサービスを結びつけるプログラムインターフェイスは不変のままです。API を変えないというルールは、必要に迫られて生まれました。API が変更されると、その変更が下流に与えるあらゆる影響を調査しなければならなくなるためです。あらゆる変更を把握し、特定の変更が下流に与える影響を評価しなければならないようでは、他のサービスから真に分離されたとはいえなくなります。

8.4　ピザ 2 枚のチーム

　大きな組織において根本的な問題となるのは合意形成です。テクノロジーシステムの構築では依存関係の発生が避けられないため、プロジェクトを進めるには合意形成が必要になる場合がほとんどです。一般的に、システムは大規模で複数のチームにまたがっているため、1 つのチームがシステムの担当部分を変更すると、上流および下流（他のチームが責任を負い、保守しているサブシステム）に予期しない影響が生じる可能性があります。以下に例を示します。

- **上流への影響の例**：更新されたサブシステムの動作が速すぎて、新しいデータの取得に伴うデータフィードに負荷がかかる

- **下流への影響の例**：更新されたサブシステムのデータ生成速度が速すぎて、フィードを処理する下流のコンシューマーに負荷がかかる

　分離型のシステムと SOA を幅広く導入することで、技術的な側面からこのような問題を解決できます。しかし、組織はまだこのような新たな現実に対応できていません。システムの分離を行ったら、組織単位の分離が必要になります。そこで登場するのがピザ 2 枚のチームです。組織によって、タイガーチーム、DevOps チーム、ビルドランチーム、ブラックオプスチームなどとさまざまな名前で呼ばれていますが、ここでは、CND チームと呼ぶことにします。

これらのチームは、システムの構築／稼働／保守を行いますが、なぜピザ2枚のチームと呼ばれるのでしょうか。それは、チームの構成員を最大でも8〜12人にする必要があり、食事を2枚のピザでまかなえるほど規模が小さいからです。このような制限は何に由来するのでしょうか。基本的に、意思決定や合意形成は、チームの人数が増えるほど難しくなります。開発者の人数（n）が増えるほど、開発者間のコミュニケーションリンク数が増えるからです。nの数が増えるほど、コミュニケーションパスの数は指数関数的に増加します。

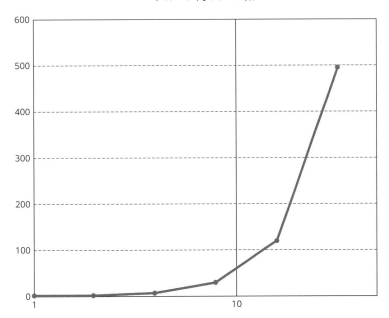

図8.2：チームの人数とコミュニケーションパスの数

　チームが10人を超えると、各個人間のコミュニケーションパスの数は急激に増加します。少人数でも指数関数的に増えることには変わりないのですが、10人を超えたところからその傾向が顕著になります。逆にいえば、**チームの人数が少ないほど、迅速な合意形成ができます**。これが「ピザ2枚のチーム」という制限が生まれた理由です。

第8章 | クラウドネイティブな運用

8.5 クラウドマネージドサービスプロバイダー

　企業は、多くの場合、マネージドサービスプロバイダーとパートナーを組んで自社のクラウド環境の運用管理を行います。長い間、「他との差別化につながらない重労働」をクラウドサービスプロバイダーが管理するというトレンドが続いてきました。物理的なデバイスの管理から始まり、進化を遂げてきましたが、コンテナーのための仮想マシンクラスターの管理や、高可用性で展開されたデータベースの管理など、スタックの高レベルな部分までは管理がおよんでいませんでした。

　マネージドサービスプロバイダーは、幅広いサービスで環境の管理を行います。ユーザーは、ユーザー側の環境の管理作業に集中でき、クラウド側の環境の管理はほぼマネージドサービスプロバイダーが担います。マネージドサービスプロバイダーが提供するこれらのサービスでは通常、環境を構築する際に使用できるツールやフレームワークが制限されます。たとえば、マネージドサービスプロバイダーは、使用すべき特定の展開パイプラインを要求する場合があります。「コンテナーオーケストレーションツールを使用する（Mesosphere 上で Kubernetes を使用するなど）」「すべての変更要求を Zendesk などのツールで行う」「Okta を使用して ID とアクセス管理を行う」といったことを強制する場合もあります。

　マネージドサービスプロバイダーは、複雑なツール環境を合理化して、運用の負担を軽減できますが、**クラウドネイティブ成熟度モデル（CNMM）** に沿って真にクラウドネイティブなアーキテクチャを実現するための足がかりになるものでもあります。

　マネージドサービスプロバイダーの核心は、テクノロジーの責任者が自身のシステムの変更を管理して進化させる職務をプロバイダーに委譲することにあります。このような変化のプロセスや変化自体の目的や性質について考えないと、クラウドネイティブ・アーキテクチャを実現するのは非常に困難になります。このプロセス自体が目的につながるのです。

　CNMM の第3の基軸（自動化）において成熟度の高い組織は、クラウドネイティブにシステムを構築して進化させる方法を導入しており、このようなシステムによりクラウドネイティブ・アーキテクチャを実現できます。一足飛びにモデルの成熟度を高めることはできません。このようなシステムを管理／構築するのは、組織的変化や文化的変化を必要とするプロセスなのです。

192

8.6　IaCによる運用

　IaCのコードの管理と展開のプロセスは、開発者がアプリケーションコードを開発して管理してきた方法と似ています。

　IaCのプロセスは、まずCNDチームがIaCをリポジトリ（GitHub、AWS CodeCommit、Bitbucketなど）に保存することから始まります。コードをリポジトリに保存したら、テスト／ブランチ作成／開発／マージ／フォークを行えます。これにより、大規模なチームでも、コントリビューションの競合を生じさせずに、独立してスタックの開発作業を続けることができます。

　以下のようにコード開発プロセスのあらゆる側面をカバーするネイティブなクラウドサービスがあります。

図8.3：コード開発プロセス

　AWSプラットフォームでは、このプロセスの各部分に関連するサービスを提供しており、それらのサービスを以下に示します。

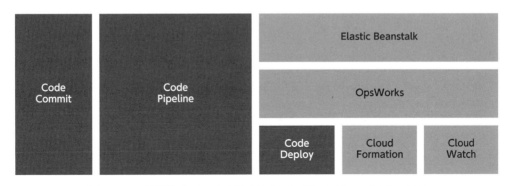

図8.4：コード開発プロセスに対応するAWSプラットフォームのサービス

　AWSのコーディングサービスの詳しい例については、第9章をご覧ください。

　Eclipseなどの一般的なIDEに対してクラウドサービスプロバイダーが提供するSDKにより、IaCの検証を行えます。さらに、Stelligentのcfn-nagなどのツールでは、展開前にコードのアンチパターンを自動的に検出できます。このプロジェクトは、https://github.com/stelligent/cfn_nag から入手できます。cfn-nagは、コミットの段階で使用できるので、IaCの開発者は、展開前に早期にフィードバックを得ることができます。このツールをパイプラインに挿入し、重大なエラーが見つかった場合に終了コードを表示できます。

　AWS CodePipelineなどのサービスは、簡単に使用できるように、継続的インテグレーション／

継続的デリバリー（CI／CD）のマネージドサービスをユーザーに提供します。CodePipelineは、コードリポジトリに新しいコミットがあった場合や、Webフックがアクティベートされた場合に、毎回コードの構築／テスト／展開を行います。展開は、AWS CodeDeployによって行われます。プラットフォーム上で利用できる展開先コンピューティングリソース（Amazon EC2、AWS Lambda、オンプレミスの仮想マシンなど）に自動的にソフトウェアを展開します。

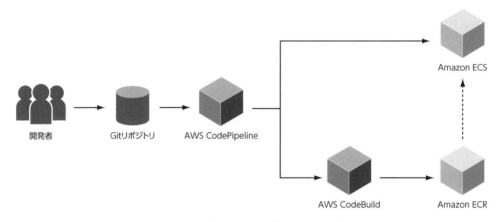

図8.5：コミット／プッシュから展開までのパイプラインの例

　成熟度の高いクラウドネイティブなアプローチでは、コードの開発は図8.5のように行われます。開発者は、Gitにコードリポジトリを作成します。コードのレビューが終わったら、AWS CodePipelineがテストを行ってAWS CodeBuildにコードをプッシュします。ここで、ソースコードのコンパイル、テストの実行、ソフトウェアパッケージの提供、Amazon Elastic Container Registry（ECR）への展開が行われます。ECRは、コンテナーベースのアプリケーションのコピーを保持し、それがAmazon Elastic Container Service（ECS）に展開されます。

　コミット／プッシュから展開までのパイプラインのプロセスが完了した後、クラウドの運用で次に重要になるのは設定の監視と追跡です。特定のアプリケーション、サービス、マイクロサービスに適したカスタムのログと指標を作成することが、長期的な安定性維持にとって重要です。以下がその指標の例です。

- アプリケーションでは、ユーザーリクエストの持続期間などがあります（ユーザーベースのジョブがキューで有効な状態を維持している時間）。
- サービスでは、ユーザーに何人の友達がいるか（ソーシャルネットワークアプリケーションなど）についてのAPI駆動型のサービスリクエストなどがあります。
- マイクロサービスでは、コンテナーオーケストレーションのマイクロサービスで企業環境全体から受信するコンテナーリクエスト数などがあります。

8.7 クラウドネイティブ・ツールキット

クラウドネイティブな運用のためのツールは、さまざまな領域をカバーできます。以下に示すのはこのようなツールの一例です。著者が過去のプロジェクトで使用したなかで、または過去のプロジェクトで目にしたなかで、重要度の高いツールをいくつか紹介します。

8.7.1 Slack

ほとんどの開発者にとって、電子メールや他のチャットベースサービスよりも Slack が役立ちます。Slack は、意思決定／進捗共有／システム運用のための統合コミュニケーションプラットフォームであり、人間の CND チームとボットを組み合わせて効果的なチームコミュニケーションを実現します（https://slack.com/）。

8.7.2 Stelligent cfn-nag

cfn-nag（https://github.com/stelligent/cfn_nag）ツールは、セキュアでないインフラストラクチャを示すパターンを AWS CloudFormation テンプレートで検索します。以下のような内容を検索します。

- 許容する条件（ワイルドカード）が多すぎる IAM のルール
- 許容する条件（ワイルドカード）が多すぎるセキュリティグループのルール
- 有効化されていないアクセスログ
- 有効化されていない暗号化

8.7.3 GitHub

GitHub は、コードのホストとレビュー、プロジェクト管理、ソフトウェア構築に役立つ開発プラットフォームです。2,800 万人以上の開発者に利用されている、最も人気のあるコードホスティングのための開発プラットフォームです（https://github.com/）。

第8章 | クラウドネイティブな運用

8.8 まとめ

　本章では、システム構築を行う従来型の組織の運営方法に伴う弱点について説明しました。ビジネスの推進要素としてクラウドテクノロジーが広範に使用されるようになるにつれて、この弱点が顕著に表れるようになりました。次に、システムの開発／展開／保守のための、CND チームという新しいモデルについて説明しました。

　CND チームは、俊敏性／自由度を備え、担当するシステム全体について責任を負う仕組みになっており、成熟度の高いクラウドネイティブ・アーキテクチャ構築にとって重要です。CND チームは、API を適切に保守し、他のシステムやチームに公開している SLA（Service Level Agreement）を守っていればよく、CAB にしばられたり、別の専門分野のチームによる監督を受けたりすることがありません。

　また、クラウドマネージドサービスプロバイダーの利用について触れ、さらにはクラウドマネージドサービスプロバイダーがクラウドの成熟度を高めるための足がかりになることについて説明しました。さらに、IaC を使用したシステムの構築が、クラウドネイティブな運用の中心となることについて説明しました。IaC を使用してシステムを構築／テスト／展開／保守する例を紹介しました。最後に、今日一般的に使用されている、クラウドネイティブな運用を実現するクラウドネイティブ・ツールについて紹介しました。

　次の章では、Amazon Web Services 特有の差別化要因について説明します。

CHAPTER 9:
Amazon Web Services

Amazon Web Services

第 9 章

　Amazon Web Services (AWS) は、クラウドコンピューティング分野のパイオニアです。クラウドコンピューティングという用語すら存在しなかった 2006 年に IT インフラストラクチャサービスの提供を開始しています。AWS はまず **Amazon Simple Queue Service (SQS)**、**Amazon Simple Storage Service (S3)**、**Amazon Elastic Compute Cloud (EC2)** といったサービスをリリースしました。それ以降、新たなサービスを次々とリリースし続けています。AWS は、現在 18 の地域で 130 を超えるサービスを提供しており、最先端で成熟度の高いパブリッククラウドプロバイダーの 1 つです。今後さらに多くのサービスを提供する計画も発表しています。

　この間、AWS は、一般的な IaaS、PaaS、SaaS といった枠にとらわれず、さまざまな新しいテクノロジーやソリューションの分野にも進出しています。本章では、AWS が持つこれらの差別化要因に加え、成熟度の高いクラウドネイティブ・アーキテクチャの構築に役立つ、複数の AWS サービスを利用した新しいアーキテクチャパターンについて説明します。以下に、本章で説明する具体的なトピックをいくつか挙げます。

- 継続的インテグレーション／継続的デリバリー（CI／CD）、サーバーレス、コンテナー、マイクロサービスの概念に関するAWSのクラウドネイティブ・サービス、強み、差別化要因。具体的なサービスは、次のとおり
    - AWS CodeCommit
    - AWS CodePipeline
    - AWS CodeBuild
    - AWS CodeDeploy
    - Amazon Elastic Container Service
    - AWS Lambda
    - Amazon API Gateway
- AWSのクラウドネイティブ・アプリケーションアーキテクチャの管理／監視機能
- モノリシックからAWSのネイティブなアーキテクチャに移行するためのパターン
- 継続的インテグレーション／継続的デリバリー（CI／CD）、サーバーレス、マイクロサービスアプリケーションアーキテクチャの参照アーキテクチャとコードの一部のサンプル

AWSによる最新の発表内容およびサービスリリースのニュースについては、以下のリソースを参照してください。
- AWSの最新情報 (https://aws.amazon.com/new)
- AWSブログ (https://aws.amazon.com/blogs/aws)

9.1 AWS のクラウドネイティブ・サービス（CNMM の基軸1）

まず、AWS が提供している主なサービスについて説明します。これらはクラウドネイティブな方法でアプリケーションを作成するときに重要になります。

9.1.1 AWS の概要

AWS は、Amazon EC2（クラウドの仮想サーバー）、Amazon EBS（EC2 のブロックストレージ）、Amazon S3（クラウドベースのオブジェクトストレージ）、Amazon VPC（仮想ネットワークを使用し、論理的に分離されたクラウドリソース）など、インフラストラクチャ機能関連のコアコンポーネントを含む、非常に豊富なサービスの組み合わせを提供しています。これらのサービスは数年にわたって利用されてきており、エンタープライズ規模の展開においても非常に成熟しています。規模だけでなく、多種多様な機能を提供しており、エンドユーザーはそれぞれのビジネス要件に応じて多くの選択肢から設定を選ぶことができます。たとえば、Amazon EC2 はさまざまなワークロードやユースケースに対応する 50 以上の異なるタイプのインスタンスを提供しています。ユーザーが**ハイパフォーマンスコンピューティング (HPC)** ワークロードをホストする場合、コンピュート最適化インスタンスを使用できます。あるいは、高い IOPS（Input/Output Per Second）とストレージの低遅延を必要とする NoSQL データベースがある場合は、ストレージ最適化インスタンスが便利です。

AWS は、毎年のように新たなインスタンスタイプを追加するとともに、新しい高速なプロセッサに更新し、使用可能なメモリ量を増やしているので、ユーザーはデータセンターの調達やアップグレードサイクルに悩まされることなく、最新の優れたコンピューティング設定を簡単に利用できます。同様に、ストレージやネットワークにおいても、Amazon EBS、Amazon S3、Amazon VPC は複数の設定オプションを用意しており、必要なときに必要な設定を選べる柔軟性を備えています。

クラウドがもたらす最大のメリットに弾力性と俊敏性があります。つまり、アプリケーションのニーズに応じて、インフラストラクチャのスケールを拡大したり縮小したりできるということです。これは、ピーク時に備えてすべてのリソースをプロビジョニングする必要があった従来型のデータセンターのアプローチとはまったく異なるものです。従来のアプローチは弾力性や俊敏性を欠いていたため、インフラストラクチャリソースが十分に活用されないままだったり、思いがけないピークが生じたときにスケーリングできなかったりしました。クラウドではこの状況が大きく変化しました。AWS などのプロバイダーは、自動スケーリングなどの革新的なサービスを提供しているので、CPU 使用率の上昇や、カスタムのアプリケーション監視指標の変化など、特定のアプリケーションの動作に基づいてコンピューティングリソースのサイズを自動的に変更できます。トリガーに基づくスケーリング以外に、1 時間、1 日、または 1 週間あたりのリソース使用量の変動といった、時間ベースの使用パターンに基づいてコンピューティング容量を自動スケーリングすることもできます。コンピューティングリソースの自動スケーリングと非常に似たものとして、AWS は弾力性の

ある EBS（Elastic Block Store）ボリュームも提供しています。EBS ボリュームは、ボリュームの使用を続けながら、ボリュームサイズを増やしたり、パフォーマンスを調整したり、ボリュームタイプを変更したりすることができます。

　これらのサービスや機能は間違いなくクラウドの差別化要因であり、Web スケールのアプリケーションを構築する際の新たな標準となっています。ただし、これらの自動スケーリング機能を使用するには、アプリケーションのアーキテクチャが対応していることも求められます。たとえば、Web サイトの負荷が高まった場合に Web サーバー群で自動スケーリング機能を使用したいとします。この場合、アプリケーションでは、どの Web サーバーにもローカルにセッション状態の情報を保存しないという変更が求められます。スケーリングにより、ユーザーのセッションが中断される懸念をなくし、Web サーバーをシームレスにスケールアップ／スケールダウンするには、キャッシュ（Amazon ElastiCache など）やデータベース（Amazon DynamoDB など）を使用してセッション状態の情報を保存する仕組みを作る必要があります。

　AWS では、さまざまなコアサービスを使用して自動スケーリング可能な Web アプリケーションを構築するためのサンプルアーキテクチャを、以下のような文書で公表しています。

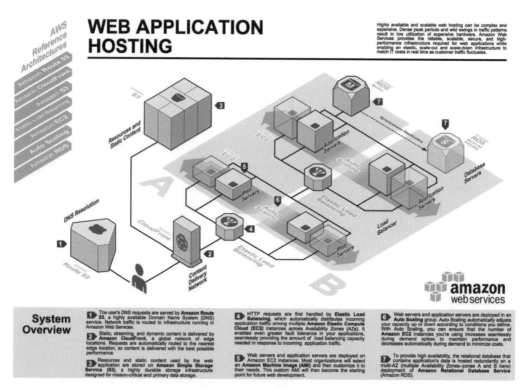

Web アプリケーションホスティングの構成
（出典：http://media.amazonwebservices.com/architecturecenter/AWS_ac_ra_web_01.pdf）

　中核的なビルディングブロックの上位のレベルで、AWS はさまざまな高レベルのマネージドサー

ビスを提供しています。エンドユーザーは、これらのマネージドサービスを使用することで、基礎となるインフラストラクチャについてあまり心配せずに、アプリケーションを簡単かつ迅速に展開できます。例として、MySQL、PostgreSQL、Oracle、SQL Server、および MariaDB 用のマネージドリレーショナルデータベースサービスである Amazon RDS があります。Amazon RDS は、ハードウェアのプロビジョニング、データベースの設定、パッチの適用、バックアップなどの手間のかかる管理タスクを自動化しつつ、リレーショナルデータベースを設定して運用できる、柔軟性の高いサービスです。そのため、特定のデータベースについて管理者レベルのスキルを持っていなくても、このサービスを使用することですばやくデータベースを展開できます。AWS は、これ以外にも AWS Elastic Beanstalk（Web アプリケーションの実行と管理）、AWS OpsWorks（Chef を使用した運用の自動化）など、PaaS のカテゴリに相当する高レベルのサービスを提供しています。

　これらのサービスを使用することで、基礎となるインフラストラクチャの詳細について知らなくても、AWS 上でアプリケーションをすばやく実行できます。AWS OpsWorks を使用すると、さらに高度な制御も可能になります。たとえば、特定のアプリケーションの設定や起動の手順を自動化したければ、カスタムの Chef レシピを使用して実現できます。

　これまでに述べたサービス以外にも、AWS は Amazon EMR（ホスト型 Hadoop フレームワーク）、Amazon Kinesis（リアルタイムストリーミングデータの処理）、Amazon Lex（音声とテキストのチャットボットの構築）、Amazon Rekognition（画像の検索と分析）、Amazon Polly（リアルな声でのテキスト読み上げ）など、ビッグデータ分析／ AI の分野での PaaS サービスも提供しています。開発者やデータアーキテクトは、これらのサービスを使用することで、基礎となるインフラストラクチャの管理タスクを気にすることなくビジネスロジックに集中し、簡単にアプリケーションを作成できます。

　ここ数年、AWS は SaaS に近い、まったく新しいタイプのサービスの提供に積極的に取り組んでいます。これらは主に、Amazon Chime（ビデオ通話とチャットのマネージドサービス）、Amazon WorkDocs（エンタープライズ向けストレージと共有サービス）、Amazon Connect（マネージドコンタクトセンターサービス）など、業務の生産性向上に関するサービスとなっています。これらのサービスは AWS にとっても新たな分野ですが、エコシステムとともに成熟度が高まっていけば、インフラストラクチャやプラットフォームの観点からだけではなく、生産性向上に役立つソフトウェアを従量課金モデルで使用するという点からも、クラウドの新たな可能性を切り開くものとなるでしょう。

9.1.2　AWS プラットフォームの差別化要因

　第 1 章で説明したように、CNMM はクラウドの成熟度を評価するためのモデルです。クラウドの中核的なビルディングブロック（インフラストラクチャコンポーネントなど）だけを使用している場合もクラウドネイティブではあるものの、スタックの上位レベルのサービスも使用してクラウドのメリットをフルに活用しているユーザーと比べると成熟度が低くなります。この考え方に基づくと、AWS クラウドのメリットを真に活用するには、以降の節で説明するようないくつかの領域に

第9章 | Amazon Web Services

おけるサービスの利用を検討する必要があります。

▶ KRADL サービス

前の節で説明したように、AWS はさまざまなユースケースやビジネス上の問題に応じてアーキテクチャを構築できる、多数の革新的なサービスを提供しています。そのなかでも特に AWS の差別化要因といえるいくつかのサービスがあり、AWS ではこれらのサービスの利用を強く推奨しています。これらのサービスと同等の機能を独自に構築しようとしても、AWS のサービスのようにスケーラブルかつ堅牢で、機能が豊富なアプリケーションは作成できないでしょう。

これらのサービスはまとめて **KRADL** と呼ばれています。それぞれの文字は以下を表しています。

- **K**：Amazon Kinesis
- **R**：Amazon Redshift
- **A**：Amazon Aurora
- **D**：Amazon DynamoDB
- **L**：AWS Lambda

では、AWS によるこれらのサービスの定義に基づいて、これまでに述べた点をさらに詳しく見てみましょう。

- **Amazon Kinesis**：Amazon Kinesis を使用すると、リアルタイムストリーミングデータを簡単に収集／処理／分析できるので、タイムリーに情報を入手して、新たな情報に迅速に対応できます。Amazon Kinesis では、アプリケーションログ、Web サイトのクリックストリーム、IoT のテレメトリデータなどのリアルタイムデータをデータベース／データレイク／データウェアハウスに取り込み、そのデータを使用して独自のリアルタイムアプリケーションを構築できます。Amazon Kinesis は、データをリアルタイムで処理／分析して、即座に対応できます。すべてのデータが収集されるのを待ってから処理を行う必要はありません。詳しくは、https://aws.amazon.com/jp/kinesis/ をご覧ください。

- **Amazon Redshift**：Amazon Redshift は、標準の SQL と既存の**ビジネスインテリジェンス（BI）** ツールを使用してあらゆるデータを分析できて、シンプルでコスト効率の高い、高速なフルマネージドデータウェアハウスです。高度なクエリの最適化、ハイパフォーマンスなローカルディスクでの列指向のストレージ、高度に並列化されたクエリ実行により、ペタバイト単位の構造化データに対して複雑な分析クエリを実行できます。詳しくは、https://aws.amazon.com/jp/redshift/ をご覧ください。

- **Amazon Aurora**：Amazon Aurora は、MySQL と PostgreSQL と互換性のあるリレーショナルデータベースエンジンで、ハイエンドの商用データベースのスピードと可用性、そしてオープンソースデータベースのシンプルさとコスト効率の高さを兼ね備えています。商用

202

9.1 AWS のクラウドネイティブ・サービス（CNMM の基軸１）

データベースと同等のセキュリティ／可用性／信頼性を 10 分の 1 のコストで実現し、MySQL よりも最大で 5 倍のパフォーマンスを発揮します。Amazon Aurora はマネージドデータベースサービスであり、完全分散型で自己修復機能を備えたストレージシステム上に構築されているので、データを安全に保持できます。詳しくは、https://aws.amazon.com/jp/rds/aurora/ をご覧ください。

● **Amazon DynamoDB**：Amazon DynamoDB は、一貫した数ミリ秒台のレイテンシを必要とするあらゆる規模のアプリケーションのための、高速で柔軟性に優れた NoSQL データベースサービスです。ドキュメントとキー値のストアモデルをサポートするフルマネージドクラウドデータベースとなっています。柔軟なデータモデル、信頼性のあるパフォーマンス、スループット容量の自動スケーリング、といった機能を備えているため、モバイル、Web、ゲーム、広告テクノロジー、IoT、その他多くの用途に最適です。詳しくは、https://aws.amazon.com/jp/dynamodb/ をご覧ください。

● **AWS Lambda**：AWS Lambda を使用すると、サーバーのプロビジョニングや管理を行うことなくコードを実行できます。実際に利用したコンピューティング時間に対してのみ料金が発生します。コードを実行していない間は料金も請求されません。Lambda では、どのようなタイプのアプリケーションやバックエンドサービスのコードでも実行できます。管理作業はまったく必要ありません。コードをアップロードするだけで、コードの実行やスケーリングに必要なあらゆる処理は Lambda によって行われ、高可用性も実現されます。コードは、他の AWS サービスから自動的にトリガーされるよう設定することもでき、Web アプリやモバイルアプリから直接呼び出すよう設定することもできます。詳しくは、https://aws.amazon.com/jp/lambda/ をご覧ください。

　これらのサービスのほとんどは Amazon 独自のものなので、囲い込みを気にするエンドユーザーもいるかもしれません。しかし、オンプレミス環境の場合も、多くの異なるパッケージアプリケーション（データベースや ERP など）を使用しており、それらから乗り換えることは簡単ではありません。クラウドネイティブ・サービスのほうが囲い込まれると感じるのは、むしろ思い込みです。実際に詳しく検討してみると、Amazon Aurora や Amazon Redshift などのサービスは同じ PostgreSQL/SQL インターフェイスを備えているので、必要に応じてアプリケーションを他のプラットフォームに簡単に接続し直せる移植性を持っています。また、同様のサービスをユーザー自身が作成しようとすると、AWS と同じように機能を作成して運用し、新機能を次々と開発するには非常に多くの時間と労力が必要になります。そのため、これらの高レベルの AWS のサービスを利用してコアビジネス機能に集中するほうがよりメリットが得られます。

　他に特筆すべき点は、KRADL サービスが他のクラウドプロバイダーにはない AWS プラットフォーム特有のサービスである点です。一部のサービスについては他のクラウドプロバイダーも AWS と同等のものを提供するようになりましたが、多くのサービスは AWS が最初に提供しており、新機能を定期的に追加し続けているので、AWS のサービスが最も成熟度が高くなっています。

203

第9章 | Amazon Web Services

AWS のクラウドネイティブ・サービスについて分析した興味深いインフォグラフィックスが、AWS のコンサルティングパートナーである 2nd Watch から提供されているので、ご覧ください (http://2ndwatch.com/wp-content/uploads/2017/05/Cloud-Native-Services.pdf)。

▶ AWS のネイティブなセキュリティサービス

パブリッククラウドのユーザーにとって、ワークロードや企業のガバナンスポリシーに従った適切なセキュリティ体制の構築は重要だといえますが、オンプレミス環境からクラウドへ、同一条件でセキュリティ制御をマッピングするのは難しい場合があります。しかし最近では、オンプレミスでの制御と AWS のネイティブな機能の間にあるギャップを埋めるような多くの新しいセキュリティサービスが導入されています。

AWS は、**AWS Identity and Access Management (IAM)** サービスを数年にわたって提供してきました。AWS IAM を使用することで、クラウドベースのユーザーとグループ、およびそれらのユーザーとグループのさまざまな AWS リソースに対するアクセス権限を管理できます。また、きめ細かいアクセス制御 (環境内での特定の API 呼び出しを特定の IP アドレス範囲からのみ許可するなど) を実現し、企業ディレクトリと統合して認証連携によるアクセス権を付与して、任意のサービスで**多要素認証 (MFA)** に基づく操作のみを許可できます。

今では IAM は、AWS 環境での運用には欠かせないサービスとなっています。また見落とされがちですが、環境を問わず非常に有用なクラウドネイティブ・サービスは他にもいくつかあります。

- **AWS Key Management Service (KMS)**：AWS Key Management Service は、データの暗号化に使用する暗号化キーを簡単に作成して管理できるマネージドサービスです。ハードウェアセキュリティモジュール (HSM) を使用してキーのセキュリティが保護されます。Key Management Service を他のいくつかの AWS サービスと統合し、そのサービスで保存したデータを保護できます。詳しくは、https://aws.amazon.com/jp/kms/ をご覧ください。

- **AWS CloudTrail**：AWS CloudTrail は、AWS アカウントのガバナンス、コンプライアンス、運用監査、リスク監査を行うためのサービスです。CloudTrail を使用すると、AWS インフラストラクチャ全体で API 呼び出しに関連するイベントを継続的に監視し、ログに記録して、保持できます。CloudTrail では、AWS マネジメントコンソール、AWS SDK、コマンドラインツール、他の AWS サービスを通して呼び出された API を含め、アカウントでの AWS API 呼び出し履歴を把握できます。詳しくは、https://aws.amazon.com/jp/cloudtrail/ をご覧ください。

これらのサービスはいずれも、フルマネージド型で他の AWS サービスと統合されており、非常に使いやすくなっています。設定もしやすくなっているので、AWS プラットフォームを使い始め

9.1 AWS のクラウドネイティブ・サービス（CNMM の基軸 1）

たばかりのユーザーでも、エンタープライズレベルのユーザーと同様に管理できます。このように、クラウドは誰もがすべてのサービスや機能を使用して公平にイノベーションを推進したり、新しいアプリケーションモデルを生み出したりすることのできる民主的な仕組みになっています。

これらのクラウドネイティブ・サービスがあれば、ユーザーは高価なキー管理アプライアンスを調達したり、展開に必要な機能を実行するためのソフトウェアパッケージを購入したり、あるいはカスタムのソフトウェアパッケージを構築したりする必要はありません。ただし、クラウドベースの環境でしか利用できないサービスもあるので、オンプレミスのインフラストラクチャコンポーネントを含むハイブリッド環境では、これらのサービスですべてを一元的に管理／監視するのは難しい場合があります。

これらのサービスが備える中核的な機能に加えて、高度なアーキテクチャパターンを使用することで、自己学習的／自己適応的なセキュリティモデルを作成することもできます。たとえば、アカウントで CloudTrail によるログを有効化した場合、CloudTrail が Amazon S3 バケットで提供する API アクティビティログに基づき、予期しないアクティビティや AWS アカウントのリソースの不正利用が見つかったときには、特定のアクションを動的に実行させることができます。このユースケース全体のオーケストレーションを行う場合、AWS Lambda が非常に便利です。AWS Lambda では、特定の条件を検出したり、検出した条件に基づいた対応を行ったりするカスタムのロジックを定義できます。さらに、機械学習やディープラーニングといった高度な技術と組み合わせることで、単に特定の条件に対応するだけでなく、自分自身で学習しながら、あらゆる条件に対して（発生前に）先手を打って対応できるようなモデルを構築できます。このような自己適応的なセキュリティモデルを作成するには多くの作業と豊富な経験が求められますが、クラウドに用意されているサービスやビルディングブロックを活用すれば必ず作成できます。

AWS KMS や AWS CloudTrail 以外にも、AWS には特定のユースケースに対応した多くの新しいセキュリティサービスが用意されています。

- **Amazon Inspector**：Amazon Inspector は、AWS に展開されたアプリケーションのセキュリティとコンプライアンスの向上に役立つ、自動化されたセキュリティ評価サービスです。Amazon Inspector は、脆弱性がないか、ベストプラクティスからの逸脱部分がないか、アプリケーションを自動的に評価します。評価の実行後、セキュリティの重大度の順に、セキュリティ評価結果の詳細なリストが生成されます。評価結果のリストは、直接レビューしてもかまいませんし、Amazon Inspector コンソールで、または API から入手できる詳細な評価レポートで確認することもできます。詳しくは、https://aws.amazon.com/jp/inspector/ をご覧ください。

- **AWS Certificate Manager**：AWS Certificate Manager サービスでは、AWS サービスで使用する **Secure Sockets Layer (SSL)** /**Transport Layer Security (TLS)** 証明書を簡単にプロビジョニング／管理／展開できます。SSL/TLS 証明書は、ネットワーク通信のセキュリティ保護で使用されるほか、インターネット経由でアクセスする Web サイトの実在性の確認に使用されます。AWS Certificate Manager を使用することで、SSL/TLS 証明書の購入／

205

アップロード／更新を手作業で行う必要がなくなり、時間の短縮につながります。

- **AWS WAF**：AWS WAF は Web アプリケーションファイアウォールです。「アプリケーションの可用性を低下させ、セキュリティを侵害し、リソースの過度の消費を引き起こす」といったよくある Web の悪用行為から Web アプリケーションを保護します。AWS WAF では、カスタマイズ可能な Web セキュリティルールを定義します。AWS WAF により、Web アプリケーションに対して許可／拒否するトラフィックを制御できます。さらに、SQL インジェクションやクロスサイトスクリプティングなどの一般的な攻撃パターンをブロックするカスタムルールや、特定のアプリケーション向けのルールを作成できます。詳しくは、https://aws.amazon.com/jp/waf/ をご覧ください。

- **AWS Shield**：AWS Shield は、AWS で実行される Web アプリケーションを保護する、マネージド型の**分散型サービス拒否 (DDoS)** 保護サービスです。このサービスは常時検出を行い、アプリケーションのダウンタイムや遅延を最小限に抑えるリスク軽減策を一連の流れの中で自動的に実行します。そのため、AWS のサポートに作業を依頼することなく DDoS 保護機能を利用できます。詳しくは、https://aws.amazon.com/jp/shield/ をご覧ください。

- **Amazon GuardDuty**：Amazon GuardDuty はマネージド型の脅威検出サービスで、AWS のアカウントとワークロードの継続的な監視／保護を正確かつ簡単に行えます。詳しくは、https://aws.amazon.com/jp/guardduty/ をご覧ください。

- **Amazon Macie**：Amazon Macie は、機械学習によって機密データを検出／分類／保護するセキュリティサービスです。詳しくは、https://aws.amazon.com/jp/macie/ をご覧ください。

これまでに説明したクラウドネイティブ・サービスに共通する最大のメリットは、ライセンスを調達したり、複雑な設定を行ったりすることなく、いつでも利用を開始できる点です。しかし、同等の機能を備えたエンタープライズ向け ISV ソフトウェアパッケージと比較してまだ新しいサービスなので、複雑なユースケースとなる場合や、より幅広い機能が必要な場合はニーズを完全には満たせないことがあります。こうした場合に備えて、AWS には AWS Marketplace も用意されています。ここでは、複数の ISV パートナーがクラウドに最適化したソフトウェアパッケージを提供しており、それらは AWS 環境に簡単かつ迅速に展開できます。ユースケースや機能セットの要件に応じて、まずは AWS のクラウドネイティブ・サービスを評価し、必要があれば他の ISV ソリューションを探すとよいでしょう。

9.1 AWS のクラウドネイティブ・サービス（CNMM の基軸１）

▶機械学習／人工知能

　この数年間、AWS は機械学習（ML）／人工知能（AI）の分野で提供するサービスをまったく新しいレベルに引き上げようと真剣に取り組んできました。2017 年の年次開発者会議（AWS re:Invent）で、ML ／ AI サービスのリリースについて重大な発表がありました。新たにリリースされたサービスは、それ以降大変な人気を博しています。以下では、AWS の ML ／ AI の組み合わせで要となるサービスをいくつか挙げて、説明します。

- **Amazon SageMaker**：データサイエンティストや開発者が機械学習モデルを簡単かつ迅速に構築／トレーニング／展開できるようにします。これらの機械学習モデルはハイパフォーマンスなアルゴリズムを備え、幅広いフレームワークをサポートしており、1 クリックでトレーニング、チューニング、推論を行えます。Amazon SageMaker はモジュール式のアーキテクチャになっているので、既存の機械学習ワークフローでその機能の一部または全部を必要に応じて使用できます。詳しくは、https://aws.amazon.com/jp/sagemaker/ をご覧ください。

- **Amazon Rekognition**：強力な視覚的分析機能を、アプリケーションに簡単に追加できるサービスです。Rekognition Image を使用すると、数百万枚におよぶ画像を検索／照合／整理する強力なアプリケーションを簡単に構築できます。また、Rekognition Video を使用すると、保存されているビデオやライブストリームビデオから動作に基づくコンテキストを抽出して分析できます。詳しくは、https://aws.amazon.com/jp/rekognition/ をご覧ください。

- **Amazon Lex**：音声やテキストを使用して会話式インターフェイスを構築するサービスです。Amazon Lex は、Alexa と同じ会話エンジンを搭載し、高品質な音声認識と言語理解機能を備えており、新規アプリケーションや既存のアプリケーションに、洗練された自然言語チャットボットを追加できます。詳しくは、https://aws.amazon.com/jp/lex/ をご覧ください。

- **Amazon Polly**：テキストをリアルな音声に変換するサービスです。既存のアプリケーションにまるで人間の声のような優れた音声機能を搭載できるので、モバイルアプリ、車載アプリケーション、各種デバイス、アプライアンスまで、あらゆる製品に音声対応というまったく新しいカテゴリを切り開くことができます。詳しくは、https://aws.amazon.com/jp/polly/ をご覧ください。

　AWS は、これまでに説明したサービス以外にも、Apache MXNet、TensorFlow、PyTorch、**Microsoft Cognitive Toolkit (CNTK)**、Caffe、Caffe2、Theano、Torch、Gluon、Keras など、データサイエンティストや開発者が日常的に使用する人気の機械学習フレームワークやライブラリを多くサポートしています。これらは **Amazon マシンイメージ (AMI)** として提供されるので、数クリックで簡単に使い始めることができます。GPU コンピューティングインスタンスと **FPGA (Field Programmable Gate Arrays)** を搭載したインスタンスと組み合わせることで、複雑なアルゴリズムやモデルの処理を非常に高速かつ簡単に実行できるので、プラットフォーム全体として包括的にあらゆる種類の ML ／ AI ユースケースに対応できます。

207

第 9 章 | Amazon Web Services

▶オブジェクトストレージ（S3、Glacier、エコシステム）

　AWS は、ブロックストレージ、ファイルストレージ、オブジェクトストレージ、アーカイブストレージなど、さまざまなタイプのストレージサービスを提供しています。これらはすべて相互に独立したサービスで、別々に使用できますが、ユーザーはユースケースに合わせて複数のものを併用することにより、多様なストレージ階層化の選択肢を得られます。たとえば、Amazon EBS は Amazon EC2 インスタンスに接続されるブロックストレージであり、ローカルデータの永続化に使用されます。また、複数の EC2 インスタンス間でファイルとしてのデータの共有を行う必要がある場合、Amazon EFS が便利です。NFS v4.1 インターフェイスを使用して、同じ EFS 共有を複数の EC2 インスタンスに接続できます。

　長期的な保管が可能で持続性が高いストレージにデータをバックアップする必要がある場合は、Amazon S3 を利用できます。生データだけでなく、EBS ボリュームのスナップショットもさまざまなアベイラビリティゾーンにわたって冗長性を持たせて保存できます。さらに、長期的なアーカイブを行う場合は、データを Amazon S3 から Amazon Glacier に移動できます。これらのメカニズムを使用すると、複数のストレージサービスを使用して、データ管理のライフサイクル全体を作成できます。

　Amazon S3 は、Amazon EBS に並ぶ重要なサービスの 1 つです。Amazon EC2 インスタンスを起動する際に使用される **Amazon マシンイメージ (AMI)** は、デフォルトで Amazon S3 に保存されます。同様に、Amazon の CloudTrail や CloudWatch のログなど、あらゆるログも Amazon S3 に永続化されます。AWS Snowball、AWS Database Migration Service、AWS Server Migration Service などの AWS の移行サービスも、すべて Amazon S3 と統合されています。同様に、Amazon EMR、Amazon Redshift、Amazon Athena などを利用したビッグデータアーキテクチャでも、Amazon S3 はシステム全体で重要なコンポーネントとなっています。さまざまな分析課題において、スライス & ダイスするデータのライフサイクルでソース（入力元）やターゲット（出力先）となります。ユーザーから見えない部分で動作している他の多くの AWS サービスも、オブジェクトの保存やバックアップなどの目的で Amazon S3 を利用しています。

　Amazon S3 は、このようにさまざまなシナリオで使用されており、AWS におけるあらゆるクラウドネイティブな展開で非常に重要な AWS サービスの 1 つとなっています。他のさまざまな AWS サービスと統合できるほか、幅広い機能を提供しているので、多様なアプリケーションのニーズに応えられる柔軟性を備えています。たとえば、Amazon S3 には複数の異なるストレージクラスが用意されており、オブジェクトアクセスのパターン／持続性／可用性の要件に応じていずれかのオプションを利用できます。

ストレージクラス	持続性（設計）	可用性（設計）	ユースケース
標準	99.999999999%	99.99%	高いパフォーマンスが求められるユースケースや、頻繁にアクセスされるデータ向け
標準 -IA	99.999999999%	99.9%	長期間保存され、アクセス頻度が低いデータ（バックアップやアクセス頻度の低くなった古いデータなど）向けで、高いパフォーマンスも求められる場合に最適
低冗長化ストレージ（RRS）	99.99%	99.99%	標準ストレージクラスよりも冗長性が低くても問題のないような、クリティカルではない再現可能なデータ向け

208

9.1 AWS のクラウドネイティブ・サービス（CNMM の基軸 1）

また、Amazon S3 は、暗号化オプション（サーバー側またはクライアント側の暗号化）、オブジェクトのバージョン管理による履歴の保持、オブジェクト削除時の MFA（多要素認証）による保護など、セキュリティ関連の機能もいくつか備えています。

Amazon S3 の ISV パートナーのエコシステムも充実しており、Amazon S3 API と直接統合するか、または複数のストレージ関連のユースケースでソースやターゲットとして Amazon S3 を使用できます。現在、Amazon S3（およびその他のストレージサービス）をソリューションでサポートしている ISV については、Amazon のストレージパートナーソリューションのページ（https://aws.amazon.com/backup-recovery/partner-solutions/）をご覧ください。

これまでに説明した点を踏まえると、Amazon S3 は多くのアーキテクチャで中心となるサービスであることは明らかで、あらゆるクラウドネイティブな展開において無視できない存在となっています。多くのユーザーに役立つと思われる、クラウドネイティブなユースケースの例をいくつか紹介します。

- **Web アプリケーション**：Amazon S3 は、ビデオ、画像、HTML ページ、CSS、その他のクライアント側スクリプトなど、静的なコンテンツの保管に使用できます。全体が静的な Web サイトの場合、Web サーバーは必要なく、Amazon S3 にすべてのコンテンツを保管できます。ユーザーが世界中に存在し、アクセス頻度の高いコンテンツをユーザーに近い場所にキャッシュしたい場合は、Amazon S3 と Amazon CloudFront を組み合わせると便利です。

- **ログの保存**：エンドツーエンドのシステムでは、さまざまなアプリケーションやインフラストラクチャコンポーネントによって複数のログが生成されます。これらのログはローカルディスクに永続化し、Elasticsearch、Logstash、Kibana（ELK）などのソリューションで分析できます。ただし、規模が大きくなると、多くのユーザーが Amazon S3 をすべてのログの保存先として使用しています。Fluentd（https://www.fluentd.org/）などのオープンソースや AWS サービス（Amazon CloudWatch Logs や Amazon Kinesis など）、または商用 ISV サービス（Sumo Logic など。これらも AWS Marketplace で提供）を使用して、さまざまなソースからのログデータを S3 にストリーミングできるからです。データのストリーミングや分析にどのツールを使用する場合でも、Amazon S3 はあらゆるログに適した候補となります。古くなったログは、ライフサイクルポリシーにより、消去したり、より安価なストレージ（Amazon S3 の標準 -IA や Glacier）に移動したりできます。

- **データレイク**：Amazon S3 は、データ処理パイプライン全体を通して、処理前のデータ、処理済みデータ、中間データを保存することが可能で、非常に高いスケーラビリティを備えたデータレイクの作成に最適なサービスです。AWS は、参照アーキテクチャと自動化された展開モジュールを提供しています。このシナリオを通して、Amazon S3 を中心的なサービスとして使用する方法を詳しく学ぶことができます。詳しくは http://docs.aws.amazon.com/solutions/latest/data-lake-solution/welcome.html をご覧ください。

- **イベント駆動型アーキテクチャ**：緩く結合されたアーキテクチャと API は、最近よく用いられるパターンです。API とともに、イベント駆動型アーキテクチャのパラダイムが使用され

209

ます。APIを呼び出すだけで、一連のバックエンド処理のワークフローをトリガーできます。このようなアーキテクチャパターンには複数のコンポーネントが関係しますが、ストレージについては以下のようなユースケースで Amazon S3 が重要なコンポーネントになります。

- メディア処理パイプラインを開始する、API／イベント駆動型アーキテクチャがあるとします。この場合、すべての中間的な生のメディアオブジェクトを Amazon S3 に保存できます。同様に、後処理が行われた最終的なビデオ／オーディオ／画像の出力を S3 に配置し、Amazon CloudFront を使用して配信できます。
- Amazon S3 をストレージ兼トリガーメカニズムとして使用し、さまざまなサービス間の調整を行えます。たとえば、バケット A のオブジェクトの処理を開始するサービス A があるとします。オブジェクトの処理が終わったら、オブジェクトをバケット B に書き込み、それにより、`s3:ObjectCreated:*` イベントのようなイベント通知が送信されます。このイベントを Amazon Lambda 関数で処理し、ワークフローの次のステップをトリガーできます。このように、S3 を調整メカニズムとして使用し、緩く結合されたパイプラインを作成できます。

● **バッチ処理**：AWS は、バッチ処理のユースケースに対応した AWS Batch というサービスをリリースしました。このサービスは複数のユースケースで使用されますが、ビッグデータ／分析関連のユースケースで使用される場合が最も一般的です。それにより、オブジェクトを大規模に保存／処理できる機能を備えた Amazon S3 が、重要なサービスとして使用されるようになりました。たとえば、AWS Web サイトに掲載されている以下の図では、金融サービス業界のバッチ処理のユースケースが示されています。このケースは、営業時間終了時にさまざまなソースからデータが収集され、レポートを実行したり、市場でのパフォーマンスを表示したりするものです。このように、Amazon S3 は、さまざまな処理レイヤーのマスターストレージのような存在となっています。

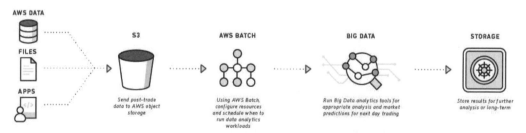

AWS Batch のユースケース（出典：https://aws.amazon.com/batch/use-cases/#financial-services）

9.2　アプリケーション中心の設計（CNMMの基軸2）

前の節では、AWSが提供している主なクラウドネイティブ・サービスについて説明しました。この節では、CNMMの第2の基軸であるAWSネイティブアーキテクチャの作成方法について説明します。さまざまなアーキテクチャやアプローチがありますが、ここではサーバーレスとマイクロサービスという2つの主なパターンに重点を置いて説明します。これら2つのパターンには関連性があります。サーバーレスパターンの作成で役立つサービスは、単一の機能を備えた、小規模できめ細かいサービスを作成するときにも利用できるからです。そこで、以下では、サーバーレスでもあるマイクロサービスの作成方法について詳しく見ていきます。

9.2.1　サーバーレスマイクロサービス

サーバーレスマイクロサービスに関連する中心的な概念として、以下の図に示すような3ステップのパイプラインがあります。

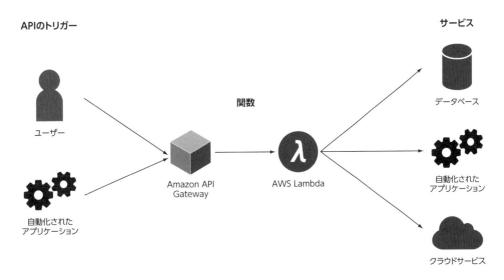

サーバーレスマイクロサービスの3ステップのパイプライン

これらのステップについて詳しく説明します。

第 9 章 | Amazon Web Services

▶ API のトリガー

マイクロサービスは、以下のように 2 通りの方法で呼び出せます。

- エンドユーザーが Web ベースのポータル（または CLI コマンド）を直接操作する
- 自動化されたアプリケーションやその他のマイクロサービスがオーケストレーションワークフローのチェーンでこのサービスを呼び出す

API は、何らかのシステムイベントから呼び出すこともできます。その場合は、システムイベントをトリガーとして、スクリプトによって API が呼び出されます。

▶関数

「トリガー」レイヤーによる API の呼び出しは Amazon API Gateway が受信し、トラフィック管理、認可とアクセス制御、検証、変換、監視を実行します。その後、バックエンド処理（この場合は AWS Lambda にホストされています）が呼び出されます。

AWS Lambda はサーバーレスコンピューティング環境です。コード（Node.js、Python、Java、C#）をアップロードし、トリガーを定義するだけで、自動的にコードが実行されます。先に示したサンプルのアーキテクチャでは、Amazon API Gateway が Lambda 関数を呼び出して、ビジネスロジックを実行します。ビジネスロジックでは、次の節で説明するような任意の種類のアクションを実行できます。

▶サービス

AWS Lambda 関数では、任意のバックエンド処理を実行できますが、一般的には以下のような処理を大多数のユーザーが実行しています。

- AWS Lambda 関数内で、データ処理、変換、ローカルスクリプトの実行など、あらゆる処理を実行します。最終的な結果はデータストアに保存され、長期的な永続化が行われます。このシナリオで多くのユーザーに最適な選択肢が Amazon DynamoDB です。Amazon DynamoDB 自体、ホストの管理が必要なく、API/SDK で AWS Lambda と簡単に統合できるため、サーバーレスアーキテクチャとの相性が良いデータベースとなっています。
- 別のサードパーティの外部サービスや、同じ環境内の他のマイクロサービスとやり取りするために、AWS Lambda を使用してこれらの他のサービスを呼び出します。この呼び出しは、ユースケースに応じて同期または非同期に行えます。
- もう 1 つの方法として、他のクラウドサービスと統合して別のアクションを実行することもできます。たとえば、API を使用して LAMP スタックの作成をトリガーしたいとします。この場合、Lambda コードから AWS CloudFormation を呼び出し、新しい LAMP スタック環境を立ち上げることができます。

212

ただしこれらは、AWSでサーバーレスマイクロサービスを作成する一例にすぎません。無数の活用方法が考えられます。

9.2.2　サーバーレスマイクロサービスのサンプル

ここまで、AWSでのサーバーレスマイクロサービスの基礎について説明してきました。ではここから実際に、複数のAWSサービスを使用したサンプルアプリケーションを作成してみましょう。

ここでは、任意の場所の気象情報を取得する実際のマイクロサービスを作成してみましょう。そのために、以下のアーキテクチャコンポーネントを使用します（なお、この9.2.2セクションの気象サービスのサンプルについての手順は、2019年9月の翻訳時点のものです）。

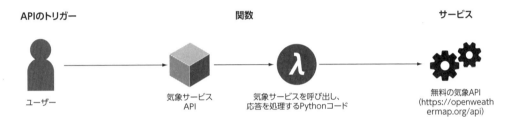

このセクションで取り上げるアーキテクチャコンポーネント

▶ AWS Lambda 関数の作成と設定

まずはAWSコンソールにサインインして、［サービス］→［コンピューティング］の［Lambda］を選択します。その後、以下の手順に従って、Lambda関数を作成します。

1. ［関数の作成］ボタンをクリックします。
2. ［設計図の使用］オプションを選択し、［設計図］セクションから microservice-http-endpoint-python ブループリントを検索して選んでから、［設定］ボタンをクリックします。
3. ［基本的な情報］セクションで次の設定を行います。

    3 - 1. ［関数名］を入力します（例：WeatherServiceFunction）。

    3 - 2. ［実行ロール］で［AWS ポリシーテンプレートから新しいロールを作成］オプションを選択します。

    3 - 3. ［ロール名］で「WeatherServiceLambdaRole」と入力します。

    3 - 4. ［ポリシーテンプレート］オプションのドロップダウンで［シンプルなマイクロサービスのアクセス権限］を選択します。

4. ［API Gateway トリガー］セクションで次の設定を行います。

    4 - 1. ［API］は［新規 API の作成］を指定します。

4 - 2. ［セキュリティ］は［オープン］に設定します。このオプションを使用すると、資格情報なしで API にアクセスできます（本番環境のワークロードでは、常に［AWS IAM］または［API キー使用でのオープン］オプションを使用して、API のセキュリティを有効にすることをお勧めします）。

4 - 3. ［追加の設定］をクリックして、追加の設定項目を表示させます。

4 - 4. ［API 名］に「Serverless Weather Service」と入力します。

4 - 5. ［デプロイされるステージ）］に「prod」と設定します。

5. ［関数の作成］ボタンをクリックします。

　新たに Lamda 関数［WeatherServiceFunction］を作成すると、以下の［設定］タブ画面が表示されます。この画面の［Designer］セクションで各部品を選択することにより、そのセクションの下に各部品の設定項目が表示されます。

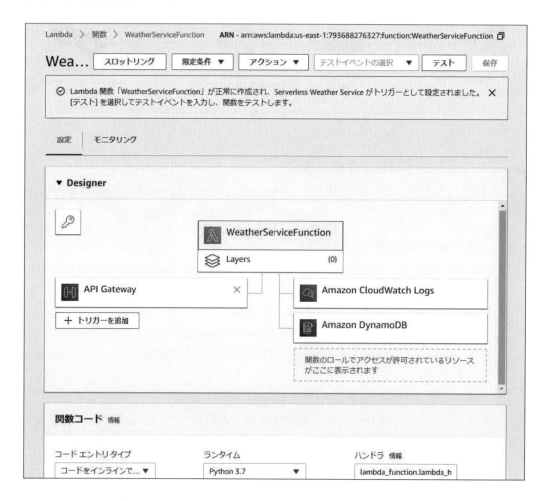

9.2 アプリケーション中心の設計（CNMMの基軸2）

6. ［Designer］セクションの［WeatherServiceFunction］を選択します。

   6-1. 他のブラウザウィンドウで、本書のPythonサンプルコードを含むzipファイルをGitHubからダウンロードします。具体的には、https://github.com/PacktPublishing/Cloud-Native-Architecturesにアクセスし、Cloudnative-weather-service.zipをローカルマシンに保存します。

   6-2. ［関数コード］セクションの［コードエントリタイプ］で［.zipファイルをアップロード］を選択します。［関数パッケージ］の［アップロード］ボタンをクリックし、ローカルマシン上のCloudnative-weather-service.zipを選択します。［ランタイム］では［Python3.6］を選択します。

   6-3. ［環境変数］セクションでは、［キー］に「Name」と入力し、［値］に「Serverless Weather Microservice」と入力します。

   6-4. ［基本設定］セクションでは、［タイムアウト］の値を、0分と30秒に設定します。

   6-5. 残りの設定はデフォルト値のままにします。

   6-6. ここまでの設定内容をいったん保存するため、［保存］をクリックします。

アップロードしたLambdaコードのロジックはシンプルで、以下の3つを実行します。

● 受信したリクエストからzipとappidのパラメーターを取得します。

● OpenWeatherMapのAPIに対し、入力としてzipとappidのパラメーターを指定して、GET操作を呼び出します。

● レスポンスを受信した後、その内容をエンドユーザーに返すためにAPI Gatewayに送信します。

コードの内容は、以下のとおりです。

```python
import boto3
import json
from urllib.request import Request, urlopen
from urllib.error import URLError, HTTPError

print('Loading function')

def respond(err, res=None):
    return {
        'statusCode': '400' if err else '200',
        'body': err if err else res,
        'headers': {
            'Content-Type': 'application/json',
        },
    }
```

```python
def lambda_handler(event, context):
    ''' API Gateway を使用したシンプルな HTTP エンドポイントのデモ。
    ヘッダーやステータスコードを含め、リクエストとレスポンスの
    ペイロードへの完全なアクセス権がある。
    '''
    print("Received event: " + json.dumps(event, indent=2))

    zip = event['queryStringParameters']['zip']
    print('ZIP -->' + zip)
    appid = event['queryStringParameters']['appid']
    print('Appid -->>' + appid)


    ##########
    baseUrl = 'http://api.openweathermap.org/data/2.5/weather'
    completeUrl = baseUrl + '?zip=' + zip + '&appid=' + appid
    print('Request URL--> ' + completeUrl)

    req = Request(completeUrl)
    try:
        apiresponse = urlopen(completeUrl)
    except HTTPError as e:
        print('The server couldn¥'t fulfill the request.')
        print('Error code: ', e.code)
        errorResponse = '{Error:The server couldn¥'t fulfill the request: ' +
e.reason +'}'
        return respond(errorResponse, e.code)
    except URLError as e:
        print('We failed to reach a server.')
        print('Reason: ', e.reason)
        errorResponse = '{Error:We failed to reach a server: ' + e.reason +'}'
        return respond(e, e.code)
    else:
        headers = apiresponse.info()
        print('DATE     :', headers['date'])
        print('HEADERS :')
        print('---------')
        print(headers)
        print('DATA :')
        print('---------')
        decodedresponse = apiresponse.read().decode('utf-8')
        print(decodedresponse)
        return respond(None, decodedresponse)
```

9.2 アプリケーション中心の設計（CNMMの基軸2）

▶ Amazon API Gateway の設定

上記の手順を実行したら、AWSコンソールの［サービス］を選択し、サービス一覧を表示させます。ここで［サービスネットワーキングとコンテンツ配信］の［API Gateway］をクリックします。［Amazon API Gateway］サービスの画面が表示され、以下のようにAPIがすでに作成されていることがわかります。

次に、ニーズに合わせてこのAPIを設定します。

1. APIの名前である**[Serverless Weather Service]**をクリックして、設定を表示します。
2. 左側の**[リソース]**メニューで表示されたツリー構造のうち、/WeatherServiceFunction/ANYまでをクリックすると、以下のように詳細が表示されます。

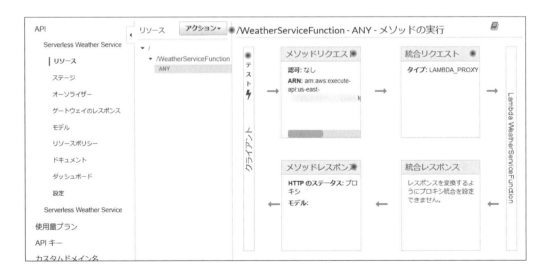

217

3. [メソッドリクエスト]をクリックし、[URLクエリ文字列パラメータ]セクションを展開します。ここで[クエリ文字列の追加]をクリックして以下のパラメーターを追加します。

   3-1. [名前]に「zip」と入力し、右端のチェックマークをクリックしてから、[必須]チェックボックスをオンにします。

   3-2. もう1つパラメーターを追加するため、同様に[名前]に「appid」と入力し、[必須]チェックボックスをオンにします。

4. [設定]セクションで、[リクエストの検証]オプションの鉛筆マークの[編集]をクリックします。このドロップダウンリストから[本文、クエリ文字列パラメータ、およびヘッダーの検証]を選択し、チェックマークをクリックして設定します。

5. これらの設定が終わったら、画面は以下のようになります。

9.2 アプリケーション中心の設計（CNMMの基軸2）

▶気象サービスアカウントの設定

最新の気象情報を取得するため、マイクロサービスはサードパーティの気象サービスであるOpenWeatherMap（https://openweathermap.org）のAPIを呼び出すようにします。そこで、このURLにアクセスし、無料のアカウントを新規に作成します。アカウントを作成したら、アカウント設定に移動し、以下の [API keys] タブ画面の [Key] の下に表示される API キーを書き留めます。

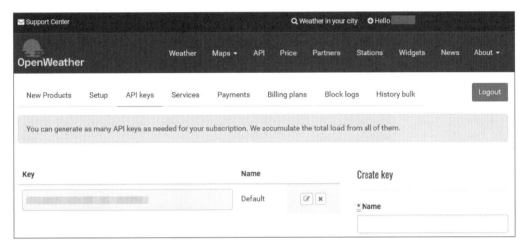

[API keys] タブ画面

このキーは、OpenWeatherMap サービスへの API 呼び出しの認証に使用されます。

▶サービスのテスト

すべての設定が終わったので、Amazon API コンソールに戻ってサービスをテストします。以下の手順を実行します。

1. **[リソース]** メニューの下にある /WeatherServiceFunction/ANY ファイルをクリックし、**[テスト]** を選択します。
2. **[メソッド]** のドロップダウンリストで **[Get]** を選択します。
3. クエリ文字列では、現在の気象を問い合わせる都市の郵便番号と、OpenWeatherMap の API キーの 2 つを入力する必要があります。このために、zip=<<*zip-value*>>&appid=<<*app-id*>> のようなクエリ文字列を作成します。ここで、イタリック体になっている部分を実際の値に置き換えて、zip=10001,us&appid=abcdefgh9876543qwerty のような文字列を作成します（zip=10001,us&…）。
4. 画面の下にある **[テスト]** ボタンをクリックして、API と Lambda 関数を呼び出します。
5. テストが成功すると、**[ステータス]** に **「200」** と応答が表示され、応答の本文に気象情報が

JSON 形式で以下のように表示されます。

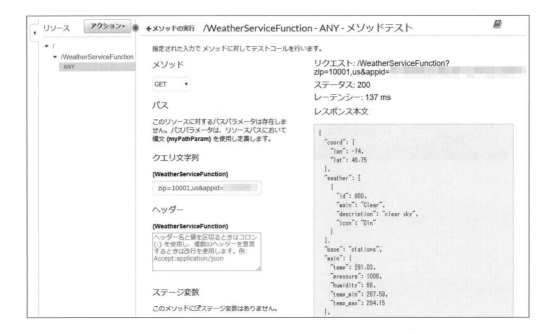

　テストの実行でエラーが発生した場合は、画面の下部にあるログをチェックして、デバッグを行います。

▶ API の展開

　API のテストが正常に終了したら、API を展開して、prod（本番）環境で API を有効にする必要があります。そのためには、先の画面で［アクション］ドロップダウンメニューから［API のデプロイ］を選択します。続いて、以下のように表示された画面の［デプロイされるステージ］で［prod］を選択し、［デプロイ］ボタンをクリックします。

9.2 アプリケーション中心の設計（CNMMの基軸2）

画面左の [ステージ] で [prod] ステージのツリー構造を表示させ、そのツリー構造の下でHTTPメソッドの [GET] を選択します。

展開されたAPIのURLをコピーし、URL内のzipおよびappidパラメーターを以下のように指定すると、APIにアクセスできます。

https://asdfgh.execute-api.us-east-1.amazonaws.com/prod/WeatherServiceFunction?zip=10001,us&appid=qwertyasdfg98765zxcv

[注意]
　上記URLのappidパラメーターなどのダミーのテキストは、実際の値に置き換えてください。

第9章 | Amazon Web Services

　展開された API を簡単にテストするには、以下のように、本書の GitHub のリンク https://github.
com/PacktPublishing/Cloud-Native-Architectures から HTML ページのサンプル（WeatherService.
html）を入手して使用することもできます。

1. HTML ページをダウンロードし、ソースを編集して、28 行目の API エンドポイントを更新し、
   保存します。

   `<form method="get" action="https://<<updated-endpoint>>/Prod/weatherservice">`

2. ブラウザでこの Web ページを開き、必要なフィールドの値を入力し、[Get Weather] ボ
   タンをクリックして、その場所の気象を取得します。

9.2.3　AWS SAM を使用した
サーバーレスマイクロサービスの自動化

　前の節で説明したように、AWS コンソールからシンプルなサーバーレスマイクロサービスを
作成するのは非常に簡単ですが、スクリプトによる自動化の場合には、異なるメカニズムを使用
します。AWS 環境において最も一般的なのは、AWS CloudFormation を使用する方法です。AWS
CloudFormation では、アプリケーションの実行に必要な AWS リソース／関連する依存関係／ラン
タイムパラメーターについて記述した独自のテンプレートを作成できます。テンプレートを図で視
覚化し、ドラッグ＆ドロップで編集することもでき、AWS のコマンドラインや API を使用してイ
ンフラストラクチャコンポーネントを管理することもできます。CloudFormation ではすべての作
業を JSON や YAML 形式のテキストファイルを使用して行うので、コードとしてのインフラストラ
クチャを効果的に管理できます。

AWS CloudFormation を使用して、サーバーレスマイクロサービスを構成する AWS Lambda、Amazon API Gateway、その他さまざまなサービスを作成／更新できます。このように CloudFormation を使うのは簡単ですが、CloudFormation で細かいコードを大量に記述するほど複雑ではないアプリケーションの場合は、別の方法が便利なこともあります。そのため、Amazon は **AWS Serverless Application Model (SAM)** を作成しました。AWS CloudFormation でネイティブにサポートされている AWS SAM を使用すると、サーバーレスアプリケーションで必要となる Amazon API Gateway の API、AWS Lambda 関数、Amazon DynamoDB テーブルを簡単に定義できます。

AWS SAM は CloudFormation と比較してコードや設定を大きく減らせるため、サーバーレスアプリケーションを迅速に作成できる強力な方法といえます。SAM を使用してアプリケーションを作成するには、主に以下の 3 つが必要になります。

- リソースの設定を記述した SAM YAML テンプレート（Lambda 関数、API Gateway、DynamoDB テーブル）
- AWS Lambda 関数コードの zip ファイル
- API Gateway の API 定義（Swagger 形式）

AWS SAM について詳しくは、以下の GitHub リポジトリをご覧ください。
- GitHub リポジトリ：https://github.com/awslabs/serverless-application-model/

先ほどと同じサーバーレス気象マイクロサービスのサンプルを AWS SAM を使用して作成する手順とコードの一部を次に紹介します。

▶ SAM YAML テンプレート

気象サービスのサンプルの SAM YAML テンプレートは以下のようになります。このテンプレートは、主に 3 つの部分で構成されています。

- 詳細な設定を含む Swagger ファイルを示す、API Gateway 定義。
- コードの zip ファイルへのリンク、ハンドラー名、ランタイム環境を含む、AWS Lambda 関数の設定。この Lambda 関数を API Gateway インスタンスにリンクするため、REST API メソッドの詳細と URI パスも指定されています。これらは、Lambda 関数のトリガーとして使用されます。
- 最後の出力関連のセクション。これは基本的に、SAM によってスタック全体が作成されたときの API エンドポイントの URI となります。

```
AWSTemplateFormatVersion: '2010-09-09'
Transform: AWS::Serverless-2016-10-31
Description: A simple Cloud Native Microservice sample, including an AWS SAM
template with API defined in an external Swagger file along with Lambda
 integrations and CORS configurations

Resources:
  ApiGatewayApi:
    Type: AWS::Serverless::Api
    Properties:
      DefinitionUri: ./cloud-native-api-swagger.yaml
      StageName: Prod
      Variables:
        # 注意：このテンプレートを使用する前に、swagger ファイルにある
        # Lambda 統合 URI の <<region>> と <<account>> フィールドを、
        # 展開先のリージョンとアカウント ID に書き換えます。
        LambdaFunctionName: !Ref LambdaFunction

  LambdaFunction:
    Type: AWS::Serverless::Function
    Properties:
      CodeUri: ./cloudnative-weather-service.zip
      Handler: lambda_function.lambda_handler
      Runtime: python3.6
      Events:
        ProxyApiRoot:
          Type: Api
          Properties:
            RestApiId: !Ref ApiGatewayApi
            Path: /weatherservice
            Method: get
        ProxyApiGreedy:
          Type: Api
          Properties:
            RestApiId: !Ref ApiGatewayApi
            Path: /weatherservice
            Method: options
```

上記のコードの出力は以下のようになります。

```
  ApiUrl:
    Description: URL of your API endpoint
    Value: !Join
      - ''
      - - https://
        - !Ref ApiGatewayApi
        - '.execute-api.'
        - !Ref 'AWS::Region'
        - '.amazonaws.com/Prod'
        - '/weatherservice'
```

▶ API 定義 Swagger ファイル

今日では、パッケージアプリケーション、クラウドサービス、カスタムアプリケーション、デバイスを問わず、あらゆる場所で API が使用されています。ただし、API インターフェイスを定義／宣言するためのメカニズムがばらばらで標準化されていないと、さまざまなアプリケーションを統合することが非常に難しくなります。そこで、REST API に対して標準化された枠組みを提供する Open API Initiative が設立されました。詳しくは、https://www.openapis.org/ をご覧ください。

OpenAPI 仕様 (OAS) に準拠した API を作成するため、Swagger（https://swagger.io/）は、設計／ドキュメント作成／テスト／展開まで、API のライフサイクル全体にわたって開発作業をサポートするさまざまなツールを提供しています。

Amazon API Gateway では、YAML ベースの Swagger API 形式との間での API 定義のインポートとエクスポートをサポートしています。Amazon API Gateway との統合を強化するために Swagger 定義に追加できるいくつかの要素があります。以下にサーバーレス気象マイクロサービスのサンプル YAML を示します。この YAML には、標準の Swagger 要素と、Amazon API Gateway 固有の設定パラメーターの両方が含まれています。

各自の環境でこのサンプルを使用するには、以下のテンプレート内のリージョンと AWS アカウント番号のパラメーターを、お使いの AWS アカウントの設定に従って書き換えてください。

```
swagger: "2.0"
info:
  title: "Weather Service API"
basePath: "/prod"
schemes:
- "https"
paths:
  /weatherservice:
    get:
      produces:
      - "application/json"
      parameters:
      - name: "appid"
        in: "query"
        required: true
        type: "string"
      - name: "zip"
        in: "query"
        required: true
        type: "string"
      responses:
      200:
        description: "200 response"
        schema:
          $ref: "#/definitions/Empty"
      x-amazon-apigateway-request-validator: "Validate body, query string
parameters,¥
        ¥ and headers"
      x-amazon-apigateway-integration:
```

```
      responses:
        default:
          statusCode: "200"
      uri: arn:aws:apigateway:us-east-1:lambda:path/2015-03-31/functions/
arn:aws:lambda:us-east-1:607195930000:function:${stageVariables.
LambdaFunctionName}/invocations
      passthroughBehavior: "when_no_match"
      httpMethod: "POST"
      contentHandling: "CONVERT_TO_TEXT"
      type: "aws_proxy"
  options:
    consumes:
    - "application/json"
    produces:
    - "application/json"
    responses:
      200:
        description: "200 response"
        schema:
          $ref: "#/definitions/Empty"
        headers:
          Access-Control-Allow-Origin:
            type: "string"
          Access-Control-Allow-Methods:
            type: "string"
          Access-Control-Allow-Headers:
            type: "string"
    x-amazon-apigateway-integration:
      responses:
        default:
          statusCode: "200"
          responseParameters:
            method.response.header.Access-Control-Allow-Methods: "'DELETE,GET,HEA
D,OPTIONS,PATCH,POST,PUT'"
            method.response.header.Access-Control-Allow-Headers: "'Content-
Type,Authorization,X-Amz-Date,X-Api-Key,X-Amz-Security-Token'"
            method.response.header.Access-Control-Allow-Origin: "'*'"
      requestTemplates:
        application/json: "{¥"statusCode¥": 200}"
      passthroughBehavior: "when_no_match"
      type: "mock"
definitions:
  Empty:
    type: "object"
    title: "Empty Schema"
x-amazon-apigateway-request-validators:
  Validate body, query string parameters, and headers:
    validateRequestParameters: true
    validateRequestBody: true
```

▶ AWS Lambda コード

このアプリケーションの Python ベースの Lambda コードは、前の節のものと同じです。GitHub の https://github.com/PacktPublishing/Cloud-Native-Architectures から ZIP ファイルをダウンロードできます。

▶ AWS SAM の使用

AWS SAM は、バックグラウンドで AWS CloudFormation の変更セット機能（http://docs.aws.amazon.com/AWSCloudFormation/latest/UserGuide/using-cfn-updating-stacks-changesets.html）を使用します。SAM を使用してサーバーレス気象マイクロサービスのサンプルを作成するには、以下の手順を実行します。

1. SAM YAML テンプレート、API Gateway Swagger ファイル、および AWS Lambda コードの zip ファイルを同じディレクトリにダウンロードします。
2. 利用可能な任意の名前（CloudNative-WeatherService など）で、AWS コンソールや API から Amazon S3 バケットを作成します。
3. Lambda コードと Swagger API ファイル定義は、前の手順で作成した S3 バケットにアップロードします。SAM YAML ファイルでは、それらの S3 の場所を設定して更新します。それには、以下の AWS CLI コマンドを使用できます。このコマンドにより、それらすべての処理が自動的に実行され、SAM YAML ファイルが作成されます。このファイルを後の手順で使用できます。

```
aws Cloudformation package ¥
--template-file ./Cloudnative-weather-microservice.yaml ¥
--s3-bucket CloudNative-WeatherService ¥
--output-template-file Cloudnative-weather-microservice-packaged.yaml
```

AWS CLI をまだインストール／設定していない場合は、下記 URL の AWS のドキュメントを参考に作業してください。
- http://docs.aws.amazon.com/cli/latest/userguide/installing.html

4. パッケージ化コマンドを正常に実行したら、次に実際の展開を始めます。このためには、以下のコマンドを使用します。コマンドには、前の手順でパッケージ化した YAML ファイルのほか、作成するスタックの名前を指定します。

```
aws Cloudformation deploy ¥
--template-file ./Cloudnative-weather-microservice=-packaged.yaml ¥
--stack-name weather-service-stack ¥
--capabilities CAPABILITY_IAM
```

5. 前のコマンドが正常に実行されたら、AWS CloudFormation コンソールに移動して、スタックのステータスを確認できます。完成した CloudFormation スタックの出力] タブでは、ApiURL という名前のパラメーターを確認できます。このパラメーターには、API Gateway の気象サービス API エンドポイントの値が設定されています。これで、API の設定がすべて完了しました。前の節で説明したのと同じ手順でテストできます。

9.3　AWS での自動化（CNMM の基軸 3）

　Amazon では、自己完結的で小規模なチームが、計画から運用までのすべてに責任を持ってエンドツーエンドで実施するという文化を長い間育ててきました。これらのチームは俊敏性が高く、ソフトウェアのデリバリーサイクルのあらゆる側面を管理するさまざまな役割（製品管理者、開発者、QA エンジニア、インフラ／ツールエンジニアなど）を担いますが、食事を 2 枚のピザでまかなえるほどコンパクトです。

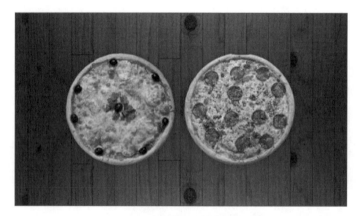

チームを象徴するピザ 2 枚

　ピザ 2 枚のチームは、各チームが自立し、俊敏性を持ち、コミュニケーションやプロセスでオーバーヘッドを生じることなくスムーズにコラボレートできることを目指した概念です。このようなチームは、本番環境への展開やインフラストラクチャの管理を含むリリースライフサイクル全体について各チームが責任を負うという DevOps の観点からも理想的です。

ピザ 2 枚のチームのもう 1 つのメリットとして、各チームがビジネス機能の特定の部分を担当する一方で、REST/HTTP ベースのシンプルな API を使用しているのでシステム内の他のコンポーネントと容易に統合できる点が挙げられます。これはマイクロサービスの中核的な概念です。これにより、俊敏性と、緩く結合されたコンポーネントを実現でき、システム全体で回復性とスケーラビリティを高めることができます。

Amazon 社内にはこれらの原則に従ったさまざまな事業部やチームがあり、全員に Apollo というスケーラブルな共通ソフトウェア展開プラットフォームが用意されています。この展開サービスは Amazon 社内の大勢の開発者が数年にわたって使用してきており、常に機能強化が行われ、エンタープライズレベルの基準にも耐えうる堅牢なプラットフォームとなっています。

Apollo について詳しくは、Amazon の CTO である Werner Vogels（ワーナー・ヴォゲルス）氏のブログ投稿の下記 URL をご覧ください。
- http://www.allthingsdistributed.com/2014/11/apollo-amazon-deployment-engine.html

Amazon は、この社内における経験に基づき、多くの AWS の機能を作成してきました。シンプルな API、SDK、CLI のサポート、あらゆる機能を備えたソースコード管理サービス、継続的インテグレーション／継続的デリバリー（CI／CD）展開、ソフトウェアパイプライン管理など、あらゆる機能がそれに該当します。これらについては、次の節で詳しく説明します。

9.3.1 コードとしてのインフラストラクチャ

クラウドの中核的なメリットの 1 つに、インフラストラクチャの自動化を行い、すべてをコードのように扱える点があります。AWS はすべてのサービスで REST API をサポートしているほか、人気のある各種プログラミング言語環境（Java、.NET、Python、Android、iOS など）向けのソフトウェア開発キットもサポートしていますが、それらのなかで最も強力なサービスは AWS CloudFormation です。

開発者やシステム管理者は、AWS CloudFormation を使用して、関連する複数の AWS リソースを簡単に作成／管理し、秩序立った予測可能な方法でプロビジョニングと更新を行えます。以下に、CloudFormation デザイナーの表示例を示します。ここでは、EC2 インスタンスが 1 つ、EBS ボリュームが 1 つあり、Elastic IP アドレスが 1 つ割り当てられているシンプルな展開になっています。

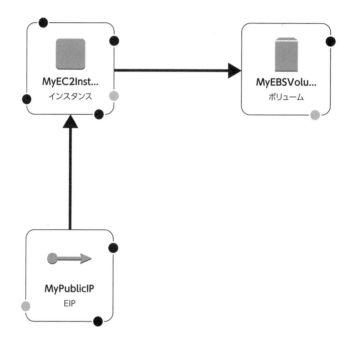

　このシンプルな展開をYAML形式のCloudFormationテンプレートに変換すると、以下のようになります。

```
AWSTemplateFormatVersion: 2010-09-09
Resources:
  MyEC2Instance:
    Type: 'AWS::EC2::Instance'
    Properties:
      ImageId: ami-2f712546
      InstanceType: t2.micro
      Volumes:
        - VolumeId: !Ref EC2V7IM1
  MyPublicIP:
    Type: 'AWS::EC2::EIP'
    Properties:
      InstanceId: !Ref MyEC2Instance
  EIPAssociation:
    Type: 'AWS::EC2::EIPAssociation'
    Properties:
      AllocationId: !Ref EC2EIP567DU
      InstanceId: !Ref EC2I41BQT
  MyEBSVolume:
    Type: 'AWS::EC2::Volume'
    Properties:
      VolumeType: io1
      Iops: '200'
```

9.3 AWSでの自動化（CNMMの基軸3）

```
        DeleteOnTermination: 'false'
        VolumeSize: '20'
  EC2VA2D4YR:
    Type: 'AWS::EC2::VolumeAttachment'
    Properties:
      VolumeId: !Ref EC2V7IM1
      InstanceId: !Ref EC2I41BQT
  EC2VA20786:
    Type: 'AWS::EC2::VolumeAttachment'
    Properties:
      InstanceId: !Ref MyEC2Instance
      VolumeId: !Ref MyEBSVolume
```

インフラストラクチャのコアコンポーネントをスクリプトに変換すると、他のアプリケーションのコードと同様に非常に簡単に管理できます。コードリポジトリにスクリプトをチェックインし、コミット時に変更内容を追跡し、本番環境に展開する前にレビューできます。このような概念全体は**コードとしてのインフラストラクチャ（IaC：Infrastructure as Code）**と呼ばれ、定型的な作業の自動化に役立つだけでなく、あらゆる環境においてより深くDevOpsのプラクティスを根付かせることにもつながります。

AWSのサービス以外にも、Chef、Puppet、Ansible、Terraformなど人気のサードパーティツールが多くあります。これらも、スクリプトを記述してコードのようにインフラストラクチャコンポーネントを運用するのに役立ちます。

9.3.2　Amazon EC2、AWS Elastic Beanstalk 上の アプリケーションの CI ／ CD

アプリケーションの継続的インテグレーション／継続的デリバリー（CI／CD）パイプラインをAWS上でネイティブに作成するために、AWSは多くのサービスを提供しています。また、AWS上で独立して設定できる、あるいはAWSが提供するCI／CDサービスと統合できる、人気のツールも数多くあり、それらはJenkins、Bamboo、TeamCity、Gitなどです。全体として多くの選択肢があるので、ユーザーはそれぞれのニーズに適したツールやサービスを選べます。

機能	AWSサービス	他のツール
ソースコードリポジトリ、バージョン管理、ブランチ作成、タグ付けなど	AWS CodeCommit	Git、Apache Subversion (SVN)、Mercurial
ソースコードのコンパイル、展開可能なソフトウェアパッケージの生成	AWS CodeBuild	Jenkins、CloudBees、Solano CI、TeamCity
機能／セキュリティ／パフォーマンス／コンプライアンスについてのテストの自動化	直接のAWSサービスはないが、AWS CodeBuildはさまざまなテストツールと統合可能	Apica、BlazeMeter、Runscope、Ghost Inspector
任意のインスタンスへのコードの自動展開	AWS CodeDeploy	XebiaLabs

231

第 9 章 | Amazon Web Services

AWS は上記のサービス以外にも、DevOps 関連の実装に役立つ２つのサービスを提供しています。

- **AWS CodePipeline**：パイプラインの形式で、ソフトウェアのリリースプロセスを完全にモデル化して自動化できます。パイプラインでリリースプロセスのワークフローを定義することで、新たなコード変更がどのようにリリースプロセスを経て導入されるかを示します。パイプラインは一連のステージ（ビルド、テスト、展開など）で構成されており、それぞれのステージはワークフローを論理的な単位に分割したものとなっています。

以下に、CodePipeline ベースの CI ／ CD パイプラインのサンプルを示します。この例では、AWS CodeCommit、AWS CodeBuild、AWS Lambda、Amazon SNS、AWS CodeDeploy などの他のさまざまなサービスを使用して、プロセス全体のオーケストレーションを行っています。CodePipeline は AWS Lambda と統合できるので、CI ／ CD プロセスの要件に従ってアクションやワークフローを自由にカスタマイズできます。

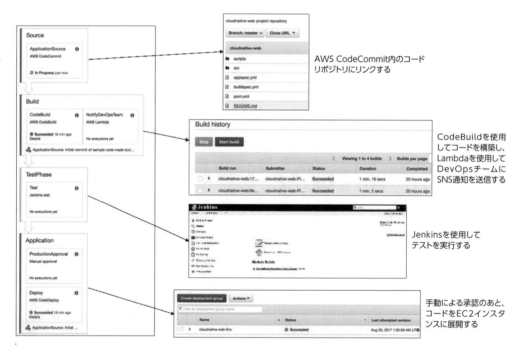

CodePipeline ベースの CI ／ CD パイプラインのサンプル

9.3 AWSでの自動化（CNMMの基軸3）

　すでに説明したCI／CDプロセスを使用して、同じEC2インスタンスにコードを展開するインプレースアップデートを実行できるほか、新たなインスタンス群を用意してブルー／グリーン展開を実行することもできます。ここでブルーとは現在の環境を示し、グリーンとは最新のコード変更を含む新しい環境を指しています。ブルー／グリーン展開の概念は、クラウドのベストプラクティスであるイミュータブルインフラストラクチャにも基づいています。このインフラストラクチャでは、新しい設定やコードをリリースするときに、一部を更新するのではなく、インスタンスと環境全体が置き換えられます。これは、多くのプログラミングのコンストラクトで利用されるイミュータブル変数に似ています。イミュータブル変数は一度インスタンス化すると、更新できません。そのため、変更を行う際は常に新しい変数やインスタンスを用意することになるので、変更のプロセスが簡単かつ一貫性を持ったものとなり、競合を生じることがありません。

　ブルー／グリーン展開を実行する主なメリットは以下のとおりです。

- 既存の環境に手を入れる必要がないため、アプリケーションを更新する際のリスクを小さく抑えることができます。
- 新しい（**グリーン**）環境に徐々に移行し、問題が発生したら簡単に前の（**ブルー**）展開にロールバックできます。
- コードとしてのインフラストラクチャを使用して、アプリケーション展開スクリプトとプロセス内に**ブルー／グリーン**展開作成プロセス全体を組み込むことができます。

　以下に、AWS CodeDeployを使用した**ブルー／グリーン**展開のサンプルを示します。ここでは、ELBの背後にある自動スケーリングされたEC2インスタンスのセット（**ブルー環境**）を、自動スケーリングされたインスタンスの新しいセット（**グリーン環境**）に置き換えています。このプロセスについて詳しくは、下記URLのAWSドキュメントをご覧ください。

　https://docs.aws.amazon.com/ja_jp/codedeploy/latest/userguide/welcome.html#welcome-deployment-overview-blue-green

第 9 章　｜　Amazon Web Services

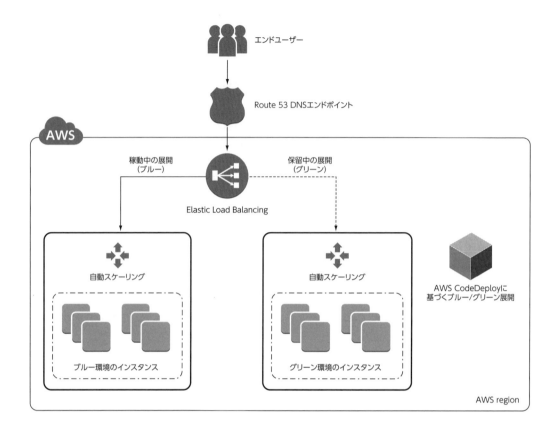

　AWSのさまざまなDevOps指向のサービスを簡単に使用／統合できるように、AWSではもう1つのサービスAWS CodeStarを提供しています。このサービスは、統合された問題追跡機能など、統一的なUIとプロジェクト管理ダッシュボードを備えており、ソフトウェア開発アクティビティを1か所で簡単に管理できます。また、Amazon EC2、AWS Elastic Beanstalk、AWS Lambdaに展開可能な多くのサンプルアプリケーションのテンプレートも提供しており、さまざまなDevOpsサービスで管理できます。以下に、サンプルアプリケーションでのAWS CodeStarダッシュボードのスクリーンショットを示します。

9.3 AWSでの自動化（CNMMの基軸3）

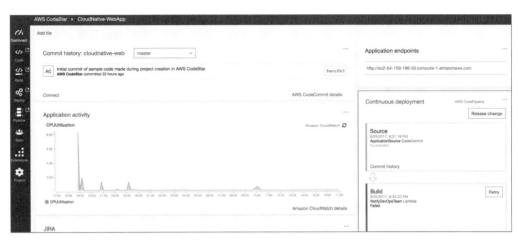

AWS CodeStar ダッシュボード

9.3.3　サーバーレスアプリケーションの CI ／ CD

　CI ／ CD パイプラインを管理するプロセスは、前の節で説明した、Amazon EC2 でのアプリケーション環境の管理プロセスと非常に似ています。サーバーレスアプリケーションでこのプロセスを自動化する主な手順は、以下のようになります。

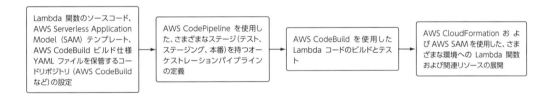

9.3.4　Amazon ECS の CI ／ CD（Docker コンテナー）

　コンテナーによって、ソフトウェアのパッケージ化のプロセスは大きく変わりました。コンテナーは、ソフトウェアの実行に必要なあらゆる要素（コード、ランタイム、システムツール、システムライブラリ、設定など）を格納した、軽量でスタンドアロンかつ実行可能なソフトウェアパッケージの作成を可能にしただけでなく、さまざまなコンピューティング環境に展開することもできます。複数の異なるコンテナープラットフォームがありますが、最もよく使われているのがDocker コンテナーです。Amazon では、Docker コンテナーを大規模に展開／管理して、信頼性を確保できる Amazon **Elastic Container Service (ECS)** と Amazon **Elastic Container Service for Kubernetes (EKS)** を提供しています。Amazon ECS と Amazon EKS は、Elastic Load Balancing、

EBS ボリューム、IAM ロールなど他のさまざまな AWS サービスと統合することもできるので、さまざまなコンテナーベースのアプリケーションの展開プロセスがさらに容易なものになります。AWS では Amazon ECS と Amazon EKS 以外にも、Docker コンテナーイメージを保存／管理して、Amazon ECS ベースの環境に展開するための Amazon **Elastic Container Registry (ECR)** も提供しています。

ここでは、Amazon ECS に、さまざまなアプリケーションのバージョンを展開する CI ／ CD ワークフローを作成する場合を考えます。このワークフローの概要は、以下の図のとおりで、AWS CodePipeline、AWS CodeBuild、AWS CloudFormation、Amazon ECR などのサービスを使用しています。

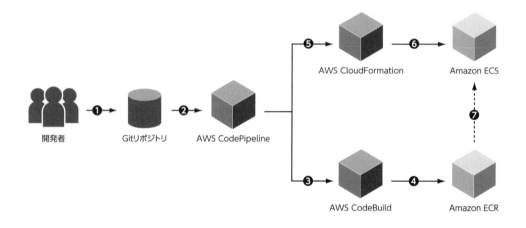

❶ 開発者は、ソースコードリポジトリシステム（GitHub など）にホストされているメインブランチに、変更を継続的に組み入れます。

❷ AWS CodePipeline はソースコードリポジトリに対してポーリングを行い、新しいリビジョンを見つけたら継続的デリバリーパイプラインの実行をトリガーします。

❸ AWS CodePipeline は新しいリビジョンを AWS Code Build に送信します。AWS CodeBuild は、ソースコードから Docker コンテナーイメージを作成します。

❹ AWS CodeBuild は新たに作成された Docker コンテナーイメージ（ビルド ID 付き）を、Amazon ECR リポジトリにプッシュします。

❺ AWS CodePipeline は、AWS CloudFormation スタックの更新を開始します。これにより、Amazon ECS のタスク定義とサービス定義が行われます。

❻ AWS CloudFormation は、新たに作成されたイメージを参照する新しいタスク定義リビジョンを作成し、Amazon ECS サービスを更新します。

❼ Amazon ECS は Amazon ECR から新しいコンテナーを取得し、古いタスクを新しいタスクで置き換えて展開を完了します。

さまざまなサービスを使用したワークフロー

9.3.5 セキュリティサービスの CI ／ CD—DevSecOps

　前の節で説明したように、AWS は複数のクラウドネイティブな AWS サービスを提供しており、そのほとんどが SDK や API を備えています。これらの SDK や API を使用して、他のアプリケーションやプロセスと簡単に統合できます。また DevOps も重要なテーマです。DevOps とは、アプリケーションやサービスを俊敏に提供できるようにするための文化、考え方、プラクティス、ツールを組み合わせたものです。アプリケーションがさまざまな環境にスピーディーに展開されるようになっても、そのプロセスに組織のセキュリティポリシーに従ったチェックが組み込まれていないと、一部のコントロールが悪用されたまま放置される事態が生じる危険性があり、大きな問題となります。そのため、DevOps は、セキュリティを組み込んだ DevSecOps（または SecDevOps）とする必要があります。

　セキュリティコンポーネントやサービスをコードとしてのインフラストラクチャとして扱い、既存の DevOps のプラクティスに統合することが、DevSecOps を実現するための中心的な方法となります。たとえば、企業のセキュリティチームが、すべての環境での VPC の設定方法、適用する NACL ルール（ネットワークアクセス制御リストルール）、IAM ユーザーとそのポリシーの作成方法について基準を定めている場合、それらを CloudFormation テンプレートに記述します。アプリケーションチームは、それらのテンプレートを参照し、ネストされた CloudFormation スタックの機能を適用して再利用します。これにより、セキュリティチームは、担当するセキュリティとネットワークコンポーネントの作成と更新に集中でき、アプリケーションチームは環境の基準に従ったサーバー群に対して「コードの作成」「テストのプロセス」「展開」に集中できます。

　インフラストラクチャのプロビジョニングという側面以外にも、以下のような領域でテストを組み込み、ソフトウェア開発パイプライン全体でセキュリティのチェックを実施することで、このプラクティスをさらにレベルの高いものにすることができます。

- コード分析ツールが統合され、本番環境へのプッシュの前にセキュリティ関連の検出事項に対応すること
- 標準的なアプリケーションログ以外に、AWS CloudTrail ログなどのサービスを含む監査ログを出力すること
- コンプライアンス準拠が重要なワークロードにおいて必要となる、ウイルス／マルウェアのスキャンや侵入テストなど、さまざまなセキュリティテストを実施すること
- データベース、その他さまざまな静的設定ファイルやバイナリファイル、PHI ／ PII データ（クレジットカード番号、社会保障番号、保健記録など）が暗号化／難読化されており、悪用対象となりうるプレーンテキストで保存されていないこと

第9章 | Amazon Web Services

　また、多くのユーザーは、AWS Lambda を利用したカスタムのロジックやアプリケーションを使用し、このパイプラインのさまざまなステージを自動化しています。Lambda 関数は、予防的に実行できるだけでなく、CloudWatch の監視、CloudWatch Events、SNS アラートなどのソースからのイベントトリガーなど、事後対応的にトリガーすることもできます。

　効果的な DevSecOps の実装に役立つサービスとして、その他に AWS Config と Amazon Inspector があります。AWS Config は AWS リソースの設定について評価や監査に役立ちます。Amazon Inspector を使用すると、脆弱性のほか、ベストプラクティスからの逸脱部分がないかといったアプリケーションの評価を自動化できます。すぐに使用できる基本的なルールとフレームワークが用意されており、さらにそれらの拡張も可能です。その方法は、AWS Lambda ベースでポリシーやチェックを定義／自作するというものです。

9.4　モノリシックから AWS ネイティブ アーキテクチャへの移行パターン

　これまでの節では、さまざまな AWS サービスを使用してクラウドネイティブ・アプリケーションのグリーンフィールド開発を行う複数の方法について説明しました。グリーンフィールド開発は新規に行う開発なので、ソリューションの設計においてさまざまなクラウドサービスを使用することができ、作業は比較的簡単です。しかし、オンプレミス環境に膨大な技術的負債が残っており、それらを AWS などのクラウドプラットフォームに移行して負債の削減を目指す場合、より多くの作業と綿密な計画が必要になります。

　近年 AWS は、グリーンフィールド開発だけでなく、AWS におけるブラウンフィールド実装の計画にも役立つように、移行に関するサービス／方法論の成熟度を高め、情報発信を強化しています。そこで、AWS へのあらゆるワークロードの移行シナリオをカバーする「6 つの R」という方法論が用意されています。AWS における 6 つの R とは、Rehost(リホスト)、Replatform(リプラットフォーム)、Repurchase(再購入)、Refactor(リファクタリング) ／ Re-Architect(再設計)、Retire(廃止)、Retain(保持) です。

　以下にこの方法論のスナップショットを示します。

238

9.4 モノリシックから AWS ネイティブアーキテクチャへの移行パターン

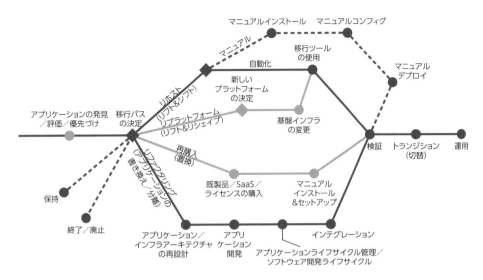

（原図をもとに本書用にデザイン。
原図の出典：https://medium.com/aws-enterprise-collection/
6-strategies-for-migrating-applications-to-the-Cloud-eb4e85c412b4）

　6つのRの方法論に沿ってパートナーエコシステムを開発するために、AWS は **Migration Acceleration Program (MAP)** を提供しています。MAP は、企業セグメントの移行戦略全体のバックボーンとなっています。このプログラムについて詳しくは、https://aws.amazon.com/jp/migration-acceleration-program/ をご覧ください。

　これ以外に AWS は、クラウド導入を考えているあらゆる組織に適した、より総体的なフレームワークである **AWS クラウド導入フレームワーク (CAF)** を提供しています。これは6つの異なる観点をカバーする詳細なフレームワークで、あらゆる組織におけるビジネスおよびテクノロジーの利害関係者向けに作られました。

- ビジネス
- 人員
- ガバナンス
- プラットフォーム
- セキュリティ
- オペレーション

 AWS CAF について詳しくは、下記 URL の情報をご覧ください。
- https://aws.amazon.com/jp/professional-services/CAF/

239

9.5 まとめ

本章では、すでに説明した CNMM に基づいて、AWS とその機能について説明しました。クラウドネイティブ・アーキテクチャを構築し、その環境でアプリケーションを効果的に運用するための AWS の中核的な機能について紹介しました。次に、さまざまな主要 AWS サービスとフレームワークを利用した、サーバーレスマイクロサービスアプリケーションについて詳しく説明しました。また、DevOps と DevSecOps にまつわる原則、そして Amazon EC2、AWS Elastic Beanstalk、AWS Lambda、Amazon Elastic Container Service への展開など、それらの原則がさまざまなアプリケーションアーキテクチャへとどのようにつながったかを説明しました。最後に、AWS にアプリケーションの移行パターン、6 つの R と AWS CAF の概念について説明しました。

次の章では、Microsoft Azure クラウドプラットフォームの機能について説明し、AWS との比較を行います。

CHAPTER 10 :
Microsoft Azure

Microsoft Azure

第 10 章

　Microsoft Azure の始まりは、AWS とは大きく異なっていました。Azure は、2009 年に Windows Azure プラットフォームとしてリリースされました。開発者を主なターゲットとし、**サービスとしてのプラットフォーム (PaaS)** コンポーネントに重点が置かれていました。最初にリリースされたサービスは Windows Server AppFabric と ASP.NET MVC 2 であり、クラウドのフレームワークとサービスを使用したアプリケーション構築を行う開発者に役立つものでした。当時唯一利用できたインフラストラクチャコンポーネントといえば、ハイブリッドなユースケースを実現する Windows Server 仮想マシンでしたが、全体としての戦略は開発者のコミュニティに向けたものとなっており、この点が AWS とは大きく異なっていました。一方、AWS は当時、アプリケーション中心の基本的なサービス以外に、多くのインフラストラクチャコンポーネントを提供していました。このようにクラウド分野に進出した Azure は、引き続きアプリケーション面の強化を進めました。その後、2014 年に全体の方針が転換され、IaaS の分野に進出するとともに、プラットフォームのブランド名を Microsoft Azure に変更しました。

第 10 章 | Microsoft Azure

Windows Azure のリリースを発表した最初のブログ投稿については、下記の URL をご覧ください。
- https://news.microsoft.com/2009/11/17/microsoft-cloud-services-vision-becomes-reality-with-launch-of-windows-azure-platform/

　Microsoft が 2012 年 6 月に Azure 仮想マシンをリリース（2013 年 4 月に一般ユーザー向けに公開）して IaaS マーケットに進出して以降、Azure はグローバルでの存在感を大きく高めるとともに、サービスを大幅に強化してきました。本書執筆時点で、Microsoft Azure は世界中に 36 のリージョンを擁し、近い将来さらに 6 つのリージョンを稼働させる計画になっています（2019 年 9 月の翻訳時点では、54 のリージョン、140 ヶ国で稼働しています）。ここで AWS のリージョンと Microsoft Azure のリージョンには若干の差異があることに注意が必要です。AWS では、**アベイラビリティゾーン (AZ)** が集まってリージョンを構成しており、AZ 自体も 1 つ以上のデータセンターで構成されています。Microsoft Azure のリージョンは、データセンターが設置されている地理的な場所を指しています。Microsoft は先日、AWS のような AZ を提供すると発表しましたが、この機能はまだベータ版の段階であり、世界中に展開されるにはしばらくかかりそうです（翻訳時点では、Availability Zones がほとんどの Azure サービスで利用可能です）。AZ 機能が用意されるまでの間、Microsoft Azure で高可用性展開を行う場合は、可用性セットと呼ばれる機能を使用できます。

　他に注目すべき点として、Microsoft のクラウドビジネスでは Microsoft Azure 以外にも、Microsoft Office 365 と Microsoft Dynamics 365 CRM 関連のサービスも提供しています。

Microsoft Azure による最新の発表内容およびサービスリリースのニュースについては、以下のリソースを参照してください。
- Azure の更新情報のページ：https://azure.microsoft.com/en-us/updates/
- Microsoft Azure ブログ：https://azure.microsoft.com/en-us/blog/

本章では、以下のトピックについて説明します。

- 継続的インテグレーション／継続的デリバリー (CI ／ CD)、サーバーレス、コンテナー、マイクロサービスの概念に関する Microsoft Azure のクラウドネイティブ・サービス、強み、差別化要因。具体的なサービスは以下のとおり
  - Azure Functions
  - Visual Studio Team Services
  - Azure Container Service ／ Azure Kubernetes Service
    （Azure Container Service は 2020 年 1 月に廃止）
  - Azure IoT

- Azure Machine Learning Studio
- Office 365

● クラウドネイティブなデータベース機能について Azure Cosmos DB

● Microsoft Azure ネイティブなアプリケーションアーキテクチャの管理と監視機能

● モノリシックから Microsoft Azure のネイティブアーキテクチャに移行するためのパターン

● 継続的インテグレーション／継続的デリバリー（CI ／ CD）、サーバーレス、コンテナー、マイクロサービス・アプリケーションアーキテクチャの参照アーキテクチャとサンプル

10.1 Azure のクラウドネイティブ・サービス （CNMM の基軸 1）

第 1 章で説明したように、クラウドネイティブを指向するにはまず、クラウドプロバイダーのサービスについて、インフラストラクチャの中心レイヤーよりも深いレベルでの差別化を実現できることを理解し、それらを利用する必要があります。

第三者のさまざまなアナリストレポートや分析によると、AWS に近いクラウドサービスや実行機能を提供しているクラウドプロバイダーは Azure のみです。Azure は、コンピューティング、ストレージ、ネットワーク、データベースなどのコアコンポーネントだけでなく、データ／分析、AI ／コグニティブ（認知）、IoT、Web ／モバイル、エンタープライズ統合などの分野でも高レベルなサービスを複数提供しています。次の節では、これらの高レベルなアプリケーションおよびマネージドサービスをいくつか取り上げて、説明します。これらを使用すれば、クラウドネイティブの成熟度を高め、プラットフォームの機能をフルに活用できるようになります。

10.1.1 Azure プラットフォームの差別化要因

AWS について説明した前章では、Amazon の差別化要因となるサービスについていくつか紹介しました。ここでは、Azure の主な差別化要因であり、効果的なクラウドネイティブ・アプリケーションアーキテクチャの構築に使用できるサービスをいくつか説明します。これらのサービスを使用すれば、基本的な機能を自分で構築する必要がなくなり、中心的なビジネスロジックに集中できるようになるので、アプリケーション開発チームの生産性も大きく向上します。これらの基本的なコンポーネントは独自に作成しようとしても、世界中のマルチユーザー環境における豊富な運用経験のあるクラウドプロバイダーと同程度のレベルでスケーラブルでフォールトトレラントなものにするのは困難です。では、クラウドネイティブに向けた取り組みを推進できるいくつかの重要な Azure サービスについて説明していきます。

▶ Azure IoT

　Microsoft Azure は、コネクテッドプラットフォームとソリューションを構築するのに役立つ一連のサービスを提供しています。デバイス（モノ）から大量のデータを取り込み、その場でルールを適用してデータをフィルタリングし、リアルタイムで分析し、さまざまなデータストアに永続化して、それを基盤にさまざまなタイプのビューやソリューションを構築できます。この分野で Azure が提供している主なサービスに、Microsoft Azure IoT Hub があります。このサービスは、コネクテッドデバイス環境の接続／管理／運用に役立つ複数の機能を備えています。以下では、いくつかの機能について紹介します。

- **デバイスの登録／認証／認可**：IoT のシナリオでは、デバイスが適切にプロビジョニングされ、バックエンドにセキュアに接続されるようにすることが最も重要となります。そのために Azure IoT は、ポータルと API を通して個別のデバイスを登録する方法を提供しています。これにより、クラウド内で個別のデバイスのエンドポイントが提供されます。ただし、ポータルからデバイスを個別に追加する方法は、デバイスの数が少なく 1 つずつ追加できる場合にのみ有効です。登録するデバイスが数千台におよぶ場合のために、Azure IoT Hub には `ImportDevicesAsync` メソッドが別途用意されています。これで、API を 1 回呼び出すだけで数千台のデバイスに対してアップロード／削除を一括で行ったり、数千台のデバイスにステータスの変更を適用したりできます。同様に、登録されたデバイス情報を一括でエクスポートするには、`ExportDevicesAsync` メソッドが便利です。デバイスを登録したら、エンドポイントに加えて X.509 対称キーも作成されます。このキーは、デバイスの認証に使用されます。この認証と、ポリシーベースのアクセス制御とセキュア通信チャネル（TLS ベースの暗号化）を組み合わせることで、デバイスが IoT Hub に安全に接続し、情報を交換できるようになります。以下に、セキュリティ制御を大まかに分類した図を示します。

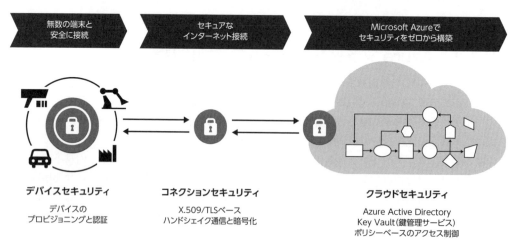

Azure IoT Suite （原図をもとに本書用にデザイン。
原図の出典：https://docs.microsoft.com/en-us/azure/iot-hub/iot-hub-security-ground-up）

10.1 Azureのクラウドネイティブ・サービス（CNMMの基軸1）

- **通信プロトコル**：デバイスによって、サポートされるプロトコルや統合方法は異なりますが、IoTのほとんどのシナリオでは、大半のデバイスがMQTT（Message Queuing Telemetry Transport）、AMQP（Advanced Message Queuing Protocol）、およびHTTPSプロトコルをサポートします。Azure IoT Hubでもこれらすべてのプロトコルがサポートされているので、面倒な設定を行うことなく、大半のデバイスをそのまま簡単に接続できます。ただし、サポートされているプロトコルとは異なる種類のプロトコルや通信メカニズムを使用するデバイスもあります。そのようなデバイスのために、Microsoft Azure IoTプロトコルゲートウェイ（https://github.com/Azure/azure-iot-protocol-gateway/blob/master/README.md）が用意されています。ユーザーは、GitHubからフォークし、変換要件に従って変更を行い、Azure VMインスタンスに展開できます。これにより、さまざまな種類のデバイスを簡単に接続し、Azure IoT Hubサービスを使用して管理できます。

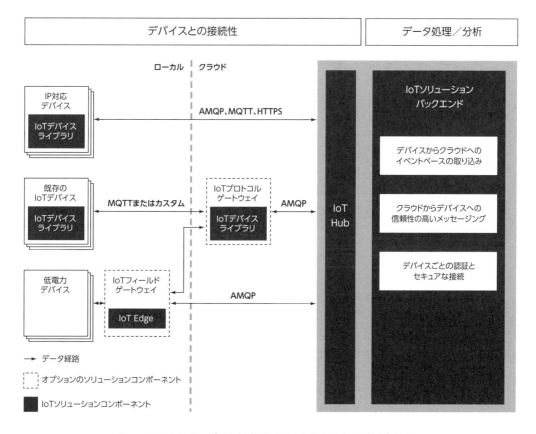

Azure IoT Hub サービスの概念図（原図をもとに本書用にデザイン。
原図の出典：https://docs.microsoft.com/en-us/azure/iot-hub/iot-hub-what-is-iot-hub）

- **デバイスツイン**：デバイスは常にバックエンドの IoT Hub に接続されているわけではありませんが、バックエンドアプリケーションがデバイスの最新の既知のステータスを問い合わせたり、デバイスが IoT Hub を使用してバックエンドに接続したときに特定のステータスを設定したりしなければならない場合があります。そうしたデバイス状態の同期関連操作のため、Azure IoT Hub はデバイスツイン機能を提供しています。このデバイスツインは、タグ（デバイスのメタデータ）とプロパティ（必要なプロパティと、報告されたプロパティ）が設定された JSON ドキュメントであり、これを使用してデバイスと通信したり、デバイスの状態を更新したりするアプリケーションロジックを作成できます。

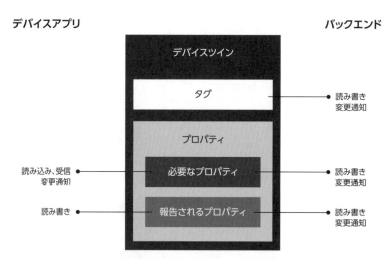

デバイスツインの構成図（原図をもとに本書用にデザイン。
原図の出典：https://docs.microsoft.com/en-us/azure/iot-hub/iot-hub-node-node-twin-getstarted）

- **Azure IoT Edge**：デバイスからクラウドにデータを送信するのではなく、エッジ自身で分析やちょっとした計算を行ったほうが簡単な場合があります。たとえば、デバイスが遠隔地にあり、ネットワーク接続が安定していなかったり、ネットワーク接続のコストがかさんだりする場合には、エッジ上での分析が役立ちます。このため、Azure は IoT Edge という機能を提供しています。IoT Edge では、Azure が提供する複数の SDK（C、Node.js、Java、Microsoft .NET、Python）を使用して、デバイスに近い側でコードやロジックを実行できます。IoT Edge を使用すると、一部のロジックをエッジで実行し、より複雑な処理データはクラウドに送信するといったハイブリッドなクラウドアーキテクチャをシームレスに実現できます。クラウド側では、スケーラブルな処理に役立つさまざまなサービスを利用できます。

10.1 Azureのクラウドネイティブ・サービス（CNMMの基軸1）

　Azureは、Azure IoT Hub以外にも、業界とユースケースに特化したソリューションを提供しており、ユーザーはこれらを1クリックで直接展開でき、個別の要件に従ってアーキテクチャを本番環境のスケールまで拡大できます。これらのソリューションでは、バックグラウンドで、Azure IoT Hub、Azure Event Hubs、Azure Stream Analytics、Azure Machine Learning、Azure Storageなどの複数のAzureサービスを利用しています。他のクラウドプロバイダーがコネクテッドデバイスとIoTのユースケース向けに中心的なビルディングブロックのみを提供しているのに対し、Azureはそのまますぐに使用できるソリューションも提供しているので、この点がAzureのIoTサービスの差別化要因となっています。

　以下は、2019年9月の翻訳時点でのAzure IoTによるIoTソリューションアクセラレータのサイトのページです（https://azure.microsoft.com/ja-jp/features/iot-accelerators/）。

第 10 章 | Microsoft Azure

▶ Azure Cosmos DB

Azure Cosmos DB は、分散型でマルチモデル化されたグローバルな Microsoft のデータベースです。Azure Cosmos DB を使用すると、Azure の任意の数の地域的なリージョンにわたって、スループットとストレージを弾力的かつ個別にスケーリングできます。Azure Cosmos DB は、世界中のあらゆる場所で、99 パーセンタイルで 10 ミリ秒未満の遅延時間を保証し、適切に定義された複数の整合性モデルによってパフォーマンスを調整するほか、マルチホーム機能により高可用性を保証します (詳しくは、https://azure.microsoft.com/services/cosmos-db/ をご覧ください)。

Azure Cosmos DB は 2017 年 5 月にリリースされましたが、それ自体は新しいサービスというわけではなく、その数年前にリリースされた旧製品である Azure DocumentDB から多くの機能を引き継いでいます。Azure DocumentDB は、NoSQL ベースのアーキテクチャパターンに重点を置いた製品でした。しかし、Azure Cosmos DB は単に Azure DocumentDB に新しい名前を付けただけではありません。新しい機能もいくつか導入されています。新製品としての Cosmos DB の 3 つの重要な機能について説明します。

- **グローバル分散型の展開モデル**：Azure には複数のリージョンがあります。Cosmos DB にはグローバル展開モデルが備わっており、多くのリージョンにわたってデータベースを共有するアプリケーションを展開できます。その場合はデータベース作成時に、DB インスタンスを複製するリージョンを選択しますが、データベースを稼働させた後に選択することもできます。また、要件に応じて、リージョンごとに読み取り／書き込み／読み書きの権限を定義することもできます。さらに、リージョン単位で大規模な事象や問題が生じたときのために、各リージョンにフェイルオーバーの優先順位を定義することも可能です。

  データの主権性、プライバシー、データ保管場所に関する国内規制に対応しなければいけない場合など、ユースケースによっては、特定の場所やリージョンにデータを制限したい場合があります。Azure サブスクリプションのメタデータによって管理されるポリシーを使用すると、このようなニーズに応えることができます。

248

10.1 Azure のクラウドネイティブ・サービス（CNMM の基軸 1）

- **マルチモデルの API**：現在、Cosmos DB は他のさまざまなモデルをサポートするようになっており、この点が旧製品の Azure DocumentDB との最も大きな差異の 1 つになっています。
  - **グラフデータベース**：このモデルのデータは、複数の頂点と辺を持ちます。各頂点はデータ内の一意のオブジェクト（人物やデバイスなど）を定義し、辺を使用して他の n 個の頂点と接続できます。辺によって頂点どうしの間の関係が定義されます。Azure Cosmos DB へのクエリを行うには、Apache TinkerPop のグラフ・トラバーサル言語 Gremlin、または TinkerPop 互換の Apache Spark GraphX などのグラフシステムを使用できます。

- **テーブル**：NoSQL のキーと値によるアプローチを基本とした、Azure テーブルストレージに基づくモデルです。大量の半構造化データセットの保存に使用されます。Cosmos DB は、Azure Table Storage API にグローバル分散機能を追加しています。
- **JSON ドキュメント**：Cosmos DB では、データベースに JSON ドキュメントを保存することもできます。保存した JSON ドキュメントには、既存の DocumentDB API またはより新しい MongoDB API を使用してアクセスできます。
- **SQL**：Cosmos DB は、既存の DocumentDB API を使用した基本的な SQL 関数もサポートしています。ただし、Azure SQL Database のようなあらゆる機能を備えたデータベースではないので、高度な SQL 操作が必要な場合、Cosmos DB は適さないことがあります。
- **整合性モデル**：通常、他のクラウドデータベースは、パーティション分割された異なるノードや地域にデータを複製する方法について、限定的なオプションしか提供していません。分散コンピューティングで最も一般的なオプションは以下のとおりです。
  - **強整合性（強固な整合性）**：すべてのレプリカでコミットが成功した後で応答が返されます。そのため、書き込みの後に読み取りを行うと、必ず最新の値が返されます。
  - **結果整合性（最終的な整合性）**：コミット後、応答がすぐに返され、その後さまざまなノード間でデータが同期されます。したがって、書き込み後すぐに読み取りを行うと、古い値が返されることがあります。

しかし、Cosmos DB はさらに多くのオプションを提供しています。以下のように、強整合性および結果整合性モデルの間に、他のさまざまな整合性モデル（有界整合性制約、セッション、一貫性のあるプレフィックス）を提供しています。

以下に、これらの整合性モデル設定が表示された Azure Cosmos DB ポータルのスクリーンショットを示します。

10.1 Azureのクラウドネイティブ・サービス（CNMMの基軸1）

| STRONG | BOUNDED STALENESS | SESSION | CONSISTENT PREFIX | EVENTUAL |

Session consistency is most widely used consistency level both for single region as well as, globally distributed applications.

It provides write latencies, availability and read throughput comparable to that of eventual consistency but also provides the consistency guarantees that suit the needs of applications written to operate in the context of a user.

Click here, for more information on consistency levels.

これらすべての差別化要因により、Azure Cosmos DBはグローバルに分散されたアプリケーションアーキテクチャの共有データベース、テレメトリ、コネクテッドプラットフォーム／IoTの状態情報ストア、サーバーレスアプリケーションのバックエンドの永続化など、さまざまなクラウドネイティブなシナリオにおいて最適な選択肢となっています。

▶ Azure Machine Learning Studio

Microsoftは当初、Azure Machine Learningの名前でこのサービスをリリースしましたが、スタジオ自体（ビジュアルワークベンチ）を使用してプロセス全体を管理できるという中心的な機能に合わせて、Azure Machine Learning Studioと名前を変えました。これは、クラウドでの予測的分析ソリューションの作成／テスト／運用／管理に使用できるマネージドサービスです。このサービスは、複数のサンプルデータセットと分析モジュールを提供しており、これらを組み合わせて使用することで機械学習の実験を作成できるので、データサイエンティストでなくても機械学習モデルを構築できます。これが、このサービスの中心的な価値の提案です。実験を試行／テスト／トレーニングしたら、実際のデータに対して予測的分析を生成したり、ワークフローをWebサービスとして公開したりできます。以下に、これらの中心的な概念を簡潔にまとめた図を示します。

第 10 章 | Microsoft Azure

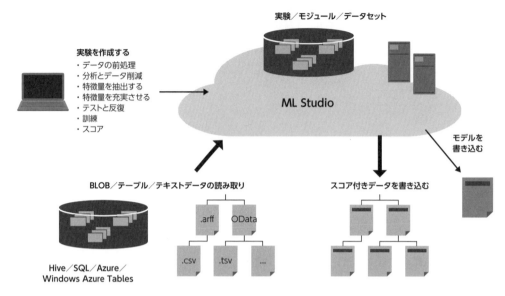

Azure Machine Learning サービスの概念図（原図をもとに本書用にデザイン。
原図の出典：https://docs.microsoft.com/en-us/azure/machine-learning/studio/what-is-ml-studio)

　Azure Machine Learning Studio の最大のメリットの 1 つに、以下のような、すぐに使えるアルゴリズムが用意されている点があります。

- **異常検出**：珍しいデータポイントや異常なデータポイントを識別／予測します。信用リスクの予測や、不正行為の検知に使用できます。

- **分類**：新しい情報がどのカテゴリに属するかを識別します。はい／いいえ、真／偽というシンプルな分類から、ソーシャルメディア投稿のセンチメント（感情判断）分析のような複雑な分類まで可能です。

- **クラスタリング**：類似のデータポイントを、外部から基準を与えることなく自動的にグループにまとめます。顧客の好みや、特定の商品に対する関心の程度を予測できます。

- **レコメンド**：過去のユーザーの操作に基づいて、ユーザーがアイテムを好む可能性を予測します。オンラインショッピングのポータルサイトで、過去の閲覧履歴に基づいてお勧め商品を表示する場合などに使用できます。

- **回帰**：変数間の関係を推定することで、将来を予測します。たとえば、今後数か月の自動車の売上高を予測する場合に使用できます。

- **統計関数**：列の値に対して数学的な計算を行います。相関関係、Zスコア、確率スコアなどを計算できます。
- **テキスト分析**：構造化テキストと非構造化テキストの両方で利用できます。入力テキスト言語の検出、N-gram辞書の作成、非構造化テキストからの人物／場所／組織の名前の抽出などを行うことができます。
- **コンピュータービジョン**：画像処理や画像認識タスクを実行します。顔の検出、画像のタグ付け、カラー分析などを行うことができます。

Azure Machine Learning Studioのアルゴリズムについて詳しくは、下記URLから早見表をご覧ください。
【参考URL】https://docs.microsoft.com/bs-latn-ba/azure/machine-learning/studio/algorithm-cheat-sheet

このように、いくつものアルゴリズムがあらかじめ用意されていますが、多くの場合、開発者やデータサイエンティストが一部の機能を拡張したり、変更したりする作業が必要になるため、RまたはPythonスクリプトとJupyter Notebookを使用できるようにしています。

また、実行の面では、すでに説明したように機械学習ワークフローをREST Webサービスを使用して外部アプリケーションに公開できます。この場合、実行モデルに基づき、大きく2つの選択肢があります。

- **要求応答サービス (RRS)**：ステートレスな同期型実行
- **バッチ実行サービス (BES)**：非同期型のバッチ処理

▶ Visual Studio Team Services

前章で説明しましたが、AWSは、どのような組織でもDevOpsのプラクティスを成功させることができるサービスをいくつか提供しています。同様に、Azureにも一連のDevOps関連のサービスや機能が用意されています。開発者はこれらを使用して、CI／CDの原則やプロセスを利用したアプリケーションを構築できます。Microsoftは、この分野のクラウドベースのサービスを提供する以前にも、Team Foundation Server (TFS) というオンプレミスプラットフォームを提供していました。開発者や開発チームは、これを使用して品質の高い製品を提供することができました。クラウドが注目を浴びて重視されるようになり、MicrosoftはVisual Studio Team Services (VSTS) というクラウドベースのサービスをリリースしました。これは、既存のTFSをクラウド化したバージョンといえます（2019年9月の翻訳時点では、Visual Studio Team ServicesはAzure DevOps Servicesに変更され、Team Foundation ServerはAzure DevOps Serverに変更されています）。当然のこと

ながら、VSTS の最大のメリットは、マネージドプラットフォームであることです。Azure が面倒な作業の多くをユーザーに代わって行うため、ユーザーは円滑なコラボレーションと適切なプラクティスを導入して、アプリケーションを開発するという本来の業務に集中できます。また、TFS は長い間使われてきたプラットフォームであったため、それを引き継いだ VSTS にもさまざまな機能が組み込まれているほか、サードパーティ統合も可能で、機能豊富なプラットフォームになっています。

VSTS と TFS (Azure DevOps Services と Azure DevOps Server) の違いについては、下記の URL をご覧ください。
- https://docs.microsoft.com/en-us/azure/devops/user-guide/about-azure-devops-services-tfs

ここではクラウドネイティブな機能に重点を置いて話をしていますので、それに関して VSTS の詳細、および VSTS の主な機能をいくつか紹介します。

- 真っ先に挙げられるのが、コード、さまざまなバージョン、ブランチを管理する機能です。VSTS は、Git（分散型）や Team Foundation バージョン管理（TFVC）、集中型のクライアントサーバーシステムを含む、いくつかのオプションを用意しています。Git ベースのリポジトリを使用する場合は、Visual Studio、Eclipse、Xcode、IntelliJ IDEA を含むさまざまな IDE を利用できます。同様に、TFVC の場合も、Visual Studio、Eclipse、Xcode を使用できます。VSTS のクラウドベースの UI 自体にも、プロジェクト内のコードファイルを調べたり、プッシュ／プルとコミット関連の詳細を確認したりするためのさまざまなオプションが用意されています。
- もう 1 つの重要な点として、DevOps のプラクティスを成功させるために重要となる継続的インテグレーション／継続的デリバリー（CI ／ CD）の展開をサポートできる点を挙げることができます。VSTS ではこのために、ビルドとリリース定義の作成、さまざまなビルドに応じた環境ごとに異なるライブラリの作成、ターゲットインスタンス（Windows、Ubuntu、Red Hat Enterprise Linux）を定義できる展開グループの定義など、さまざまな機能を用意しています。
- 多くのチームでは DevOps を導入するため、Scrum を利用しています。Scrum は、カンバン方式ともいえるソフトウェア開発の方法論です。そのプロセスをコード開発プラクティスに組み込むことが重要ですが、VSTS では、プロジェクトダッシュボード、スプリントバックログ、タスクダッシュボード、その他の視覚化機能を提供することで、綿密な計画と緊密なコラボレーションを可能にし、それらのプロセスの組み込みをサポートします。これは、プロジェクトマネージャーが全体のステータスを評価するのに役立つだけではありません。プロダクトマネージャーがストーリーを記述し、開発者が各自のタスク／不具合修正／チェックインを各ストーリーにリンクさせ、QA チームがテストケースを記述して結果を記録する

のにも役立ちます。まさにエンドツーエンドのプラットフォームといえるでしょう。

- 中心的なサービス機能以外に、エコシステムパートナーによる、そのまま簡単に使える統合機能を利用できる点も重要です。そのために、Visual Studio Marketplaceが用意されています。作業項目の可視化、コードの検索、Slack統合など、さまざまなプラグインを選択できます。利用できるソフトウェアおよび統合機能について詳しくは、以下のURLをご覧ください。

https://marketplace.visualstudio.com/azuredevops

VSTS MarketplaceにはAmazon S3、AWS Elastic Beanstalk、AWS Code Deploy、AWS Lambda、AWS CloudFormationなどのAWSサービスの管理および統合用のプラグインも用意されています。下記URLをご覧ください。
- https://marketplace.visualstudio.com/items?itemName=AmazonWebServices.aws-vsts-tools

▶ Office 365

Microsoftが長年提供してきた人気製品の1つにMicrosoft Officeがありますが、クラウドの登場により、Microsoftは同等のアプリケーションを、SaaSとして提供するOffice 365を投入しました。これにより、ホームユーザー、ビジネスユーザー、教育関係者を問わず、誰でもオンラインでOffice 365スイートのサブスクリプションを購入し、任意のブラウザーから直接Office製品を使えるようになりました。Office 365はMicrosoftが提供するクラウドベースのサービスですが、厳密にはAzureの枠組みには含まれません。Azureは、インフラストラクチャやプラットフォーム指向のサービスだからです。しかし、Office 365はMicrosoftのクラウドビジネス全体において重要な要素となっているため、ここでも取り上げることにしました。今では、多くの企業がクラウドへの移行の取り組みを進めるにあたって、移行先の主要アプリケーションの1つとしてOffice 365を取り入れています。以下に、MicrosoftがOffice 365 Businessとして提供しているアプリケーションを示します。

- Outlook
- Word
- Excel
- PowerPoint
- Access（Windows PCのみ）
- OneDrive

第 10 章 | Microsoft Azure

すでに説明したように、Azure と Office 365 には緊密な関係がありますが、両者を結びつける主な要素に認証があります。Office 365 は、ユーザーの ID を管理するためにバックグラウンドで Azure AD を使用しています。ユーザーが ID の認証にオンプレミスで Active Directory を使用している場合、オンプレミスの AD から Azure AD にパスワードを同期して、シングルサインオンを設定することもできます。これもメリットの 1 つです。シングルサインオンを導入すると、エンドユーザーは企業 ID の資格情報を覚えておくだけでよいので、Office 365 にもシームレスにログインできるようになります。

他のクラウドプロバイダーが提供する競合製品との関係も、Office 365 が重要である理由の 1 つです。AWS は、Amazon Workdocs や Amazon Chime などの、一連のビジネスアプリケーションを提供しています。Google も G Suite を提供しています。しかし、企業への導入状況を見ると、長年にわたって Microsoft Office が他の追随を許していません。Office は、コラボレーションおよび生産性向上のプラットフォームとしてデファクトスタンダードとなっています。このことも、ユーザーがビジネスへの影響を最小限に抑えつつ、Office 365 への移行と導入を簡単に行える理由となっています。

10.2　アプリケーション中心の設計（CNMM の基軸 2）

前章で説明したように、サーバーレスでマイクロサービスベースのアプリケーションの作成は、クラウド登場以前の設計パターンと、クラウドネイティブな設計方法との違いをよく示しています。ここでは、このようなアプリケーションを、いくつかの主要なサービスを使用して Microsoft Azure クラウドで設計する方法について説明します。

10.2.1　サーバーレスマイクロサービス

この節では、Microsoft Azure でサーバーレスマイクロサービスアプリケーションを説明します。原著（英語版）では、各クラウドプロバイダー間で同等の機能を簡単に比較して学べるように、前章と同様の例である気象サービスアプリケーションを作成しています。ただし、2019 年 9 月の翻訳時点ではこのサンプルは Azure Functions 環境の変更により動作しなくなっています。そのため、ここでは Azure Functions で提供されている簡単なサンプルを利用することにします。

10.2.2　サーバーレスマイクロサービスのサンプル

簡単なサンプルの動作を試すために、ブラウザ上の Azure portal で以下の手順を実行します。このサンプルは、URL クエリ文字列を受信して、その文字列を含むテキストを返すコードです。

256

10.2 アプリケーション中心の設計（CNMMの基軸2）

1. Azure portal 左側のメニュー（テキストラベル）のうち、左上隅に表示される[＋ リソースの作成]ボタンをクリックし、[**Compute**]→[**Function App**]を選択します。
2. 以下の画面で各種の設定を行います。ここでは[ランタイムスタック]で[Python]を選択しています。設定が完了したら、[**作成**]ボタンをクリックします。

3. 作成が完了したら、Azure 関数の形で中心的なビジネスロジックの作成を準備します。画面左側のメニューから［関数アプリ］を選択し、上の手順で作成したアプリ名をクリックします。続いて、［**概要**］タブの画面下部にある［**＋ 新しい関数**］をクリックします。

4. ［Python 用の Azure Functions - 作業の開始］画面では、開発環境として［VS Code］を選択し、［続行］ボタンをクリックします。

5. 次の［Python 用の Azure Functions - 作業の開始］画面では、［Install dependencies］から［Deploy your code to Azure］まで、この後で行う必要な作業が表示されます。この画面の内容とリンク先の情報に従い、手元のマシンで Visual Studio Code のインストールからコードの展開までの作業を行います。

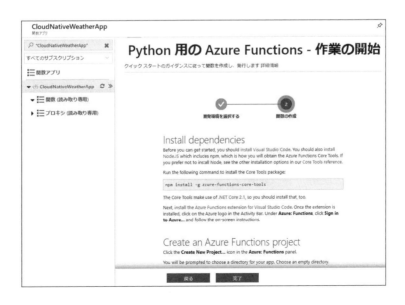

6. ここで、手順5の画面上に表示された内容のうち、Visual Studio Code上でのプロジェクトの作成作業から取り上げます。Visual Studio Codeの［Azure: Functions］パネルで［Create New Project…］を選択し、続けてプロジェクトフォルダ／使用言語（Python）／テンプレート（HTTP trigger）／承認レベル（Anonymous）を指定します（この承認レベルの指定は、あくまでサンプルの動作を簡単に確認できるようにするためです）。その後、初期のコードを含む __init__.py が生成されます。

7. さらに作業を進めて、このPythonコードをクラウドに展開すると、Visual Studio Codeの右下に展開の完了メッセージが表示されます。

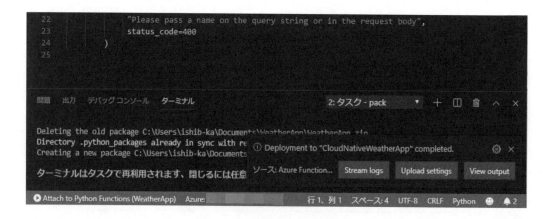

10.2 アプリケーション中心の設計（CNMMの基軸2）

8. ブラウザ上の［Python用のAzure Functions - 作業の開始］画面に戻り、［完了］ボタンをクリックします。

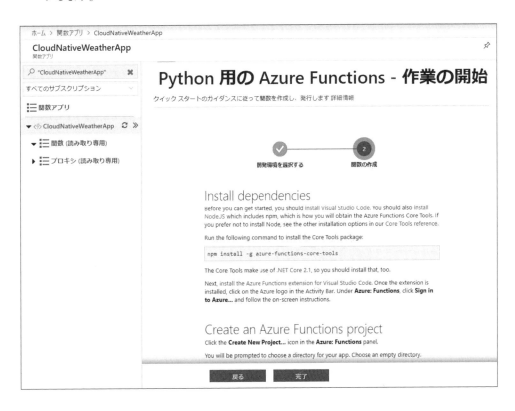

9. ［関数（読み取り専用）］→［HttpTrigger］を選択すると、__init__.py の内容が表示されます。

10. 画面の右端にある［テスト］をクリックし、ここでは HTT メソッドで［GET］を選択し、［クエリ］に「name」と「Tom」を指定します。

10.2 アプリケーション中心の設計（CNMMの基軸2）

11. 画面の右下にある[実行]をクリックすると、[出力]には「Hello Tom！」と表示され、テストとしてサンプルの動作を確認できます。

12. [関数のURLの取得]をクリックして、URLを取得します。

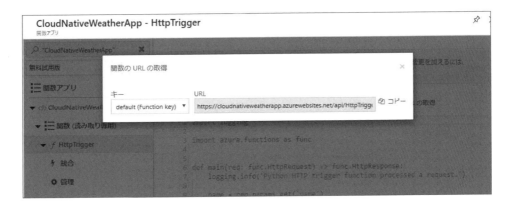

263

13. 取得した URL の末尾に URL クエリ文字列を追加し（ここでは「?name=Tom」を追加）、ブラウザでアクセスします。次のように表示されることで、動作が確認できます。

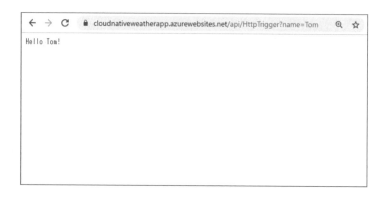

10.3　Azure での自動化（CNMM の基軸 3）

　パブリッククラウドの全体としての概念は、「API、SDK、REST Web サービスを使用してクラウドサービスを簡単に利用および統合できる」という前提に基づいています。さらに、クラウドプロバイダーが作成した高レベルの自動化およびオーケストレーションサービスを組み込むことができます。これにより、手作業を減らしつつクラウドの真のパワーを簡単に活用して、自己修復的かつ自動スケーリング可能なアプリケーションを実現できます。それに加えて、開発者は、以前のように別の運用チームにアプリケーション環境のスタック全体の管理を任せず自身で管理するという、従来よりも大きな責任を担うことができるようになっています。これによって、迅速なリリース、市場投入までの時間の短縮、アプリケーション開発ライフサイクルの俊敏性の向上を実現できます。前章で説明したように AWS は、このようなプラクティスや文化を実現するのに役立つ、AWS CloudFormation、AWS CodePipeline、AWS CodeBuild、AWS CodeDeploy などのサービスを提供しています。同様に Azure も、DevOps、自動化、クラウドネイティブ・アプリケーション開発という、プラクティスに役立つ多くのサービスを提供しています。以降の節では、これらの概念についてさらに詳しく見てみます。

10.3.1 コードとしてのインフラストラクチャ

前章でも説明したように、クラウドの主要な自動化技術の1つに、コードとしてのインフラストラクチャの管理があります。これにより、効果的にDevOpsのプラクティスを導入することができます。AWSがAWS CloudFormationを提供しているのと同様に、AzureもAzure Resource Manager（ARM）テンプレートと呼ばれるサービスを提供しています。このサービスを使用すると、ユーザーは標準化されていて繰り返し使用できるJSONベースのテンプレートを作成し、このテンプレートを使用してアプリケーションスタック全体を単一のエントリとしてリソースグループにプロビジョニングできます。Azure portalには、直接テンプレートを作成/編集できるインターフェイスが備わっています。IDEベースの開発を行いたい場合は、Visual Studio Codeに用意されている拡張機能を使用することで簡単にARMテンプレートを作成できます。Azure portalのビジュアルエディターでは、JSONの構文エラー（コンマや中かっこの不足など）を検出することもできます。ただし、意味的な検証はサポートされていません。テンプレートが完成したら、Azure portalから直接展開することも、CLI、PowerShell、SDKなどを使用して展開することもできます。展開が終わると、アプリケーション環境が作成されます。テンプレートの展開段階でエラーが発生した場合に備えて、ARMにはデバッグ機能および詳細出力機能が用意されています。これらの機能を使用して、どこまで進んだかを確認し、問題があれば修正できます。AWS CloudFormationと異なるのは、JSONに比べて人間が読みやすく、簡潔な記述が可能なYAMLをサポートしていない点です。

Visual Studio Codeを効果的に使用してARMテンプレートを作成する方法については、下記URLのブログ投稿をご覧ください。
- https://blogs.msdn.microsoft.com/azuredev/2017/04/08/iac-on-azure-developing-arm-template-using-vscode-efficiently/

Azure Resource Managerには、サブスクリプションのガバナンスに関する特有の機能があります。アカウント所有者は、リソースプロバイダーに登録し、サブスクリプションとして設定できるのです。一部のリソースプロバイダーはデフォルトで登録されていますが、大部分は以下のようにPowerShellコマンドを使用して、ユーザーが明示的に登録する必要があります。

```
Register-AzureRmResourceProvider -ProviderNamespace Microsoft.Batch
```

Azureチームは、数百におよぶARMのサンプルテンプレートをホストするGitHubリポジトリを用意しています。基本的な例として、このリポジトリに用意されているLAMPスタックを考えます。以下のように、このテンプレートを使用して、Azure portalでARMの新しいテンプレートを簡単に作成できます。

7Azure Quickstart Templates の GitHub サイト
（https://github.com/Azure/azure-quickstart-templates/）

テンプレート全体については、下記の URL をご覧ください。

https://github.com/Azure/azure-quickstart-templates/tree/master/lamp-app

この LAMP スタックテンプレート（azuredeploy.json）のコードの一部を以下に示します。

```
{
  "$schema": "https://schema.management.azure.com/schemas/2015-01-01/deploymentTemplate.json#",
  "contentVersion": "1.0.0.0",
  "parameters": {
    "storageAccountNamePrefix": {
      "type": "string",
      "maxLength": 11,
      "metadata": {
        "description": "Name prefix of the Storage Account"
      }
    },
......
......
......
    {
      "type": "Microsoft.Compute/virtualMachines/extensions",
      "name": "[concat(variables('vmName'),'/newuserscript')]",
      "apiVersion": "2015-06-15",
      "location": "[parameters('location')]",
      "dependsOn": [
        "[concat('Microsoft.Compute/virtualMachines/', variables('vmName'))]"
      ],
      "properties": {
        "publisher": "Microsoft.Azure.Extensions",
        "type": "CustomScript",
        "typeHandlerVersion": "2.0",
```

10.3 Azure での自動化（CNMM の基軸 3）

```
        "autoUpgradeMinorVersion": true,
        "settings": {
          "fileUris": [
            "https://raw.githubusercontent.com/Azure/azure-quickstart-templates/
master/lamp-app/install_lamp.sh"
          ]
        },
        "protectedSettings": {
          "commandToExecute": "[concat('sh install_lamp.sh ',
parameters('mySqlPassword'))]"
        }
      }
    }
  ]
```

なお、ARM は、AWS CloudFormation とは異なり、ネイティブな可視化オプションを用意していませんが、オンラインで役立つツールを入手できます。以下に、http://armviz.io/ のツールを使用して生成された LAMP スタックテンプレートの可視化の例を示します。

267

第10章 | Microsoft Azure

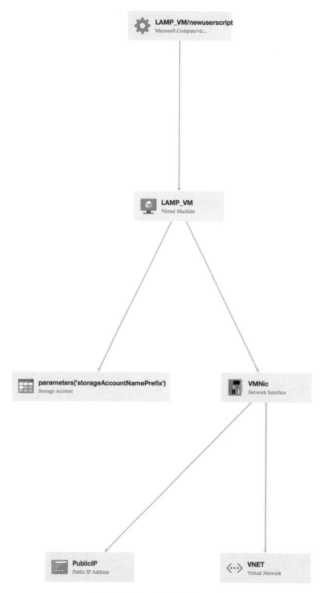

LAMP スタックテンプレート

　すでに説明したように、ARM テンプレートにはスタック全体を簡単に定義できますが、多くの場合、さまざまなシステムやサービスにわたる複雑なステップバイステップ（シーケンシャルまたは並列）のオーケストレーションが必要になります。たとえば GitHub でのコード変更など、何らかのイベントに応じてワークフローをトリガーしたい場合もあります。Azure では、このようなあらゆるオーケストレーションタスクに対応する Azure Automation というサービスが提供されてい

ます。このサービスを使用すると、テキスト形式のRunbookを作成して、ビジネスロジックを定義するPowerShellまたはPythonスクリプト/モジュールを直接記述することもでき、また、コードを直接書きたくない場合はグラフィカルなRunbookモードを使用することもできます。グラフィカルなモードを使用する場合、Azure Automationポータルにキャンバスが用意されており、このキャンバスで幅広いライブラリアイテムからさまざまな個別のアクティビティを作成して、すべてのアクティビティの設定を定義し、それらをリンクしてワークフロー全体を実行できます。このワークフローを実際に展開する前に、キャンバス上でテストし、デバッグを行って、結果やログ出力に基づいて変更することもできます。

以下に、Azure Automationギャラリーで入手できるサンプルのグラフィカルRunbookを示します。Automationの実行アカウントを使用してAzureに接続し、Azureサブスクリプション内のすべてのV2 VM（V2はデプロイモデル）、リソースグループ内のすべてのV2 VM、または単一の名前を指定されたV2 VMを起動します。以下のスクリーンショットに示されているように、左側にはPowerShellコマンドレット、他のRunbook、アセット（資格情報、変数、接続、証明書）が表示されており、これらを中央のキャンバスに追加してワークフローを変更できます。右側には設定画面があります。ここでは、各アクティビティの設定を更新し、必要なビジネスロジックに従ってアクティビティの動作を定義できます。

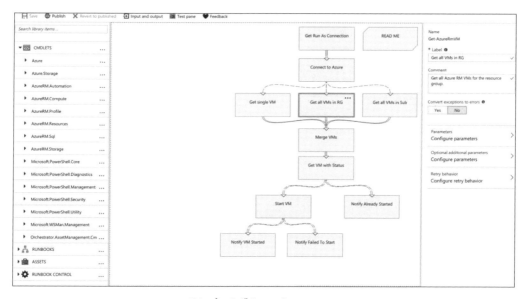

サンプルのグラフィカルRunbook

10.3.2　サーバーレスアプリケーションのCI／CD

　本章の前の節で説明したように、Azure 関数を使用してサーバーレスアプリケーションを簡単に作成できます。ポータル自体から直接 Azure 関数を簡単に開発して展開できますが、チームのコラボレーションという観点からは効率的ではなく、DevOps の方法論に沿ってプロセスを自動化することもできません。そのため、Microsoft は、特に VSTS と Azure 関数の統合に関して一連のツールを提供しています。これらのツールを使用することで、CI／CD パイプライン全体のオーケストレーションを簡単に行うことができます。展開のソースについては、他にも Bitbucket、Dropbox、OneDrive などの多くの選択肢がありますが、この節では最も一般的な方法の 1 つである VSTS に焦点を当てて説明します。

Azure Functions 向けの Visual Studio ツールについて詳しくは、https://blogs.msdn.microsoft.com/webdev/2016/12/01/visual-studio-tools-for-azure-functions/ をご覧ください。

　同じ Azure 関数をさまざまな種類の環境に効果的に展開するためには、コアロジックを、環境固有の設定の詳細から分離することが最も重要になります。そのためには Visual Studio で、Azure Functions タイプのプロジェクトを作成します。このプロジェクト内の 1 つ以上の関数に、コアビジネスロジックを記述します。環境固有の設定は、ARM テンプレートに組み込んで管理します。このようにすると、ステージ固有の Azure 関数を独自のリソースグループに展開する場合にも役立ちます。これは、CI／CD プロセスを有効に導入するために必要な明確な分離の実現につながります。

　以下に、プロセス全体を説明するアーキテクチャ概要の図を示します。

10.3 Azureでの自動化（CNMMの基軸3）

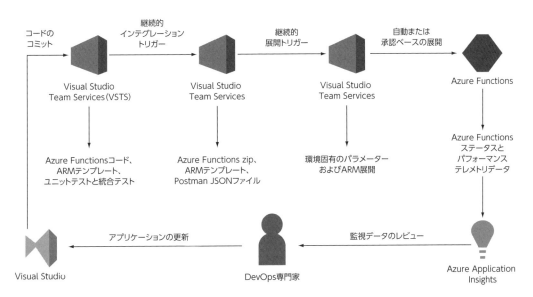

継続的インテグレーション（CI）のステップ

この図に示されているように、継続的インテグレーション（CI）プロセスの観点から見ると、ほとんどのプロジェクトに共通する以下の3つの主なステップがありますが、これらは個別の要件に従ってカスタマイズできます。

1. コードをビルドします。
2. ユニットテストを実行して、動作に問題がないことを確認します。
3. 各環境に展開できるソリューションパッケージを作成します。

CIプロセスが完了したら、継続的デリバリー（CD）の段階に進みます。通常、ほとんどのユーザーのパイプラインには、開発、テスト、UAT（ユーザー受け入れテスト）、本番環境へのリリースといったさまざまな段階があります。Visual Studio Team Servicesを使用すると、これらすべてのオーケストレーションを行うことができます。VSTSでは、環境固有の設定を含む展開プロセス、および承認プロセスを定義できます。開発やテストといった低レベルの環境では、ユニットテストの結果に基づく自動展開プロセスを実行するユーザーが大半ですが、UATや本番環境へのリリースといった高レベルの環境では、下位の環境のテスト結果に基づくゲート制御のために、手動による承認プロセスを組み込むのが一般的です。DevOpsループの最後の段階にあたる最終的な展開は、Azure Application Insightsを使用して監視します。Azure Application Insightsを活用することで、さらなる調整およびアプリケーションの更新を行い、すべての環境においてアプリケーションの機能を向上させることができます。

第 10 章 | Microsoft Azure

10.4 モノリシックから Azure ネイティブアーキテクチャ への移行パターン

クラウド移行には共通のパターンや方法論がありますが、クラウドプロバイダーによって、提供するサービスや、全体としての考え方が異なります。前章では AWS における移行のための「6 つの R」の方法論について説明しましたが、Azure の方法論は非常にシンプルです。https://azure.microsoft.com/migration/ によると、移行は主に 3 つの段階に分類されます。

- **検出／評価**：この段階では、オンプレミス環境の仮想マシン、データベース、およびアプリケーションの現在の状態を評価し、移行パスと優先度を評価します。

- **移行**：クラウドネイティブなツールやサードパーティのツールを使用して、アプリケーション、データベース、および VM を Azure クラウドに実際に移行するプロセスです。これらのツールは、複製という方法で移行処理を支援します。

- **最適化**：アプリケーションとデータを Azure クラウドに移行した後、アーキテクチャを改善し、クラウドネイティブなサービスをさらに導入することで、コスト、パフォーマンス、セキュリティ、管理面での調整を行い、最適なアーキテクチャを目指します。最適化の作業は、アプリケーションの変化するニーズに対応したり、新しいクラウドサービスを導入したりするために、継続的に繰り返して行う必要があります。そのため、この段階は反復的に実施することが求められます。

これら 3 つの段階において、Azure は一連のクラウドネイティブ・サービスを提供しています。また、主な推奨パートナーも提示されているので、それらを利用することもできます。以下の表に、利用できるツールやサービスについてまとめました。パートナーの最新情報については、下記 URL をご覧ください。

https://azure.microsoft.com/migrate/partners/

段階	Azure ネイティブなツール / サービス	パートナーのツール / サービス
検出	Azure Migrate（VM の評価）、Data Migration Assistant（データベースの評価）	Cloudamize、Movere、TSO Logic、CloudPhysics
移行	Azure Site Recovery（VM の移行）、Azure Database Migration Service（データベースの移行）	CloudEndure、Velostrata
最適化	Cloudyn（Microsoft が買収）	該当なし

これらのツール以外にも、ハイブリッドクラウドコンピューティングに関して、Azure は AWS とは異なる考え方のサービスを提供しています。AWS はクラウドネイティブ・サービスを重視しており、プライベートなオンプレミス環境においてもリソースの管理にクラウドネイティブ・サービスを拡大して利用できるようにすることに重点を置いています。このように、プライベートクラ

272

ウドとパブリッククラウドのギャップの橋渡しをし、ハイブリッドコンピューティング環境を実現しています。Azure の場合は、さらに一歩踏み込み、Azure Stack というハイブリッドクラウド実現のための主要サービスを提供しています。Azure では、このサービスについて以下のように定義しています。

> 「Azure Stack は、クラウドコンピューティングの俊敏性と速いペースのイノベーションをオンプレミス環境でも利用できることを目指した、Azure の拡張機能です。Azure Stack は、柔軟性とコントロールの適切なバランスを維持しつつ、組織のデータセンターから Azure サービスを提供し、真に一貫性のあるハイブリッドクラウド展開を行える唯一のサービスです」
> （出典：https://azure.microsoft.com/en-us/overview/azure-stack/）

Azure Stack が対応する主なユースケースは以下のとおりです。

- エッジでの接続のない環境
- さまざまな規制に対応するクラウドアプリケーション
- オンプレミスでのクラウドアプリケーションモデル

Azure パブリッククラウドおよび Azure Stack を通して、単一の管理ツールと DevOps プロセスでハイブリッドクラウド環境を実現できるという説明だけを読むと、魅力的なアプローチに思えるかもしれません。しかし、注意が必要な点もいくつかあります。Azure Stack を使用する場合、ユーザー自身が Azure Stack の各構成要素を自身で準備する作業が必要になるため、ユーザー側でサーバーやデータセンターを管理していた時代に逆戻りすることになります。これが最も大きな課題の1つです。もちろん、冷却や電力など、環境の運用に関するさまざまな側面についてもユーザー側で管理する必要があります。つまり、Azure Stack を使用することでコンテナー、マイクロサービス、PaaS 環境をローカルに展開することはできますが、基盤となるインフラストラクチャの管理はユーザー側で行う必要があるので、真にクラウドネイティブなアーキテクチャパターンとはいえません。

第 10 章 ｜ Microsoft Azure

10.5　まとめ

　本章では、すでに説明した CNMM モデルに基づき、Microsoft Azure クラウドプラットフォームについて説明しました。Microsoft Azure の基礎とその簡単な歴史について、そして差別化要因となるいくつかのサービスについて説明しました。次に、サーバーレスマイクロサービスアプリケーションのサンプルを取り上げました。その後、DevOps および CI ／ CD パターンがサーバーレスアプリケーションモデルにどのように関連するかを説明しました。最後に、Azure のクラウド移行方法論、AWS との考え方の違い、Azure Stack を使用したハイブリッドクラウドの実現方法について説明しました。

　次の章では、Google Cloud の機能について説明します。

Google Cloud Platform

CHAPTER 11 :
Google Cloud Platform

第 11 章

　さまざまなアナリストレポートによると、パブリッククラウドプロバイダーで3番手につけているのが **Google Cloud Platform (GCP)** を提供している Google です。GCP の始まりは 2008 年にさかのぼります。Google は、Google App Engine をリリースし、**サービスとしてのプラットフォーム (PaaS)** を開発者コミュニティに提供するサービスを開始しました。徐々に提供サービスを拡大していきましたが、2012 年ごろからリリースと地域的拡大のペースを速め、次第にクラウド分野の支配的なベンダーの1つとなりました。それ以降、GCP は、コンピューティング／ストレージ／ネットワーク／データベースなどのコアサービスから、ビッグデータ／ **IoT** ／**人工知能 (AI)** の分野の多くの高レベルなアプリケーションサービス、API プラットフォーム、エコシステムまで、さまざまな分野に進出しました。

　GCP による最新の発表内容とサービスリリースのニュースについては、以下の GCP のブログをご覧ください。
- https://cloud.google.com/blog/

第 11 章 | Google Cloud Platform

本章では、以下のトピックについて説明します。

- 継続的インテグレーション／継続的デリバリー（CI／CD）、サーバーレス、コンテナー、マイクロサービスの概念に関する GCP のクラウドネイティブ・サービス、強み、差別化要因。具体的には以下のサービスが挙げられます
    - Google Kubernetes Engine
    - Google Cloud Functions
    - クラウド AI
- GCP ネイティブ・アプリケーションアーキテクチャの管理と監視機能
- モノリシックから GCP のネイティブアーキテクチャに移行するためのパターン
- クラウドネイティブ・アプリケーションの構築をサポートする、API／SDK／オープンソースフレームワーク／パートナーエコシステム
- 継続的インテグレーション／継続的デリバリー（CI／CD）、サーバーレス、マイクロサービス・アプリケーションアーキテクチャの参照アーキテクチャとコードのサンプル

11.1 GCP のクラウドネイティブ・サービス（CNMM の基軸 1）

これまでの章と同じく、まずは、エンドユーザーのビジネスでさまざまなサービスやプラットフォームの真のパワーを活用できるように、Google Cloud が提供しているクラウドネイティブなサービスについて説明します（Google Cloud は、GCP を含むクラウドサービスの総称）。

11.1.1 GCP の概要

Google のパブリッククラウド分野への進出は若干遅かったものの、ここ数年でサービスを急速に充実させるとともに、ユーザーによる導入も大きく広がりました。さまざまなアナリストレポートによると、全体的なビジョンと実行機能に基づく評価では、Google Cloud はクラウドプロバイダー分野において AWS や Azure に次ぐ 3 番目に位置しています。そのため、あらゆる種類のクラウドネイティブ・アプリケーションの開発と展開において有力な候補となっています。ここでは、Google Cloud が提供しているクラウドサービスについて、そして効果的なサービス導入を可能にする要素について説明します。

276

11.1 GCPのクラウドネイティブ・サービス（CNMMの基軸1）

11.1.2 GCPの差別化要因

Googleは、人工知能（AI）／機械学習（ML）、アプリケーションのコンテナー化、コラボレーションの分野で多くの興味深いサービスを提供しています。ここでは、この点に焦点を当てます。これらのサービスの多くは、もともとはGoogle社内での利用や、一般消費者向けのビジネスのために作成されたものでしたが、今ではGoogle Cloudとして製品化され、利用できるようになっています。ここでは、ユーザーに広く利用されているこれらのサービスについて紹介し、主な概念についていくつか説明します。

▶クラウドAI

Googleは、人工知能および機械学習の分野で最初にサービスを提供したクラウドプロバイダーの1つで、この分野において、開発者からデータサイエンティストまで幅広いユーザーに役立つ多くのサービスを提供しています。また、これらのサービス／APIのほとんどは、もともとGoogle社内で使用するために作成されたもの、または既存の製品として存在していたもので、それらがGoogle CloudのAPI／サービスとして公開されました。これらのサービスは、以下のようなさまざまなAI／MLのユースケースをカバーしています。

- **画像およびビデオ分析**：AI／ML導入の取り組みを始めるほとんどの組織に共通する要件として、画像やビデオストリームに関するコンテキストやメタデータを分類／把握できることがあります。Googleは、画像分析についてCloud Vision API（https://cloud.google.com/vision/）を提供しています。このAPIを使用すると、画像を数千におよぶカテゴリに分類したり、画像内の個別の物体や顔を検出したり、画像に含まれる印刷された文字を検出して読み取ったりすることができます。不適切なコンテンツを検出したり、ロゴやランドマークを識別したり、Webで類似の画像を検索したりすることもできます。同様に、ビデオ解析についてはCloud Video Intelligence API（https://cloud.google.com/video-intelligence/）を提供しています。このAPIを使用すると、カタログ内のすべてのビデオファイルのあらゆる瞬間を検索し、Google Cloud Storageに保存されたビデオにすばやく注釈を付け、ビデオ内の主要エンティティを識別してそれらがビデオ内でいつ出現するかを特定できます。このビデオ分析機能を使用すると、エンドユーザーに対して適切にコンテンツのお勧めを生成したり、内容に合ったコンテンツ連動広告を表示したりできます。

- **音声とテキスト関連のAIサービス**：テキストと音声の分析、およびテキストと音声間の変換には、AIに関連する要素がいくつか存在します。Googleは、この分野でCloud Speech-to-Text API（https://cloud.google.com/speech/）を提供しています。このAPIを使用すると、音声をテキストに変換することができ、110を超える言語と方言を認識できます。そのため、音声コンテンツの文字起こしに使用できます。同様に、Googleは文字を音声に変換するCloud Text-to-Speech API（https://cloud.google.com/text-to-speech/）を提供しています。このAPIを使用すると、複数の言語および方言を使った30種類の自然な人間の声を合成でき

277

第 11 章 | Google Cloud Platform

ます。これ以外にも Google は、テキスト内の特定の言語を検出し、別の言語に変換できる Cloud Translation API（https://cloud.google.com/translate/）を提供しています。また、この分野の他のサービスとして、テキスト文書やニュース記事、ブログ投稿内などに含まれる人物／場所／出来事などに関する情報を抽出することによってテキストの深い分析を可能にするサービスがあります。これは Cloud Natural Language（https://cloud.google.com/natural-language/）というサービスで、ソーシャルメディアのコンテンツや、コールセンターのようなテキストメッセージの交換による顧客との会話から、感情や意図（肯定的なレビューや否定的なレビューなど）を理解するのに役立ちます。

- **チャットボット**：今日の AI の最も一般的な用途として、Web サイト、モバイルアプリケーション、メッセージングプラットフォーム、IoT デバイスでの会話式インターフェイス（またはチャットボット）の作成があります。チャットボットにより、ユーザーと企業の間で、まるで会話をしているかのような自然で充実したやり取りが可能になります。これらのチャットボットは、会話の意図や文脈を理解して、非常に効率的で正確な返事を返すことができます。そのために、Google は DialogFlow Enterprise Edition（https://cloud.google.com/dialogflow-enterprise/）というサービスを提供しています。このサービスはすぐに使えるテンプレートをいくつか用意しているほか、20 を超える言語をサポートしています。14 の異なるプラットフォームと統合でき、自然な会話に基づくエクスペリエンスをエンドユーザーに提供します。

- **カスタムの機械学習**：多くの場合、上級ユーザー（データサイエンティストなど）は、アルゴリズム、ML モデル、システムによる結果の生成方法を自在に制御することを求めます。ですが、これまでに説明したサービスでは、上級ユーザーが望むようなレベルの詳細な制御や、細かい設定ができません。そのため、Google では、より多くの選択肢をユーザーに提供する Cloud AutoML（https://cloud.google.com/automl/）や Cloud Machine Learning Engine（https://cloud.google.com/ml-engine/）などのサービスを提供しています。たとえば、ある小売店で、さまざまなドレスの画像を色／形／デザインによって分類したいとします。この場合、Cloud AutoML を使用していくつかのサンプルデータを入力し、カスタムの ML モデルのトレーニングを行い、そのモデルを使用して実際の画像に対して画像認識を行えます。同様に、データサイエンティストが独自のカスタムモデルを作成して予測分析を行いたい場合には、他の多くの Google サービスと統合されていて、使い慣れた Jupyter Notebook などのインターフェイスでカスタムモデルを作成できる Cloud Machine Learning Engine などのマネージドサービスとともに、TensorFlow などのフレームワークを使用できます。これらのサービスを Cloud TPU（Tensor Processing Unit、https://cloud.google.com/tpu/）と組み合わせると、最大で 180 テラ FLOPS のパフォーマンスを実現でき、最先端の機械学習モデルを大規模にトレーニングして実行できるだけの計算能力が得られます。

11.1　GCPのクラウドネイティブ・サービス（CNMMの基軸1）

Google Cloudによるビッグデータおよび機械学習関連の最新の発表内容については、下記URLのブログをご覧ください。
- https://cloud.google.com/blog/big-data/

▶ Kubernetes Engine

　ここ数年、開発者のコミュニティでは、コンテナー（Dockerなど）を使用してアプリケーションを展開する方法が利用されるようになっています。コンテナーでは、軽量かつスタンドアロンで動作し、コード／ランタイム／システムツール／システムライブラリ／設定などのアプリケーション実行に必要なすべてのものを含んだイメージの形でアプリケーションが展開されます。コンテナーを大規模かつ効果的に実行するには、負荷に応じたクラスターの自動スケーリング、障害が発生したノードの自動修復、設定、リソースの制限（CPUやRAMなど）の管理、統合監視とログ機能など、運用に役立つ機能を備えたオーケストレーションエンジンが必要になります。ここで登場するのがKubernetesです（K8sとも呼ばれます）。KubernetesはもともとGoogleが作成したシステムで、Google社内で何年もの間コンテナーベースの本番環境の展開に使用された後、現在はオープンソースとなりCloud Native Computing Foundationが管理しています。

Kubernetes Engineの漫画がありますので、漫画が好きな方はそちらを読むことをお勧めします。下記URLをご覧ください。
- https://cloud.google.com/kubernetes-engine/kubernetes-comic/

　Kubernetesは、アプリケーションコンテナーの自動的な管理、監視、動作状態確認、自動スケーリング、ローリングアップデートなど、人気のGoogleサービスと同じ設計原則に基づいており、同様のメリットを提供します。

　以下の画面で示すように、Google Cloud ConsoleやAPI/CLIを使用してすぐに始められ、最初のクラスターを展開できます。Google Cloud Shellを使用してサンプルアプリケーションを展開し、クラスターの機能を試すこともできます。

　Googleは、Kubernetes Engine以外にも、Container Builder（https://cloud.google.com/cloud-build/）サービスを提供しています（2019年9月の翻訳時点では、Container BuilderがCloud Buildに変更されています）。Container Builder（Cloud Build）を使用すると、アプリケーションや他のアーティファクトをDockerコンテナーにバンドルして展開できます。このサービスはソースコードリポジトリ（GitHub、Bitbucket、Google Cloud Source Repositoriesなど）からの自動トリガーもサポートしているので、新しいコードがチェックインされるとすぐに開始される完全自動のCI／CDパイプラインを作成できます。このコンテナエコシステムに関連するもう1つのサービスに、Container Registry（https://cloud.google.com/container-registry/）があります。Container Registryにプライベートコンテナーイメージを保管して、任意のシステム／VMインスタンス／独自のハードウェアから、イメージのプッシュ／プル／管理を行えます。

▶ G Suite

　Googleは、個人ユーザー向けのオンラインコラボレーションと生産性向上アプリケーションを長年提供してきました。さらに、企業向けの同種のアプリケーションとして、クラウド型のG Suite (https://gsuite.google.com/) をリリースし、大手のユーザーをいくつも獲得しました。

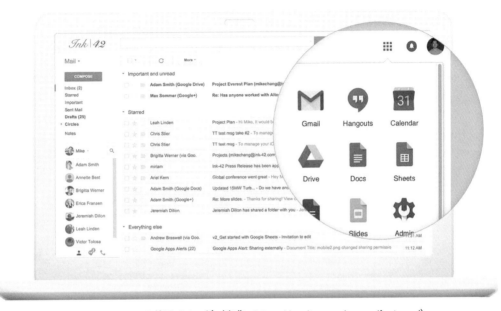

Google G Suite の使用イメージ（出典：https://gsuite.google.com/features/）

　G Suite は、大きく分けて以下の4つの異なるカテゴリのサービスを提供しています。

- **交流**：Gmail、カレンダー、ハングアウトなど、組織全体での交流を促す一連のサービスです。

- **作成**：コラボレーションを促進するために、Google はドキュメント、スプレッドシート、フォーム、スライド、サイト、Jamboard などのサービスを提供しています。ユーザーは、これらのサービスを使用してコンテンツを作成し、お互いに共有できます。

- **アクセス**：多くのユーザーは、セキュアなクラウドストレージでファイル、ビデオ、その他のメディアをバックアップしたり、共有したりすることを望んでいます。このために、Google ドライブおよび Google Cloud Search が用意されています。

- **管理**：最後のカテゴリは、ユーザー管理、セキュリティポリシー、バックアップと保持、モバイルデバイス管理といった、企業における管理作業を1か所で実施できるようにする管理サービスです。

11.2　アプリケーション中心の設計（CNMM の基軸 2）

ここまで、Google Cloud が提供している興味深いクラウドネイティブ・サービスについていくつか説明しました。次に、実際にクラウドネイティブなアプリケーションアーキテクチャを構築し、それに関連するベストプラクティスについて説明します。

11.2.1　サーバーレスマイクロサービス

AWS の章と同様に、ここでもいくつかの Google Cloud サービスを使用してサーバーレスマイクロサービスを作成します。実際にサービスを作成する前に、Google が提供しているサーバーレスサービスのポートフォリオを以下の図に示します。この図には、初期の App Engine から、最新の Cloud Functions や Cloud Machine Learning Engine などのサービスまで示されています。詳しくは、Google Cloud ポータルに掲載されているホワイトペーパーとコンテンツをご覧ください。

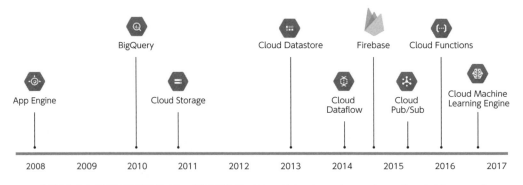

（原図をもとに本書用にデザイン。原図の出典：https://cloud.google.com/serverless/whitepaper/）

ここでは、9 章と同じサーバーレス気象サービスアプリケーションのサンプルを作成します。このサービスアプリケーションから、OpenWeatherMap API を呼び出します。9 章と同様に、Google Cloud のクラウド関数機能を使用しますが、Google Cloud Endpoints（マネージド API サービス）は使用できません。本書執筆時点でこれら 2 つのサービスが直接統合されていないためです。また、Google Cloud の関数は JavaScript のみをサポートしており、Node.js ランタイムでのみ実行できるので、このサンプルのユースケースでは、以前に記述した関数のビジネスロジックを JavaScript に変換します。そのため、以下の参照アーキテクチャを使用して、サンプルアプリケーションを構築します。

11.2 アプリケーション中心の設計（CNMM の基軸 2）

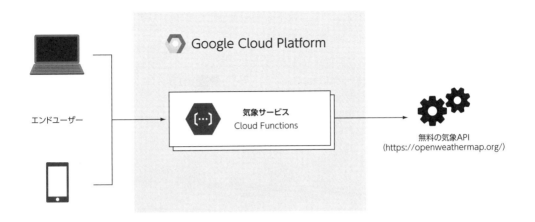

11.2.2 サーバーレスマイクロサービスのサンプル

9 章と同様に、Google Cloud Functions を使用してサーバーレスマイクロサービスを作成します。以下の手順を実行して、動作するサンプルを作成します（なお、この 11.2.2 セクションの気象サービスのサンプルについての手順は、2019 年 9 月の翻訳時点のものです）。

1. 以下のように、Google Cloud Console に移動して、ナビゲーションメニューから [**Cloud Functions**] を選びます。

283

2. [**関数を作成**] ボタンをクリックし、以下の図のように HTTP トリガー関数の定義のプロセスを開始します。

11.2 アプリケーション中心の設計（CNMM の基軸 2）

3. ［**index.js**］セクションで、サーバーレスマイクロサービスのメインビジネスロジック処理を
記述します。ここでは、以下のコードを記述しています。また、コンソールのコードのすぐ
下にある［**実行する関数**］の値を「**weatherService**」に設定します。

```javascript
function handlePUT(req, res) {
    // POST 要求に対しては Forbidden（禁止）メッセージを返す
    res.status(403).send('Forbidden!');
}

function handleGET(req, res) {
    // URL クエリパラメーターを取得
    var zip = req.query.zip;
    var countrycode = req.query.countrycode;
    var apikey = req.query.apikey;

    // ユーザーが指定したパラメーターを使用して、OpenWeatherMap の完全な URL を作成
    var baseUrl = 'http://api.openweathermap.org/data/2.5/weather';
    var completeUrl = baseUrl + "?zip=" + zip + "," + countrycode + "&appid=" +
    apikey;
    console.log("Request URL--> " + completeUrl)

    // HTTP 要求を呼び出す sync-request モジュールをインポート
    var weatherServiceRequest = require('sync-request');

    // OpenWeatherMap API を呼び出す
    var weatherServiceResponse = weatherServiceRequest('GET', completeUrl);
    var ststusCode = weatherServiceResponse.statusCode;
    console.log("RESPONSE STATUS -->" + ststusCode);

    // 応答がエラーか成功かをチェック
    if (ststusCode < 300) {
        console.log("JSON BODY DATA --->>" + weatherServiceResponse.getBody());
        // 応答が成功の場合は、適切なステータスコード、コンテンツタイプ、および本文を返す
        console.log("Setting response content type to json");
        res.setHeader('Content-Type', 'application/json');
        res.status(ststusCode);
        res.send(weatherServiceResponse.getBody());
    } else {
        console.log("ERROR RESPONSE -->" + ststusCode);
        // 応答がエラーの場合は、適切なエラーの詳細を返す
        res.status(ststusCode);
        res.send(ststusCode);
    }
}

/**
 * * GET 要求への応答として気象情報を返す。PUT 要求は禁止する
 *
 * @param {Object} req Cloud Function request context.
 * @param {Object} res Cloud Function response context.
 */
exports.weatherService = (req, res) => {
```

```
    switch (req.method) {
        case 'GET':
            handleGET(req, res);
            break;
        case 'PUT':
            handlePUT(req, res);
            break;
        default:
            res.status(500).send({
                error: 'Something blew up!'
            });
            break;
    }
```

4. ［package.json］セクションのタブをクリックし、以下のように内容を編集して、コード固有の依存関係を指定します。

[package.json]ウィンドウに入力するコードは以下のとおりです。

```
{
  "name": "sample-http",
  "version": "0.0.1",
  "dependencies": {
    "sync-request": "^2.0"
  }
}
```

5. 説明した手順に従ってすべての設定を行い、コードを入力したことを確認したら、[**作成**] ボタンをクリックします。数分で関数が作成されて、[Cloud Functions]の[概要]ページ上の関数名にチェックマークが付き、有効になります。

6. 次に、関数をテストします。[概要]ページ上の関数名をクリックして、[関数の詳細]ページを表示させます。このページ上で[トリガー]タブをクリックすると、URLが表示されます。これは、マイクロサービスを呼び出してテストする際に使用できる関数のHTTPSエンドポイントです。このURLをコピーします。コピーしたURLは、以降の手順で使用します。

7. 前の手順でコピーしたURLに、zip、countrycode、およびapikeyの各パラメーターを以下のように追加します。

    https://us-central1-abcdef-43256.cloudfunctions.net/weatherService/?zip=10011
    &countrycode=us&apikey=vjhvjvjhvjhv765675652hhjvjsdjysfydfjy

任意のインターネットブラウザを使用してこのURLに移動し、動作を確認します。関数が正常に実行されると、パラメーターに指定した場所の気象情報が含まれたJSON応答が表示されます。

8. 以下のように、コマンドラインで curl コマンドを使用して同様のテストを行うこともできます。

    ```
    $ curl -X GET 'https://us-central1-idyllic-coder-198914.cloudfunctions.net/weatherService/?zip=10001&countrycode=us&apikey=098172635437y363535'
    ```

9. 関数のテストが終わったら、[関数の詳細]ページの[**全般**]タブで、状況をモニターすることもできます。[呼び出し回数]をクリックするとプルダウンメニューが表示され、[実行時間][メモリ使用量][アクティブなインスタンス]を選択できることがわかります。このメニューを選択することで、各グラフを確認できます。

呼び出し回数 / 秒のビュー

11.2 アプリケーション中心の設計（CNMMの基軸2）

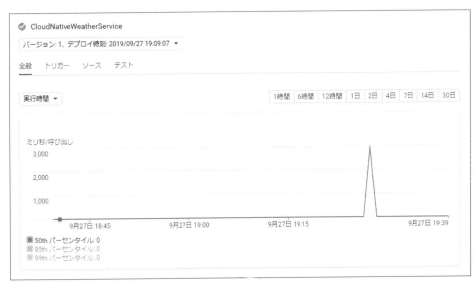

実行時間（ミリ秒/呼び出し）のビュー

10. Google関数の管理において重要となるもう1つの要素に、Stackdriverの[**Logging**]があります。[ナビゲーションメニュー]の[**Logging**]を選択すると、以下のようにコードと関数実行のデバッグに役立つ、バックエンドの詳細情報が表示されます。

Stackdriverの[Logging]の画面

第11章 | Google Cloud Platform

　ここまで、Google Cloud Functions を使用してサーバーレスマイクロサービスを設計する方法について説明しました。

11.3　Google Cloud Platform での自動化 （CNMM の基軸 3）

　これまでの章でも説明しましたが、クラウドでアプリケーションの展開と管理を最適に行うには、自動化が重要な要素の 1 つとなります。Google Cloud では、プロセスやワークフローの自動化に役立つ多くのサービスに加えて、API や SDK も豊富に提供されています。開発者の個人的な好みに応じて、Java、Python、Node.js、Ruby、Go、.NET、PHP を含むさまざまな選択肢から自分に合った SDK クライアントライブラリを選ぶことができ、柔軟かつ簡単に自動化と統合化を実現できます。次の節では、自動化の詳細、さらには自動化と DevOps を導入するためのさまざまなオプションについて説明します。

11.3.1　コードとしてのインフラストラクチャ

　Google Cloud では、AWS CloudFormation と非常に似た Google Cloud Deployment Manager というサービスを提供しています。このサービスを使用すると、インフラストラクチャコンポーネントを簡単に宣言的な方法（YAML）で記述することができ、さまざまなプロビジョニングやタスクを自動化できるようになります。したがって、このサービスにより、アプリケーションの複数のコンポーネントを記述したテンプレートを作成し、そのテンプレートを使用してプロビジョニングと展開を行うことができます。

　たとえば、ここで取り上げる 3 層 Web アプリケーションでは、自動スケーリングが行われ、前面にロードバランサーが設置され、永続化のためにデータベースが使用されているものとします。この場合、アプリケーションの新しいインスタンスを立ち上げるたびに手動でこれらのリソースを作成する代わりに、プロセス全体を自動化できる YAML Cloud Deployment Manager テンプレートを記述できます。また、テンプレート内でテンプレートプロパティや環境変数を使用して、動的なテンプレートを記述することもできます。プロパティや変数は、インスタンス立ち上げごとに指定できます。たとえば、テスト／開発環境ではリソースのサイズを小さくし、本番環境には完全にスケーラブルなリソースをプロビジョニングできます。

　この他に、テンプレートモジュールと複合タイプという興味深い機能が用意されており、Deployment Manager の機能を大幅に拡張できます。テンプレートモジュールとしては、一意のリソース名を生成するなどの特定の機能を実行するヘルパーファイルを、Python または Jinja で記述し、さらに高度なテンプレートを作成できます。また、Jinja または Python ベースのロジックを利用するのと同じメカニズムで、複合タイプを作成できます。複合タイプは、1 つ以上のテンプレー

11.3 Google Cloud Platformでの自動化（CNMMの基軸3）

トをあらかじめ設定しておいて、それらを協調して動作させる機能です。たとえば、複合タイプとして、VPCネットワークの特定の設定を示すタイプを作成し、このタイプを新しいアプリケーション環境セットの作成時に常に再利用できます。

Cloud Deployment Managerでサポートされるリソースの最新情報については、下記URLをご覧ください。
- https://cloud.google.com/deployment-manager/docs/configuration/supported-resource-types

次に、実際のサンプルと、そのサンプルを使用したGoogle Cloudでのリソース作成方法について説明します。GoogleはGitHubにサンプルを公開しているので、すぐに試すことができます。リソース作成の概念を簡単に示すため、このサンプルを使用します。特定のGoogle Cloudプロジェクトで仮想マシンを作成するサンプルは、以下のURLから入手できます。

https://github.com/GoogleCloudPlatform/deploymentmanager-samples/blob/master/examples/v2/quick_start/vm.yaml

このテンプレートのコメントに記載されていますが、プレースホルダー MY_PROJECT は各自のプロジェクトIDに置き換えます。また、インスタンスのファミリ名 FAMILY_NAME も適切なファミリ名に置き換えます。Deployment Managerを使用することで、サンプルのインスタンスを適切にプロビジョニングできます。

その方法のうち、Google Cloud Shellを使用するのが最も簡単です。**gcloud CLIがプレインストール**されており、最小限の設定のみで利用できます。以下の画面に示すように、サンプルのテンプレートを使用してリソースをプロビジョニングすることができ、コマンドが正常に実行されました。

```
cloudnativearchitectures@idyllic-coder-198914:~$ gcloud deployment-manager deployments create simple-deployment --config vm.yaml
The fingerprint of the deployment is 7y7p0qjcF6g7Cpl0sqlphQ==
Waiting for create [operation-1525443310211-56b61f2a14fb8-7a136a28-eaa7aa5b]...done.
Create operation operation-1525443310211-56b61f2a14fb8-7a136a28-eaa7aa5b completed successfully.
NAME                      TYPE                  STATE      ERRORS  INTENT
quickstart-deployment-vm  compute.v1.instance   COMPLETED  []
```

リソースが正常に作成されたら、以下のように、gcloud CLIでは作成されたリソースを表示することもできます。

第 11 章 | Google Cloud Platform

```
cloudnativearchitectures@idyllic-coder-198914:~$ gcloud deployment-manager deployments describe simple-deployment
---
fingerprint: 7y7p0qjcF6q7Cp1OsqlphQ==
id: '6126455663787889665'
insertTime: '2018-05-04T07:15:10.302-07:00'
manifest: manifest-1525443310334
name: simple-deployment
operation:
  endTime: '2018-05-04T07:15:46.580-07:00'
  name: operation-1525443310211-56b61f2a14fb8-7a136a28-eaa7aa5b
  operationType: insert
  progress: 100
  startTime: '2018-05-04T07:15:10.880-07:00'
  status: DONE
  user: cloudnativearchitectures@gmail.com
NAME                      TYPE                 STATE      INTENT
quickstart-deployment-vm  compute.v1.instance  COMPLETED
```

　gcloud CLI を使用する以外に、Google Cloud Console では、Cloud Deployment Manager のセクションに移動して、展開されたリソースの情報を確認することもできます。以下のように、さまざまなセクションやリンクをクリックすれば、さらに詳細な情報を確認できます。

← simple-deployment 🗑 DELETE	Overview - simple-deployment
✓ simple-deployment has been deployed	**Deployment properties**
📁 Overview - simple-deployment	ID　　　　　　6126455663787889665
💻 quickstart-deployment-vm vm instance	Created On　　2018-05-04 (09:15:10)
	Manifest Name　manifest-1525443310334
	Config　　　　View
	Layout　　　　View
	Expanded Config　View

11.3.2　サーバーレスマイクロサービスの CI ／ CD

　サーバーレスマイクロサービスの CI ／ CD に関しては、Google Cloud はまだその初期段階にあるといえます。Google は、Cloud Source Repositories（https://cloud.google.com/source-repositories/）というソースコード管理サービスを提供しており、これで Cloud Functions のコードを管理できますが、本書執筆時点では、本格的な CI ／ CD 環境を作成するネイティブな機能はわずかしか提供されていません。

　CI ／ CD 環境作成のプロセスで役立つ選択肢の 1 つに、サーバーレスフレームワークがあります。このフレームワークには Google Cloud Functions 用のプラグインが用意されており、ビジネスロジック関連の関数の作成／インストール／パッケージ化／展開を簡単に行えます。詳しくは、下記の URL をご覧ください。

　　https://github.com/serverless/serverless-google-cloudfunctions

また、使用方法を簡単に学べるサンプルも用意されています。この点については下記の URL を
ご参照ください。

https://serverless.com/framework/docs/providers/google/examples/

11.3.3　コンテナーベースのアプリケーションの CI ／ CD

　Google Cloud でコンテナーベースのアプリケーションを展開する際は、Kubernetes を使用する
のが最も一般的です。先ほども説明しましたが、Kubernetes は、Google がまさにコードの継続的
インテグレーション／継続的デリバリー（CI ／ CD）のような問題を解決するため、社内向けに開発
したテクノロジーです。そのため、Kubernetes の使用環境では、簡単に CI ／ CD パターンを実装
できます。

　Kubernetes CLI ／ API にはアクションが用意されており、リリース管理を非常に簡単に実装でき
ます。このアクションとともに、最新のコンテナーイメージを使用することで、最新バージョンの
アプリケーションによるリソースの更新処理を実装できるからです。ローリングアップデートのメ
カニズムを使用することも可能であり、アップデート処理中に問題が見つかったら、処理を中止し
たり、前のバージョンにロールバックしたりすることも可能です。Kubernetes CLI のアップデート
操作の詳細は、下記 URL をご覧ください。

https://kubernetes.io/docs/reference/kubectl/cheatsheet/#updating-resources

Google Cloud では、Kubernetes を使用した CI ／ CD のオプションについて楽し
く学べる漫画が下記の URL に用意されています。
- https://cloud.google.com/kubernetes-engine/kubernetes-comic/

　Kubernetes 環境で CI ／ CD を実装するためのもう 1 つのメカニズムは、Jenkins を使用するこ
とです。Jenkins はオープンソースの自動化サーバーであり、ビルド／テスト／展開のパイプラ
インについてオーケストレーションを柔軟に実行できます。そのためには、Kubernetes Engine
（Kubernetes の Google Cloud ホスト型バージョン）上に Jenkins を展開すること、Jenkins 用の
Kubernetes プラグインをインストールすることになります。その上で、展開プロセス全体のオー
ケストレーションを行うための適切な設定を行う必要があります。全体の設定とさまざまな手順は、
Google Cloud のドキュメントで以下のように示されています。

第11章 | Google Cloud Platform

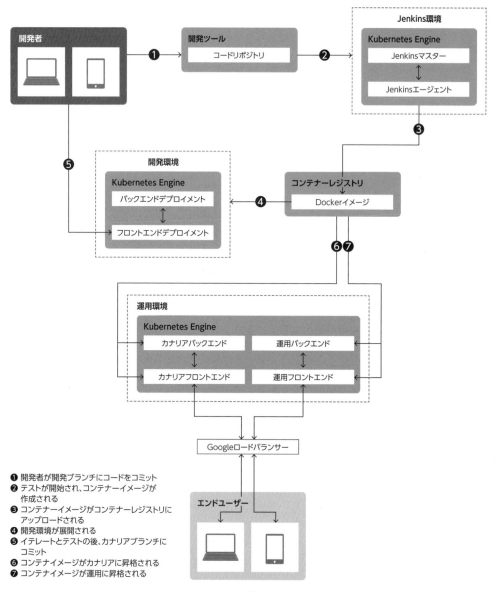

Jenkins と Kubernetes Engine を使用して継続的デリバリーパイプラインを設定する方法
（原図をもとに本書用にデザイン。
原図の出典：https://cloud.google.com/solutions/continuous-delivery-jenkins-kubernetes-engine）

11.4 モノリシックから Google Cloud ネイティブアーキテクチャへの移行パターン

これまでの節では、主にアプリケーションのグリーンフィールド開発に焦点を当て、サーバーレス、コンテナー、マイクロサービスアーキテクチャ、CI ／ CD パターンなどのクラウドネイティブな機能を利用する方法を説明しました。しかし、一般的なエンタープライズ環境では、ほとんどのユーザーが既存のオンプレミス環境やコロケーション環境（共同設置場所）に膨大な資産をすでに有しています。そのため、全体的なメリットを享受するためには、これらのワークロードもクラウドに移行する必要があります。そのために Google Cloud は、移行のさまざまな段階で利用できるネイティブなサービスやパートナーのサービスをいくつか提供しています。Google では、移行プロジェクトを 4 つの主な段階（評価、計画、ネットワークコンフィグレーション、複製）に分けることを推奨しています。

評価とネットワークコンフィグレーションの段階では、シームレスな移行パスを実現するため、次のことについては主にユーザーが責任を負います。適切なツールの選定、オンプレミス環境の既存のワークロードを検出できる自動化の開発、クラウド上での対応するネットワークコンフィグレーションの作成についてです。

計画段階では、Google は Cloudamize、CloudPhysics、ATADATA などのパートナーを推奨しています。これらのパートナーを利用して、現在のオンプレミス環境を調査し、それらを適切なクラウドサービスにマッピングします。これにより、適切なサイズのインスタンスタイプを利用して最大限のパフォーマンスを実現できます。

> Google Cloud が推奨する最新の移行パートナーの情報については、下記 URL をご覧ください。
> - https://cloud.google.com/migrate/

同様に、実際の VM 移行段階においては、CloudEndure、Velostrata、ATADATA などのパートナーを推奨しています。これらのパートナーは、オンプレミスの仮想マシンをクラウドに直接複製するサポートを行っています。これらのパートナーのサービス以外に、Google Cloud も、ネイティブなサービス機能を使用して仮想ディスクを直接インポートするオプションを提供しています。ただし、大規模な移行では最適な選択肢とはいえず、パートナー製品の機能のほうが優れています。VM の移行の詳細は、下記 URL をご覧ください。

　https://cloud.google.com/compute/docs/vm-migration/

大規模な移行において非常に重要な考慮事項としては、VM の移行の他に、データの移行があります。以下のように、データの移行のためのいくつかのオプションが用意されています。

- **Cloud Storage Transfer Service**：このサービスでは、HTTP/HTTPS ベースのインターフェイスを使用して、他のクラウド（AWS など）から Google Cloud Storage バケットにデータを転送できます。Google Cloud Console、REST API、Google Cloud クライアント API ライブラリを使用して直接データを転送できます。詳しくは、下記 URL をご覧ください。
  https://cloud.google.com/storage/transfer/

- **Google Transfer Appliance**：AWS Snowball サービスと同様に、Google Cloud も、物理アプライアンスを Google から借りてクラウドに大量のデータを転送できるサービスを提供しています。現在、100 テラバイトと 480 テラバイトの 2 つのサイズが用意されています。このサービスでは、ユーザーはローカルストレージシステムにアプライアンスを接続し、データを転送して、数日で Google に送り返します。その後、送り返したアプライアンスから、クラウドストレージのバケットにデータが転送されます。取得されたすべてのデータは、重複除去、圧縮、業界標準の AES 256 アルゴリズムによる暗号化、指定したパスワード／パスフレーズによる保護が行われたうえで、Transfer Appliance に保存されます。このサービスでは、インターネットの帯域幅を使用することなく迅速にデータを移行できるので、コストと時間の両方の節約につながります。詳しくは、下記 URL をご覧ください。
  https://cloud.google.com/transfer-appliance/

- **Google BigQuery Data Transfer Service**：ほとんどのユーザーは、Google 広告（旧 AdWords）、キャンペーンマネージャー（旧 DoubleClick Campaign Manager）、Google アドマネージャー（旧 DoubleClick for Publishers）、YouTube など、多くの SaaS アプリケーションも使用しています。BigQuery Data Transfer Service を使用すると、これらのサービスのデータを分析できます。ユーザーは、データを直接 BigQuery Data Transfer Service に転送し、データウェアハウスを構築して、分析クエリを実行できます。BigQuery Data Transfer Service では、大規模なデータレプリケーションを継続的に実行できます。ユーザーは、BigQuery Data Transfer Service インスタンスに加えて、Tableau、Looker、Zoomdata などの ISV サービスを使用することで、トレンドを可視化できます。詳しくは、下記 URL をご覧ください。
  https://cloud.google.com/bigquery/transfer/

ご自身の移行プロジェクトに適したサービスを決定する際は、下記 URL に公開されている「適切なサービスの選択」の表を参考にしてください。
- https://cloud.google.com/products/data-transfer/

11.5 まとめ

本章では、クラウドプロバイダーの3番手 Google Cloud Platform について詳しく説明しました。Google Cloud Platform がどのように始まり、発展してきたか、そしてクラウド AI、Kubernetes Engine、G Suite など差別化要因となるサービスについて説明しました。その後、サーバーレスマイクロサービスの概念を説明し、Google Cloud Functions を利用して気象サービスアプリケーションのサンプルを作成しました。また、自動化についても説明しました。Google Cloud Deployment Manager で繰り返し利用できるテンプレートを作成し、インフラストラクチャをコードとして扱う方法を説明しました。サーバーレス環境、そして Kubernetes ベースのコンテナー化された展開において、CI ／ CD パターンを実装する場合の選択肢についても説明しました。最後に、さまざまな Google Cloud のネイティブなサービスとパートナーのサービスを使用して既存のオンプレミスのアプリケーションとワークロードを移行するための選択肢について説明しました。これまでに説明した概念に基づいて、最大手のパブリッククラウドプロバイダー3社について説明するとともに、成熟度の高いクラウドネイティブ・アーキテクチャを構築できるように各社が提供している機能について説明しました。

次の最終章では、これらすべての概念を総合し、発展を続けるテクノロジーのトレンドとそれに基づく予測について紹介します。クラウドの分野で次々に起こる変化への備えに役立ててください。

☆MEMO☆

CHAPTER 12 :
What's Next? Cloud
Native Application
Architecture Trends

第12章 クラウドのトレンドと今後の展望

　これまでの章では、まず**クラウドネイティブ成熟度モデル（CNMM）**の中心となる定義を紹介し、それぞれの階層について説明した後、主なクラウドプロバイダーを紹介しました。本章では、将来の見通しや予測を含め、クラウドのトレンドと今後の展望について触れます。
　具体的には、以下のトピックについて説明します。

- クラウドネイティブ・アーキテクチャの進化において、今後予測される7つの主なトレンド
- クラウドにおける企業の未来
- 今後の発展が予測される新しいITの役割（AI責任者など）

これらのトピックについて学ぶことで、以下のようなスキルを身に付けることができます。

- トレンドを把握して、将来にわたって有効な戦略やアーキテクチャを策定する
- 個人としてのキャリアで今後成長や発展が見込まれる分野を見極める

それでは、早速説明していきます。

第 12 章 ｜ クラウドのトレンドと今後の展望

12.1 クラウドネイティブ・アーキテクチャの進化 ―7つのトレンド

　クラウドは、あらゆる種類のアプリケーションおよびユースケースにおいてすでに主流となっていますが、市場全体のポテンシャルという面からは、まだまだ初期段階にあるといえます。ここでは現在のトレンドや発展の状況も考慮しつつ、本書執筆後にクラウドネイティブ・アーキテクチャ導入の推進要素になると予測される7つの主なトレンドを紹介していきます。

12.1.1 オープンソースのフレームワークとプラットフォーム

　多くのユーザーは、パブリッククラウドに囲い込まれることを心配しています。しかし、このような懸念はまったく根拠のないものです。というのも、すべてのソフトウェアやアプリケーションで、ベンダー固有の知識は必要であり、これらの知識の習得はユーザーのメリットとなっているからです。そのため、囲い込みという観点だけでパブリッククラウドを評価するのは適切ではありません。たとえば、多くのユーザーは文書作成ソフトとして Microsoft Word を利用しています。Microsoft Word を使用して文書を作成することで、ある意味では Word との結びつきができたといえますが、Word に囲い込まれているというわけではありません。とはいえ、企業の IT 利用においては多くの場合、一部の COTS（商用既製品）のアプリケーションを他のオープンソースの選択肢に置き換えることで、コストを削減し、特定のベンダーへの依存度を低くすることができます。長年 Oracle データベースを使用してきた企業ユーザーの多くがデータベースのリプラットフォームを進め、PostgreSQL や MySQL などのオープンソースの選択肢を採用しているのは、この典型例です。

　同様に、現在では、オープンソースソフトウェアの標準への準拠がクラウドプロバイダーに求められています。そのため、各社は GitHub に複数のフレームワークやパッケージをリリースし、誰でもフォーク（独自に分岐）できるようにしています。このようなオープンソースプラットフォームの良い例として Kubernetes（コンテナ化されたアプリケーションの管理のためのオープンソースシステム）があります。Kubernetes は Apache License 2.0 に基づき提供されており（https://github.com/kubernetes/kubernetes）、GitHub からのクローン（ローカルリポジトリへの複製）やダウンロードが可能です。

　2015 年に **Cloud Native Computing Foundation (CNCF、https://www.cncf.io/)** が設立されましたが、これもマイクロサービスベースのクラウドアーキテクチャをオープンにし、コミュニティ主導にするための大きな一歩となりました。CNCF の初期のプラチナ会員には、Amazon Web Services、Microsoft Azure、Google Cloud などのすべてのハイパースケールクラウドプロバイダーが名を連ねています。設立以降、多くの組織がこのコミュニティに参加し、コンテナーベースのマイクロサービスに対してエコシステムとしてのオープンソースソフトウェア開発を推進するというミッションを遂行しています。

300

CNCFの設立趣意書については、下記URLをご覧ください。
- https://www.cncf.io/about/charter/

すべてのパブリッククラウドプロバイダーは一般的に、CNCFの活動に取り組むほか、オープンで開発者に優しい環境の提供を目指しています。以下に、3大クラウドプロバイダーのオープンソースソフトウェアに関するサイトへのリンクを示します。

- AWSにおけるオープンソース：https://aws.github.io/
- Azureにおけるオープンソース：https://azure.microsoft.com/en-us/overview/open-source/
- Google Cloudにおけるオープンソース：https://github.com/GoogleCloudPlatform

▶将来のトレンド#1

オープンソースのソフトウェアとフレームワークは今後も増え続け、開発者にとってクラウドネイティブ・アーキテクチャをさらに設計しやすくなる環境が生まれるでしょう。

12.1.2　インフラストラクチャサービスから高レベルの抽象化へ

　パブリッククラウドが勢いを増そうとしていた数年前の時点では、コンピューティング、ストレージ、ネットワーク、データベースなどの中核的なインフラストラクチャブロックに重点が置かれていました。しかし、さまざまなクラウドプロバイダーが新しいサービスを導入し始めるのに伴い、このトレンドは急速に変化することになりました。サービスがますます高レベルなものになるとともに、基礎となるインフラストラクチャの抽象化が進んだのです。たとえば、先に説明したAmazon Connect（AWSが提供するクラウドベースのコンタクトセンター）などのサービスは、基礎となるインフラストラクチャについて、エンドユーザーはまったく気にすることなく、わずか数分で使い始めることができます。そのためユーザーは、コアビジネスロジック、通話ルーティングロジックなどの作業に集中できます。

　また、アプリケーション展開の観点からは、ネイティブな仮想化されたクラウドベースのインスタンスよりも、コンテナーベースの展開、またはAWS Lambdaなどのサービスを使用したサーバーレスのアプローチへと、開発者のトレンドが移行していることも説明しました。これらの技術を使用することで、基礎となるインフラストラクチャの抽象化をさらに推し進め、コアアプリケーションロジックとコアビジネスロジックにさらに集中できるようになります。このトレンドは、コンピューティングのレイヤーだけでなく、データベース（Amazon Auroraサーバーレス）、メッセージング（Amazon SQS）、分析（Amazon Athena）などのレイヤーでも見られます。

　こうした流れによって、アプリケーション展開モデルはさらに変化を続けると見られます。イン

第 12 章 | クラウドのトレンドと今後の展望

フラストラクチャの仕様自体はサービスで自動的に処理されるようになるので、そうした仕様への依存度がさらに低くなるでしょう。このような変化に伴う副次的な効果として、典型的な、**サービスとしてのインフラストラクチャ (IaaS)**、**サービスとしてのプラットフォーム (PaaS)**、**サービスとしてのソフトウェア (SaaS)** の境界があいまいになることが挙げられます。正確には、すべてがクラウドに取り込まれ、クラウドネイティブな形態へと進化するのです。現在でも、**サービスとしての関数 (FaaS)** や **X-as-a-Service (XaaS)** などの新しい用語がさまざまな文脈で使用されるようになっており、いくつかのバリエーションが実際に見られています。

▶将来のトレンド #2

クラウドサービスは、基礎となるインフラストラクチャについての知識を必要としない展開モデルへと変化し、アプリケーションとソフトウェアへの指向の度合いをより強めるでしょう。また、IaaS ／ PaaS ／ SaaS の境界がますますあいまいになり、さらに多くのクラウドネイティブなサービスが導入されることが予測されます。

12.1.3　DevOps から NoOps へ—AI 重視でよりスマートに

パブリッククラウドの登場により、自動スケーリングや、自己修復ベースの技術など、新しいタイプのインフラストラクチャ管理パターンが使用されるようになり、アプリケーションのスケーリングや障害復旧のプロセスを可能な限り自動化できるようになりました。それに続く自動化の波として、DevOps が主流となった様子を説明しました。抽象化されたクラウドサービスによって、開発者とシステム運用の役割の境界があいまいになったことで、DevOps への移行が進みました。その結果、より迅速で頻繁な展開、問題発生時にロールバック容易なメカニズム、優れたツールやサービスが実現され、プロセス全体を簡単に実施できるようになり、プロセス全体の統合も進みました。しかし、このような高度な自動化技術を使用しても、オペレーティングシステムやアプリケーションの一部で手作業での運用やアップデートが必要になることがあります。AWS Lambda や Amazon Aurora といったサーバーレスなどの新しいサービスでは、ユーザーによるそのような運用作業は必要なくなっていますが、システム全体が真にスマートになり、ほとんどの運用関連作業が自動化されるようになるまでまだ長い時間がかかります。システムが真にスマートになるには、状況に事後的に対応するのではなく、障害発生シナリオや変更の必要性を先回りして事前に予測する必要があります。これにより、手動での修正作業を減らしたり、高度な自動化の仕組みによって手作業を完全に排除したりするのです。

このような移行を実現するには、人工知能／機械学習といったテクノロジーが大きな役割を果たします。実際、クラウドプロバイダーが提供する多くのサービスでは、バックグラウンドで予測的モデリングの技術が使用されており、移行はすでに始まりつつあります。たとえば、Amazon Macie は機械学習を使用して AWS 内の機密データを自動的に検出／分類／保護します。同様に Amazon GuardDuty は、統合された脅威インテリジェンスフィードによって、攻撃の疑いがあるア

クティビティを特定し、機械学習を使用してアカウントやワークロードのアクティビティで異常を検出します。これらはセキュリティの分野で機械学習が使用されている優れた例ですが、機械学習の技術が進化するにつれて、アプリケーションの展開／管理モデルでも同様の原則やメカニズムが主流となり、運用の仕方が大きく変化することになります。

これに関してAmazonが興味深いブログ記事（下記URL）を掲載しています。この記事では、多くのサービスにおけるセキュリティ関連の問題に対応するために作成された、数学的な機械学習ベースのツールについて詳しく説明されています。

- https://aws.amazon.com/blogs/security/protect-sensitive-data-in-the-cloud-with-automated-reasoning-zelkova/

▶将来のトレンド #3

クラウドのサービスとシステムはよりスマートになり、インフラストラクチャやアプリケーションの運用に関する一般的な要件は減って、新しいNoOps（運用レス）の原則へと移行していくでしょう。

12.1.4　開発はローカルからクラウドへ

あらゆるタイプのアプリケーション展開でクラウドが非常によく利用されるようになりましたが、アプリケーションのほとんどの開発作業（実際のコーディング）はオフラインモードで行われています。開発者は、自分のワークステーション上のIDEでコードを書き、ユニットテストを行い、動作確認が終わったら、一元管理されているコードリポジトリ（クラウド上にある場合も、オンプレミスにある場合もあります）にコードをプッシュします。ただし、ビルドプロセス全体が実行された後のアプリケーションバイナリの実際の展開は、ほとんどの場合、クラウドで行われます。このような方法で開発が行われるのには、いくつかの理由があります。

- クラウドで開発を行うには、インターネットに常時接続する必要がありますが、常に接続できるとは限りません。
- 開発者がワークステーション上で使い慣れているIDEやツールは、クラウド型の環境に適した設計になっていません。
- 自社の重要な知的財産といえるコードベースをクラウドに配置するのは危険ではないかと心配するユーザーもいます。

これらは、ローカルで開発する理由の一部にすぎませんが、こうした不安はまったく根拠のないものです。実際、クラウドプロバイダーが提供しているサービスは非常に成熟度の高いものです。

303

第 12 章 | クラウドのトレンドと今後の展望

開発者がクラウド上でネイティブに開発を行えば、開発作業が容易になるだけではなく、アーキテクチャにおいて多くのクラウドネイティブサービスを利用することもできます。それらのサービスと同等の機能を自分でコーディングする必要はありません。

　クラウドネイティブな開発に役立つサービスの例として、Azure はクラウド向けコーディングのための Visual Studio Code を提供しています。同様に、Amazon は AWS Cloud9 を提供しており、ブラウザのみでコーディングが可能です。また、同じ流れで Microsoft は GitHub を買収していますが、クラウドネイティブな開発が容易に行える環境の提供を目的としており、それも開発者にとって魅力的です。クラウドプロバイダーのこれらのサービスはまだ発展の初期段階にあります。これから、ますます簡単にクラウドネイティブな開発を行えるようになり、開発／テストの工程全体がまったく違ったものとなるでしょう。これにより、グローバル規模でのコラボレーションがさらに容易になり、分散化された形でアプリケーションを作成／管理できるようになると予測されます。

▶将来のトレンド #4

　開発しやすいクラウドサービスが提供されるようになり、開発者はクラウドネイティブな開発を効果的に行うためのさまざまなオプションを活用できるようになるでしょう。

12.1.5　音声、チャットボット、
　　　　AR ／ VR による対話モデルのクラウドサービス

　本書執筆までの 1 年ほどで、人工知能／機械学習、および拡張現実／仮想現実（AR ／ VR）に関する話題が盛んに取り上げられるようになり、これらの分野で多くの進展が見られました。これらのテクノロジー自体は何年も前から存在していましたが、効果的な AI ／ ML アルゴリズムを作成するには大量のデータが必要になります。同様に、AR ／ VR では大量の CPU ／ GPU パワーが必要になります。クラウドプロバイダーによって、基礎となるインフラストラクチャコンポーネントが大規模に提供されるようになったことで、何ペタバイトものデータを格納し、瞬時に数千基のCPU を利用できるようになり、新時代のアプリケーションが実現できるようになりました。また、Apache MXNet（https://mxnet.apache.org/）、TensorFlow（https://www.tensorflow.org/）、Caffe（http://caffe.berkeleyvision.org/）、PyTorch（https://pytorch.org/）など、この分野のサービスやフレームワークが急速に発展しています。同様に、質問に対して単純に答えを返すボットから、旅行の予約など特定のユースケースに対応する本格的なボットまで、さまざまな種類のボットが利用できるようになっています。これらのボットは、クラウドベースのコンタクトセンターの実装の一部としても一般的に導入されています。通話ルーティングフローに基づき、多くのタスクを人間に頼らずボットのみによって完全に処理できます。これらのボットでは、**自然言語処理 (NLP)**、音声からテキストへの変換、テキストから音声への変換、画像認識、**光学文字認識 (OCR)** などの技術をバックグラウンドで使用しており、AI ／ ML テクノロジーを基盤としています。同様に、AR ／

VRの分野でも、エンドユーザーとのやり取り（オンラインでデジタル的にドレスを試着するなど）、産業／企業向けユースケース（遠隔地のエンジニアが重機の問題を検出するなど）において、デジタルアバターが使用されています。また、AR／VRや3Dエクスペリエンスの作成に使用できるAmazon Sumerianなどのクラウドサービスが、このようなトレンドにさらに弾みをつける状況となっています。こうしたエクスペリエンスは、Oculus Go、Oculus Rift、HTC VIVE、Google Daydream、Lenovo Mirageなどの人気のハードウェアや、AndroidやiOSモバイルデバイスで動作します。

Google I/O 2018でのGoogle Duplexのデモについて、下記のURLをご覧ください。
- https://www.youtube.com/watch?v=D5VN56jQMWM

音声ベースのやり取りの典型的な例として、Amazon Alexaを挙げることができます。Amazon Alexaはクラウドベースの音声サービスであり、Amazon EchoやAmazon Echo Dotなどのデバイスを使用して直接対話したり、Alexa Voice Service（https://developer.amazon.com/alexa-voice-service）を使って独自のデバイスに統合したりすることができます。これらの統合機能とAlexaスキルを使用して、自宅のテレビ／温度／照明を制御したり、銀行との取引（クレジットカードの支払いステータスの確認や、支払いの開始指示など）を行ったりすることも可能です。

かつては、ユーザーがアプリケーションを呼び出すには、ブラウザやモバイルアプリから操作する必要がありました。同様に、システムレベルの統合には、APIが役立ちました。チャットボット、音声、AR／VRベースのインターフェイスといった新しい種類の相互作用メカニズムが出現し、アプリケーション開発パターンも変化しつつあります。実際、アプリケーションだけではなくインフラストラクチャの管理タスクでも、EC2インスタンスの起動、監視の詳細情報の取得、インスタンスの削除などを行うAlexaスキルを多くの組織が作成するようになっています。ジェスチャーベースのインターフェイス（アプリケーションを使用しない、手の動きや表情など）は、いまだ初期段階にある技術ですが、広く利用されるようになるのは時間の問題でしょう。今後、アプリケーションはよりインタラクティブなものとなり、複数の異なるインターフェイスを備えて、ユーザーが使いやすいものとなるでしょう。

▶将来のトレンド#5

アプリケーションは、クラウドサービスによって音声、ジェスチャー、AR／VRなどの技術を利用した、よりインタラクティブなものとなり、人間とマシンとの間の距離が縮まるでしょう。

第 12 章　クラウドのトレンドと今後の展望

12.1.6　「モノ」に拡大するクラウドネイティブ・アーキテクチャ

　従来のアプリケーションは、サーバーベースの環境またはモバイルデバイス向けに設計されていました。しかし、最近はこの流れが変わってきており、「モノ」に向けたコードやアプリケーションが記述されるようになっています。モノとは、電球、サーモスタット、子供のおもちゃ、自動車など、インターネットに接続されてインターネット経由で制御されるあらゆる物理的なデバイスを指します。Gartner の記事（https://www.gartner.com/newsroom/id/3598917）によると、2020 年までに204 億台ものデバイスがインターネットに接続すると予測されており、私たちとの関係も大きく変わると予測されます。これほど多くのデバイスがバックエンドに接続すると、アプリケーションのアーキテクチャが大きく変わり、送信／利用されるデータ量も大きく増加することになります。このような状況では、スケーラブルなストリームベースのデータ処理技術が必要となるため、クラウドの利用が欠かせません。AWS IoT や Amazon Kinesis などのサービスが実装の中心として利用されるようになるでしょう。また、インターネット接続制約のある遠隔地のデバイス（たとえば石油掘削装置に取り付けられたセンサー）など、常時インターネットに接続できないデバイスも数多くあります。このような場合は、エッジコンピューティングが非常に重要となります。AWS IoT Greengrass などのサービスを使用すると、コンピューティング、メッセージング、データキャッシュなどの処理を、接続されたローカルのデバイスで安全に実行できるので、常時接続できないユースケースに対応できます。同様のエッジコンピューティングをサポートする必要があるマイクロコントローラーなどの小型のデバイスでは、Amazon FreeRTOS のような新しいカーネルサービスが重要になります。これらを使用することで、小型デバイスの展開が可能になります。

　これらのエッジデバイスからのデータはクラウドに取り込まれるので、クラウド上でリアルタイム処理、バッチ処理、トレンド分析を実行できます。そのため、新たな用途にクラウドの利用が広まるとともに、アーキテクチャパターンの進化につながります。

▶将来のトレンド #6

　クラウドネイティブアプリケーションは、エッジから、バックエンドアプリケーション、顧客向けポータルに至るまで、エンドツーエンドで変化をもたらし、アプリケーションの作成／展開方法に大きな変化をもたらすでしょう。

12.1.7　新時代の「石油」の役割を果たすデータ

　データの管理は、アプリケーションの開発／展開を成功させるために非常に重要な要素です。クラウドでは、新しい情報チャネルを利用でき、ペタバイト単位のデータが簡単に蓄積されるので、データの管理はますます重要になります。多くの企業では、Web に接続されたデバイス、ソーシャルメディア、ビジネスアプリケーションなど、さまざまな異なるソースから入力されたデータを保管して一元化できるように、そのためのデータレイクを作成するモデルに移行しています。データ

306

12.1 クラウドネイティブ・アーキテクチャの進化—7つのトレンド

レイクに保存されたデータにより、深い洞察を得たり、トレンドを把握したりするための分析が行われます。

AWSとAzureにおけるデータレイクアーキテクチャについて詳しくは、下記のURLをご覧ください。
- https://aws.amazon.com/answers/big-data/data-lake-solution/
- https://docs.microsoft.com/ja-jp/azure/data-lake-store/data-lake-store-overview

　本書執筆時点で、クラウドにデータを迅速に移行できる優れた方法が登場していることも、データの重要性をますます高める要因になっています。数年前までは、AWS Direct Connectなどのオプションを使用したり、AWS Storage Gatewayなどの仮想アプライアンスを使用したりして、インターネット／ネットワーク経由でデータを転送する必要がありました。しかし、ここ数年で、AWS Snowballのような物理アプライアンスを使用する方法をすべてのクラウドプロバイダーが提供するようになりました。物理アプライアンスをデータセンターに送ってもらい、ローカルで接続してデータを転送し、クラウドプロバイダーに物理アプライアンスを返送します。返送された物理アプライアンスから、Amazon S3などのサービスにデータが移行されます。このような小さなデータ転送アプライアンスだけではありません。今では、セミトレーラートラックがけん引する14ｍの耐久性のある輸送コンテナーを使用してデータを転送できるAWS Snowmobileのようなサービスも提供されています。コンテナーあたり100ペタバイト（PB）ものデータを転送できます。今後もさらにイノベーションが進み、クラウドとの間でのデータの転送がさらに簡単なものになり、あらゆるデータセットからのデータの収集／集約／分析が進むでしょう。データのクラウドへの移行が進むと同時に、アプリケーションもこのトレンドに沿って変化します。そのため、クラウド導入全体を通して、データが引き続き中心的な役割を果たし続けるでしょう。

▶将来のトレンド#7

　データは、あらゆるクラウドの展開において中心的な存在となります。クラウドへのデータ移行パスが使いやすくなるにつれて、クラウドネイティブ・アーキテクチャの導入が急激に増えることになるでしょう。

12.2 クラウドにおける企業の未来

　企業は常にリスクを回避する行動をとるため、テクノロジーの移行もなかなか進まないものです。クラウドについても同様で、そうした企業は、クラウドテクノロジーが進化するのを長年ただ眺め、先行者がクラウドを導入するのを待っているだけでした。その間にも、クラウドを活用する新しいスタートアップ企業が多数出現し、すでに一定の地位を確立していた主流派の企業を徐々に脅かすようになってきました。たとえば、Lyft や Uber はタクシー／輸送業界を脅かし、Airbnb はホテル業界を脅かす存在になっています。同様に、Oscar Health Insurance は健康保険業界に大きな変化をもたらしました。クラウドが登場する前であれば、このようなスタートアップ企業が成功を収めるのは難しかったでしょう。クラウドの登場により、すべての人々が同じサービスを利用し、ビジネスのニーズに応じてスケールアップ／スケールダウンできるインフラストラクチャリソースを活用できるようになり、企業の競争条件が大きく変化しました。

　その結果、多くの企業が、他の企業に先手をとられる前に率先して新しいテクノロジー導入を目指し、クラウドによるイノベーションの波に乗る必要があることを認識するようになっています。単にクラウドを導入するだけでなく、さらに踏み込んで運用やビジネスモデルを全面的に見直して再定義する企業もここ数年で多数現れています。GE、Capital One、Adobe、Hess、Kellogg's、Novartis、Infor、Suncorp、Best Buy、Philips、Goldman Sachs など、クラウドプラットフォームの活用を公表している企業がますます増加しています。

> 各クラウドプロバイダーにおけるケーススタディについては、以下の URL をご覧ください。
> - AWS：https://aws.amazon.com/solutions/case-studies/enterprise/
> - Azure：https://azure.microsoft.com/ja-jp/case-studies/
> - Google Cloud：https://cloud.google.com/customers/

　民間企業に加えて、政府や公的機関においても広くクラウドの導入が進んでいます。何らかのワークロードをクラウドに展開している例として、NASA（米国航空宇宙局）、FDA（米国医療食品局）、FINRA（米金融業規制機構）、米国国土安全保障省、シンガポール政府、ロンドン交通局、オンタリオ州政府、Business Sweden（スウェーデン大使館投資部）、テルアビブ市、チリ保健省などがあります。これらの事例については、各クラウドプロバイダーの Web サイトに公表されています。

　クラウドの導入とは、単にテクノロジーをアップグレードしたり、リプラットフォームを行ったりすることだけではありません。設備投資モデルから、オンデマンド利用の運用コストモデルへとすべてが移行し、運用とビジネスの面で多くの変化を伴います。したがって、企業にとってクラウドの導入は、まったく新しいモデルの導入という大きな変化を意味します。さらに、組織の俊敏性を高め、クラウドの真のパワーを活用するには、新しいクラウドサービスや機能を試してアプリケーションアーキテクチャに組み込める小規模なチーム（DevOps やピザ 2 枚のチームなど）として迅速に、組織を編成し直す必要があります。また、俊敏かつイノベーション推進の文化を作り上

げる以外に、適切なガバナンスとセキュリティ制御を導入して、適切な制御が行われていることを監査人に示すとともに、現地法にも適切に準拠する必要があります。このようなあらゆる変化をスムーズに進めるため、各クラウドプロバイダーは、包括的なクラウド導入／変更管理フレームワークを用意しています。企業ユーザーのCIO／CTO、および他のさまざまな利害関係者は、このフレームワークを利用することで、ビジネスを中断させることなくスムーズにクラウドへの移行を実施できます。

AWSの企業戦略に関するブログに興味深い情報が下記のURLに掲載されています。
- https://aws.amazon.com/blogs/enterprise-strategy/

あらゆる企業ユーザーが対処すべきもう1つの変化は、ターゲットクラウドプラットフォームについての従業員のトレーニングです。すべてのクラウドプロバイダーが、従業員のトレーニング／認定のための包括的なプログラムを用意しています。企業ユーザーとその従業員は、これらのプログラムを利用して、サービスの機能、統合の手法、ベストプラクティスについて学ぶことができます。ただし、企業ユーザーは、自社の従業員をトレーニングする以外に、プロジェクトの重要な段階で専門家のサポートを受ける必要があります。そのため、クラウドプロバイダーは、さまざまな技術的問題、プロセス、プロジェクトデリバリーに関するアドバイスを提供できる専門的なプロフェッショナルサービスコンサルタントを用意しています。さらに、ほとんどのユーザーは、クラウドの知識を持った組織として**CCOE (Cloud Centers of Excellence)** やデリバリーチームを結成するため、各種専門領域においてクラウドプロジェクトの成功をサポートするさまざまなコンサルティングパートナーを活用しています。

企業ユーザーは、これまでに説明したような要素を活用して、日常業務を変化させ、クラウドネイティブに向けた取り組みをスムーズに進め、成功に導くことができます。これらの取り組みの結果、企業ユーザーが非常に興味深いイノベーションを成し遂げた例がいくつかありますので、以下にそれらを紹介します。

- Capital OneのAmazon Alexaスキル：https://www.capitalone.com/applications/alexa/
- AWSを使用して毎日数十億件におよぶ仲介取引レコードを収集／分析するFINRA：https://youtu.be/rHUQQzYoRtE
- NASA JPLによる、宇宙の疑問の解明におけるクラウドの活用方法に関するプレゼンテーション：https://youtu.be/8UQfrQNo2nE
- BMWにおける、クラウドベースのソーシャルマーケティングによるモデル発売のサポートと見込み客の開拓：https://azure.microsoft.com/en-us/case-studies/customer-stories-bmw/
- Google Cloud Machine Learningを使用して衛星画像の品質を向上させたAirbus

第 12 章 | クラウドのトレンドと今後の展望

Defense and Space：https://cloud.google.com/blog/big-data/2016/09/google-cloud-machine-learning-now-open-to-all-with-new-professional-services-and-education-programs

12.3　新しい IT の役割

　企業へのクラウドの浸透による長期的な影響として、新たな役割の出現を挙げることができます。いくつかの役割はすでに多くの企業で一般的なものになっていますが、テクノロジーが進化するとともに、これから一般的になると予測される役割もあります。

- **最高技術／イノベーション責任者 (CTIO：Chief Technology & Innovation Officer)**：かつて、企業には CTO または CIO がいましたが、現在は特にクラウドによるイノベーションが重視されてきており、CTIO という新しい役割が出現しました。

- **クラウドソリューションアーキテクト**：以前は、アプリケーションアーキテクト、システムアーキテクト、インテグレーションアーキテクトなどの役割がありましたが、クラウドネイティブ・アーキテクチャが切り開いた新たな可能性に対応するため、クラウドソリューションアーキテクトという新しい役割が広く導入されるようになっています。

- **クラウド移行アーキテクト**：多くの企業には、クラウドを効果的に利用するために除去しなければならない技術的負債が膨大に残っています。これらをクラウドに移行するため、最近ではクラウド移行アーキテクトという新しい役割が出現しています。

- **DevOps プロフェッショナル／クラウドオートメーションエンジニア**：クラウドの機能をフル活用するためには、自動化とオーケストレーションの機能が重要となります。そのためには、多くの場合、コーディング、スクリプトの記述、適切な運用手順の導入が必要になりますが、これらにおいて重要な役割を果たすのが DevOps プロフェッショナル／クラウドオートメーションエンジニアです。

- **クラウドセキュリティアーキテクト**：クラウドでは、セキュリティの制御と手順がオンプレミス環境と大きく異なります。そのため、クラウドのセキュリティ制御を適切に行い、適切なコンプライアンス／ガバナンスモデルに準拠するため、多くの組織でクラウドセキュリティアーキテクトが導入されています。

- **クラウドエコノミクスプロフェッショナル**：この役割は非常に特殊で、導入している企業はまだ少ないですが、コスト管理の観点からクラウドの最適な利用を促す専門家です。コスト面で有利な技術要素（リザーブドインスタンスなど）について検討したり、タグ付けなどの技術を利用して社内でのコストの分離／割り当てを実現したりします。

これらの役割以外にも、クラウドを活用したビッグデータ／分析／機械学習の成長により、一般的となった役割がいくつかあります。AI／MLは向こう何年もの間、成長を続けると予測されているため、この分野を担当する役割を導入すべきという議論が高まっています。そのような役割の1つに、「最高AI責任者」があります。最高AI責任者は、AI／MLの機能を利用するというテクノロジーの側面だけではなく、社会的影響についても担当します。たとえば、AI／MLのスマート化が進むと、AI自身でさまざまな決定を行い、行動できるようになります。例として自動運転を考えてみましょう。自動運転中の自動車が歩行者をはねた場合、誰が責任をとるのでしょうか。AIでしょうか、それともそのAIシステムを構築した開発者でしょうか。このような問題は解決が難しいため、最高AI責任者などの新しい役割を導入して対応する必要があります。今までになかったような、社会に影響を与える問題に対する解決方法を模索したり、政府や各規制機関と協議し、社会の調和を保つための適切なルールや枠組みを作成したりします。

企業は、これまでに説明したような変化を含め、常に進化を続けて新しい環境に適応し、このイノベーション主導の新しい時代で競争力を維持し、成功を勝ち取らなければならないのです。

12.4　まとめ

本書はこの節で最後になります。ここまで、多くの内容を説明してきました。ここで、これまでの章で学習した内容を振り返ってみましょう。

まず、クラウドネイティブとは何を意味しているかについて定義を行いました。「クラウドネイティブ」は、他の章の議論全体の基礎となる中心的な概念でした。CNMMには以下の3つの基軸があり、これらの基軸に沿ってクラウドネイティブ・アーキテクチャの成熟度を評価できることを学びました。

- クラウドネイティブなサービス
- アプリケーション中心の設計
- 自動化

これら3つの基軸における成熟度レベルはユーザーによって異なることがありますが、クラウドネイティブにはさまざまな成熟度の形があります。

第 12 章 | クラウドのトレンドと今後の展望

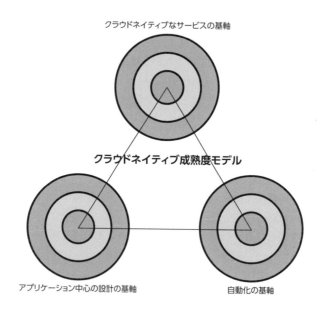

　次に、クラウド導入フレームワークの詳細を説明し、ビジネス、人、ガバナンス、プラットフォーム、セキュリティ、運用など、さまざまな観点から具体的な内容を検討しました。その後、マイクロサービス、サーバーレス、12 のプラクティスから成るアプリケーションフレームワークを使用した、クラウドでのアプリケーション構築方法といった重要なトピックについて、要点を説明しました。テクノロジーパートナーやコンサルティングパートナーで構成されるクラウドのエコシステムについて、そしてマーケットプレイス、ライセンス持ち込みを含むソフトウェアライセンス／調達モデルについて触れました。これらの一般的な概念について理解した後、スケーラビリティ、可用性、セキュリティ、コスト管理、優れた運用といった具体的な内容に踏み込んで説明しました。これらについてクラウドの観点から理解するとともに、既存のオンプレミスモデルとの類似点と相違点について理解することが非常に重要です。

　これらすべての概念について明らかにした後、Amazon Web Services、Microsoft Azure、Google Cloud Platform という 3 大クラウドプロバイダーについて具体的に説明しました。それぞれの章で、すでに説明した CNMM モデルに基づき各クラウドプロバイダーの機能や差別化要因について説明しました。CNMM の基軸 1 に基づき各クラウドプロバイダーの主なサービスを説明し、CNMM の基軸 2 に基づきサーバーレスマイクロサービスの開発と展開を説明し、CNMM の基軸 3 に基づき自動化／ DevOps をどのように実現できるかについて説明しました。このように具体的に検討することで、すべてのクラウドプロバイダーの用語について詳しく理解するとともに、それぞれを比較することができました。

　最後の本章では、クラウドのトレンドと今後の展望について説明しました。まず、本書執筆後に予測される 7 つの主なテクノロジートレンドを説明しました。これらのトレンドについて理解することは、現在の機能を把握するだけでなく、将来に備えることにもつながります。その後、企業に

おけるクラウドの影響について、そして企業がどのように変化に対処しているかについて説明しました。また、クラウドが企業で一般的に利用されるようになるにつれて導入された、新しいITの役割について説明しました。

クラウドはもはや導入するのが当然といえるでしょう。クラウドのパワーをフルに活用するには、全力でクラウド導入の取り組みを進め、クラウドネイティブの成熟度を高める必要があります。この点は、本書で最も重要な結論の1つだといってよいでしょう。

INDEX

数字

12のプラクティスから成るアプリケーション

.... 10-11

6つのR .... 55、238

A

Active Directory 111
AD 111
Advanced Message Queuing Protocol 245
AI 16, 19, 275, 302
Alexa Voice Service 305
Always On 109
Always On アーキテクチャ 108
Amazon Alexa .... 305、309
Amazon API Gateway .... 198、217
Amazon Athena 180
Amazon Aurora .... 202、301
Amazon Chime 201
Amazon Connect 201
Amazon DynamoDB .... 200、202-203
Amazon EBS .... 180、199-200
Amazon EC2 .... 172、197、231
Amazon ECR .... 194、236
Amazon ECS .... 194、235-236
Amazon Elastic Block Store 180
Amazon Elastic Container Registry 236
Amazon Elastic Container Service
.... 198、235-236
Amazon Elastic Container Service for
Kubernetes 235
Amazon ElastiCache 200
Amazon EMR 201
Amazon GuardDuty 206
Amazon Kinesis .... 180、201-202、306
Amazon Lex 201
Amazon Macie 206
Amazon MQ 113
Amazon Polly 201
Amazon RDS 201
Amazon Redshift 202
Amazon Rekognition 201
Amazon S3 307

Amazon Simple Notification Service 113
Amazon Simple Queue Service 113
Amazon Simple Storage Service 180
Amazon VPC 199
Amazon Web Services ⇒ AWS
Amazon WorkDocs 201
Amazon マシンイメージ 207-208
AMI 207-208
AMQP 245
Ansible 131
Apache Mesos 131
API Gateway .... 198、217
API のトリガー 212
API の展開 220
API 定義 225
AR 304
ARM .... 121、265、267-268
ASG 105
Athena 301
Aurora .... 202、301
AWS 4, 8, 23, 29, 43,
                      101, 197, 199, 301, 309
AWS Billing and Cost Management
ダッシュボード 169
AWS Budgets 172
AWS Certificate Manager 205
AWS CloudFormation
.... 121, 174, 222, 230, 236
AWS CloudTrail 116, 118, 204-205
AWS CodeBuild 194, 198, 236
AWS CodeCommit 198
AWS CodeDeploy 198, 233
AWS CodePipeline 194, 198, 232, 236
AWS CodeStar 234
AWS Config 123, 177
AWS Elastic Beanstalk 123, 201, 231
AWS Identity and Access Management
.... 138, 145, 204
AWS Key Management Service 204
AWS Lambda
.... 198, 202-203, 213, 215, 301
AWS Lambda の価格 91
AWS OpsWorks 201
AWS SAM 223, 227
AWS Serverless Application Model 223

314

INDEX

AWS Shield 206
AWS Snowball.. 307
AWS Snowmobile... 307
AWS Trusted Advisor....................................... 181
AWS WAF 206
AWS ネイティブアーキテクチャ......................... 238
AZ 102-103, 106, 242
Azure 301
Azure Application Insights 271
Azure Automation... 268
Azure Container Service................................. 243
Azure Cosmos DB 248
Azure Cost Management 181
Azure DocumentDB 248
Azure Event Hubs 247
Azure Functions 243, 259
Azure IoT 243-244
Azure IoT Edge... 246
Azure IoT Hub... 244-247
Azure Kubernetes Service 243
Azure Machine Learning................................. 247
Azure Machine Learning Studio
.... 243, 251-252
Azure Resource Manager 121, 265
Azure Stack 273
Azure Storage 247
Azure Stream Analytics................................... 247
Azure ネイティブアーキテクチャ 272

B / C

BES 253
CAB.. 186
CAF 239
CapEx..87, 168
CCOE.. 309
CD 17, 46, 235, 237, 271, 292-293
CDN 31
Centrify.. 159
Chaos Monkey 33-34
Chime 201
CI....................17, 46, 235, 237, 271, 292-293
CI／CD.............. 235, 237, 254, 270, 292-293
CIS... 55
CLI 119
Cloud Build 280

Cloud Centers of Excellence 309
Cloud Deployment Manager 292
Cloud Native Computing Foundation.............. 300
Cloud Speech-to-Text API 277
Cloud Storage Transfer Service 296
Cloud Text-to-Speech API 277
Cloud Video Intelligence API 277
Cloud Vision API... 277
Cloudability... 181
CloudFormation 121, 174, 222, 230, 236
CloudTrail................................... 116, 118, 204-205
CloudWatch 116-118
CMDB.. 186
CNCF... 300
CND 183, 189
CNMM 3, 10, 14, 20-21, 30-31,
50, 192, 199, 228-299
CodeBuild 194, 198, 236
CodeCommit... 198
CodeDeploy... 198, 233
CodePipeline.......................... 194, 198, 232, 236
Connect... 201
Container Registry 280
CTIO 310

D

DC 112
DDoS... 206
DevOps................... 16, 23, 234, 254, 302, 308
DevOps プロフェッショナル................................ 310
DevSecOps 156, 237
DLP 138, 147
DNS 113
DNS ヘルスチェック 124
Docker... 128
Dome9 160
DynamoDB 200, 202-203

E

EBS 180, 199-200
EC2.. 172, 197, 231
ECR 194, 236
ECS 194, 235-236
EKS 235
Elastic Beanstalk.............................. 123, 201, 231

315

INDEX

Elastic Container Service 198, 235-236
ElastiCache...200
Elasticsearch 19
ELK スタック 19
EMR 201
Envoy 130
ESB 12, 65

F

FaaS 302
Field Programmable Gate Arrays....................207
FPGA 207

G

G Suite...281
gcloud CLI..291
GCP...275-277
Git..236, 254
GitHub...195
Google BigQuery Data Transfer Service.......296
Google Cloud..276, 301
Google Cloud Deployment Manager 121
Google Cloud Functions............................276, 283
Google Cloud Machine Learning 309
Google Cloud Platform.....................................275
Google Cloud Shell...291
Google Cloud ネイティブアーキテクチャ............295
Google Kubernetes Engine 276
Google Transfer Appliance................................296

H

HIPAA...54
HPC..152, 199
HttpTrigger 262

I

IaaS..147, 302
IaC.....................................15, 118-119, 123, 126,
                                         229, 231, 265, 290
IaC による運用 193
IAM...138, 145, 204
IAM サービス 153
ID 133, 138, 145, 153-154
IDE 303
Infrastructure as a Service 147

Infrastructure as Code.....................15, 118-119,
                                         123, 126, 229, 231, 265, 290
IOPS...199
IoT..275

J

JavaScript Object Notation 121
JSON..121
JSON ドキュメント...250

K

Kibana..19
Kinesis.............................180, 201-202, 306
KMS..204
KRADL サービス...202-203
Kubernetes 71, 129, 300
Kubernetes API 293
Kubernetes CLI...293
Kubernetes Engine..........................279, 293-294

L

Lambda...............198, 202-203, 213, 215, 301
LAMP..266
LDAP..113
Lex...201
Linkerd 130
Linux...98
Logging 289
Logstash..19

M

Message Queuing Telemetry Transport 245
Microsoft Cognitive Toolkit.............................207
Migration Acceleration Program 239
ML 16, 19, 278
MQTT 245

N

Netflix...28
NIST...53, 146
NLP...304
NoOps..302-303

O

OAS..225

316

INDEX

OAuth 2.0	155
OCR	304
Office 365	243, 255
Okta	158
OpenAPI 仕様	225
OpenFaaS	130
OpenStack プロジェクト	131
OpEx	87, 168
OpsWorks	201

P

PaaS	241, 273, 275, 302
package.json	286-287
PCI DSS	54
PCI データセキュリティスタンダード	54
PHI	54, 147, 237
PII	54, 139, 147, 152, 237
Polly	201
PostgreSQL	203

R

RCU	93
RDS	201
Redshift	202
Refactor	55, 57
Rehost	55-56
Rekognition	201
Replatform	55, 57, 308
Repurchase	55
Retain	55
Retire	55
RODC	112
RRS	253
Runbook	269

S

S3	180, 197, 199, 208
SaaS	56, 84, 302
SaC	157
SaltStack	131
SAM	223, 227
SAM YAML テンプレート	223
Scrum	254
Security as Code	157
Simian Army	34, 128

Simple Monthly Calculator	174
SLA	108
Slack	195
SNS	113
SOA	11-12, 61-62, 65, 127
SQL	250
SQS	113, 197, 301
SSL	205
Stelligent cfn-nag	195
Swagger ファイル	225

T / U

TCO	167
Terraform	129
TLS	205
UAT	271
Undifferentiated Heavy Lifting	6

V

Vagrant	131
Visual Studio Code	259-260
Visual Studio Marketplace	255
Visual Studio Team Services	243, 253
VM サイズ	107
VPC	199
VR	304

W

WAF	138, 150
WCU	93
Web／バックエンドアプリケーション処理	76
Web アプリケーション	209
Web アプリケーションファイアウォール	138, 146, 150
Web アプリケーションホスティング	200
Windows	98
WorkDocs	201
WS IoT	306

X／Y／Z

XaaS	302
X-as-a-Service	302
YAML	121, 223, 230, 290
Yaml Ain't Markup Language	121
Zipkin	130

INDEX

あ

アカウント構造の設計	51
アーキテクチャ	200
アクセス管理	138, 145, 154
アジャイル	23
アプリケーションサービス	133
アプリケーションスタック	122
アプリケーション測定	13
アプリケーション中心の設計	3, 10, 14, 32, 211, 256, 282
アプローチ	78
アベイラビリティゾーン	102-103, 106, 242
アマゾンウェブサービス⇒ AWS	
アメリカ国立標準技術研究所	53, 146
暗号化	139
暗号化サービス	145
暗号化モジュール	145
暗号化リソース	139
アンチパターン	160

い

移行	55, 58, 272
移行パターン	238, 272, 295
異常検出	252
一時的セキュリティ認証情報	145
イノベーション	42, 308
イベント駆動	14
イベント駆動型アーキテクチャ	209
イミュータブル	126
イミュータブルインフラストラクチャ	17
イミュータブルな展開	122
医療保険の相互運用性と説明責任に関する法令	54
インスタンスの自動復旧	124
インターネットセキュリティセンター	55

う

運用	193
運用環境	23
運用基盤	24
運用効率の向上	166
運用コスト	87, 168
運用コストモデル	171, 308
運用コントロールプレーン	126
運用モデル	43

え

エコシステム	81
エンタープライズサービスバス	12, 65
エンドポイント	139

お

オーケストレーション	69-70
オープンソース	93, 300-301
オープンソースのプラットフォーム	300
オープンソースのフレームワーク	300
オペレーティングシステム	97-98
音声	277, 304
オンライントランザクション処理	73

か

回帰	252
開発	303
開発フレームワーク	78
価格	83, 163
価格モデル	90
書き込み容量単位	93
囲い込み	96, 168
加算	167
画像分析	277
ガバナンス	40-41
ガバナンスガイドライン	53
下流への影響	190
監査	49
監査要件	52
監査ログ	143
監視	16-17, 20, 114, 126, 134, 142
監視ツール	144
関数	212, 258, 284-285
管理	16
管理ツール	133

き

機械学習	16, 19, 278
機会費用	163
技術的負債	21, 29, 33, 46, 238
気象サービスアカウントの設定	219
機能	83
キャッシュ	139
強整合性	250
共有サービス	52

INDEX

く

クライアントサーバー	64
クライアント統合	156
クラウド移行アーキテクト	310
クラウド運用フレームワーク	50
クラウド AI	276-277
クラウドエコノミクスプロフェッショナル	310
クラウドオートメーションエンジニア	310
クラウドサービス	94
クラウドスタック	167
クラウドセキュリティアーキテクト	310
クラウドソリューションアーキテクト	310
クラウドテクノロジー	81
クラウド登場前	184
クラウド導入フレームワーク	43, 239
クラウドネイティブ	2, 21
クラウドネイティブ・アーキテクチャ	1-5, 29, 238
クラウドネイティブ・アーキテクチャの進化	300
クラウドネイティブ開発	183
クラウドネイティブ開発チーム	189
クラウドネイティブ・サービス	3-4, 9, 31, 199, 243, 276
クラウドネイティブ成熟度モデル	3, 50, 192, 299
クラウドネイティブ設計	10, 13
クラウドネイティブ・ツールキット	128, 181, 195
クラウドネイティブな企業	28
クラウドネイティブな方法	187
クラウドファースト	21-22, 47
クラウドベンダーの価格モデル	90
クラウドマーケットプレイスのアンチパターン	89
クラウドマネージドサービスプロバイダー	192
クラスター	124
クラスタリング	252
グラフデータベース	249
グリーン環境	233
グリーン展開	233
グリーンフィールド開発	55, 58
グローバル	166
グローバル SI パートナー	86
グローバルなビジネス展開	166

け

計算方法	167

継続的インテグレーション	17, 46, 235, 237, 271, 292-293
継続的デリバリー	17, 46, 235, 237, 271, 292-293
結果整合性	250
検出	272
原動力	38

こ

コアサービス	111
合意形成	191
光学文字認識	304
高可用性	67
拘束	168
交流	281
個人識別情報⇒ PII	
コスト	38-39, 163, 165-168
コストの考え方	165
コストの監視	169
コストの最適化	178
コード開発プロセス	193
コードとしてのインフラストラクチャ	15, 118-119, 123, 126, 229, 231, 265, 290
コードとしてのセキュリティ	157
コマンドラインインターフェイス	119
コミュニケーションパスの数	191
コンサルティングパートナー	85
コンテナー	69-72
コンテナーのアンチパターン	73
コンテナーベースのアプリケーション	293
コンテンツ配信	132
コンテンツ配信ネットワーク	31
コンピュータービジョン	253
コンピューティング	132
コンピューティングの最適化	179
コンプライアンス	16-17, 20, 47-48, 83, 133, 139, 147

さ

最高技術／イノベーション責任者	310
再購入	55
再設計	27
最適化	16-17, 20, 178-179, 272
先入先出法	113
サーバーレス	8-9, 69, 74

319

INDEX

サーバーレスアプリケーション 235, 271
サーバーレスのアンチパターン 78
サーバーレスのコスト 180
サーバーレスマイクロサービス
.... 211-212, 256, 282-283, 292
サービス 64, 94, 212
サービスカタログ 88
サービス指向アーキテクチャ⇒SOA
サービスとしてのインフラストラクチャ 147, 302
サービスとしての関数 130, 302
サービスとしてのソフトウェア 56, 84, 302
サービスとしてのプラットフォーム
.... 241, 275, 302
サービスのテスト 219
サービスレベルアグリーメント 108
サブネット 151
差別化 6-7, 15
差別化要因 201, 243, 277
サンクコスト 39
サンプルアーキテクチャ 200

し

資格情報 139
事業の拡大 41
事業部門 167
自己管理 95
自己修復的インフラストラクチャ 123, 126
市場投入スピード 166
システムインテグレーター 85
システム自動化 77
システム設計のパターン 62
自然言語処理 304
自動化 3, 15, 20, 33, 97, 228, 264, 290
自動コンプライアンス 18
自動スケーリング 18
自動スケーリンググループ 105, 124
資本減価 168
重労働 6-7, 15
俊敏性 38, 45
障害復旧 73
冗長性 125
情報漏洩防止 137-139, 152
将来の有効性 14
上流への影響 190
シングルサインオンサービス 158

人工知能 16, 19, 275
人材 42

す

スケーラビリティ 127
スケーリング 75-76
スケール 82
スケールメリット 42
スタッフ 164
ステートレス 125
ストレージ 132
ストレージの最適化 179

せ

整合性モデル 250
生産性向上 153
税務上のメリット 168
石油 306
セキュリティ
.... 13, 40-41, 52, 83, 133, 135-138, 164
　　モバイルのセキュリティ 155
セキュリティグループ 140-141
セキュリティサービス 140, 204, 237
セキュリティツールキット 157
セキュリティの向上 166
セキュリティパターン 148-149
セキュリティ評価 147
セキュリティワークフロー 152
設定 16
設定管理 144
設備投資 87, 168
設備投資モデル 171
先行投資 168

そ

総保有コスト 167
測定 134
組織構造 184-185
組織変革パターン 43
ソーシャルマーケティング 309
ゾーン 102

た

対話モデル 304
タグ付け 176

INDEX

た（続き）

多要素認証	204
弾力性	127, 166
弾力性の高い容量	166

ち

地域的 SI パートナー	86
チームの人数	191
チャージバックモデル	167
チャットボット	278, 304
抽象化	301
中心理念	125
調達	38, 87

て

テキスト	277
テキスト分析	253
出口戦略	97
テクノロジーの移行	308
テクノロジーパートナー	83
テスト	287-288
データ	97, 133, 306
データストレージ	93
データ／バッチ処理	77
データベースのフェイルオーバー	124
データレイク	209, 306
デバイスツイン	246
テーブル	250
展開	16
展開ツール	133
展開のアンチパターン	126
テンプレート	290
テンプレートモジュール	290
電力	164

と

統計関数	253
導入	38
透明性の向上	168
独立系ソフトウェアベンダー	83
ドメインコントローラー	112
ドメインネームシステム	105, 113
トリガー	212
トレンド	300

に／ね

ニッチな SI パートナー	86
ネットワーク	132
ネットワークアクセス制御リスト	140-141
ネットワークインターフェイス	140
ネットワーク冗長性	109
ネットワーク設計	51
ネットワーク接続	164
ネットワークファイアウォール	140
ネットワークログ	142

は

廃止	55
ハイパースケールクラウドインフラストラクチャ	101
ハイパフォーマンスコンピューティング	152, 199
パイプライン	194
ハイブリッドアーキテクチャ	73
ハイブリッド環境	115
ハイブリッドクラウド	24
バケット	108
場所	164
バックアップ	132
バッチ実行サービス	253
バッチ処理	210
パブリッククラウドプロバイダー	82

ひ

ピザ 2 枚のチーム	190, 308
ビジネスの俊敏性	45
ビッグバン方式	67
ビデオ分析	277
評価	272
ビルディングブロック	5, 201
非ローカル	125
品質保証	47, 49

ふ

ファイアウォール	136
フェイルオーバー	124
フェイルファスト	39
複合タイプ	290
複雑さの低減	165
復旧	132
復旧性	14

321

INDEX

物理的なセキュリティ	164		モノリシック	
物理ハードウェア	164		11-12, 61-63, 67-68, 238, 272, 295	

物理的なセキュリティ 164
物理ハードウェア 164
プラットフォーム 300
ブルー環境 233
ブルー展開 233
フレームワーク 300
プロジェクト管理 45-46
分散 125
分散型 125
分散型サービス拒否 206
分析 133
分類 252

へ

並列処理 14
ベストプラクティス 103-106, 110,
　　　114, 117, 119, 170-171, 176, 179
変更管理 45-46
変更管理データベース 186, 188
変更承認委員会 186
ベンダー管理 95
ベンダーによる囲い込み 96

ほ

他との差別化につながらない重労働 6-7, 15
保護対象保健情報 ⇒ PHI
保持 55
ポリシー 145

ま

マイクロサービス 10, 11-13, 66, 68, 72, 127
埋没費用 ⇒ サンクコスト
マーケットプレイス 87-88
マーケットプレイスのアンチパターン 89
マネージドクラウドサービス 96
マネージドサービス 6-8
マルチクラウド 25
マルチモデルの API 249

め／も

メリット 30
目標復旧時間 108
目標復旧地点 108
モノ 306

ゆ

有界整合性制約 250
ユーザー 145
ユーザー受け入れテスト 271
ユーザー管理型の製品 84
緩く結合 97

よ

要求応答サービス 253
予算 172
予測的分析 16, 19
読み込み容量単位 93
読み取り専用ドメインコントローラー 112

ら

ライセンス 90
ライトウェイトディレクトリアクセスプロトコル
.... 113
ランディングゾーン 50

り

利害関係者 44
リージョン 102, 151
リスク 47-48
リファクタリング 55, 57
リフト＆シフト 5, 26, 56
リフトティンカーシフト移行 27
リプラットフォーム 55, 57, 308
リホスト 55-56

れ

冷却 164
レイテンシベースルーティング 105
レコメンド 252
レジストリ 70

ろ

ログ 114, 142
ログの保存 209
ロール 145

322

翻訳者

株式会社トップスタジオ

1997年の会社設立以来20年以上にわたり、主にIT分野を中心に数多くの翻訳書籍を手掛ける。
書籍/雑誌/マニュアル/パンフレットの企画・翻訳・執筆・編集・組版・装丁のほか、ソフトウェアやヘルプのローカライズなど、幅広いコンテンツの制作に携わっている。
[トップスタジオWebサイト] https://www.topstudio.co.jp/

STAFF LIST

カバーデザイン	岡田章志
本文デザイン	オガワヒロシ (VAriant Design)
DTP	株式会社ウイリング
編集協力	大月宇美
編集	石橋克隆

本書のご感想をぜひお寄せください
https://book.impress.co.jp/books/1119101032

読者登録サービス CLUB impress
アンケート回答者の中から、抽選で商品券(1万円分)や
図書カード(1,000円分)などを毎月プレゼント。
当選は賞品の発送をもって代えさせていただきます。

■商品に関する問い合わせ先
インプレスブックスのお問い合わせフォームより入力してください。
https://book.impress.co.jp/info/
上記フォームがご利用頂けない場合のメールでの問い合わせ先
info@impress.co.jp

● 本書の内容に関するご質問は、お問い合わせフォーム、メールまたは封書にて書名・ISBN・お名前・電話番号と該当するページや具体的な質問内容を、お使いの動作環境などを明記のうえ、お問い合わせください。
● 電話やFAX等でのご質問には対応しておりません。なお、本書の範囲を超える質問に関しましてはお答えできませんのでご了承ください。
● インプレスブックス (https://book.impress.co.jp/) では、本書を含めインプレスの出版物に関するサポート情報などを提供しておりますのでそちらもご覧ください。
● 該当書籍の奥付に記載されている初版発行日から3年が経過した場合、もしくは該当書籍で紹介している製品やサービスについて提供会社によるサポートが終了した場合は、ご質問にお答えしかねる場合があります。

■落丁・乱丁本などの問い合わせ先
TEL 03-6837-5016 FAX 03-6837-5023
service@impress.co.jp
(受付時間/10:00-12:00、13:00-17:30 土日、祝祭日を除く)
● 古書店で購入されたものについてはお取り替えできません。

■書店／販売店の窓口
株式会社インプレス 受注センター
TEL 048-449-8040
FAX 048-449-8041
株式会社インプレス 出版営業部
TEL 03-6837-4635

著者、訳者、株式会社インプレスは、本書の記述が正確なものとなるように最大限努めましたが、本書に含まれるすべての情報が完全に正確であることを保証することはできません。また、本書の内容に起因する直接的および間接的な損害に対して一切の責任を負いません。

クラウドネイティブ・アーキテクチャ
可用性と費用対効果を極める次世代設計の原則

2019年11月11日 初版第1刷発行

著　者　Tom Laszewski、Kamal Arora、Erik Farr、Piyum Zonooz
訳　者　株式会社トップスタジオ

発行人　小川 亨
編集人　高橋隆志
発行所　株式会社インプレス
　　　　〒101-0051　東京都千代田区神田神保町一丁目105番地
　　　　ホームページ　https://book.impress.co.jp/

本書は著作権法上の保護を受けています。本書の一部あるいは全部について(ソフトウェア及びプログラムを含む)、株式会社インプレスから文書による許諾を得ずに、いかなる方法においても無断で複写、複製することは禁じられています。本書に登場する会社名、製品名は、各社の登録商標または商標です。本文では、®や™マークは明記しておりません。

印刷所　大日本印刷株式会社
ISBN978-4-295-00775-3　C3055
Printed in Japan